T0213035

CAMBRIDGE LIBRARY COLLECTION

Books of enduring scholarly value

Earth Sciences

In the nineteenth century, geology emerged as a distinct academic discipline. It pointed the way towards the theory of evolution, as scientists including Gideon Mantell, Adam Sedgwick, Charles Lyell and Roderick Murchison began to use the evidence of minerals, rock formations and fossils to demonstrate that the earth was older by millions of years than the conventional, Bible-based wisdom had supposed. They argued convincingly that the climate, flora and fauna of the distant past could be deduced from geological evidence. Volcanic activity, the formation of mountains, and the action of glaciers and rivers, tides and ocean currents also became better understood. This series includes landmark publications by pioneers of the modern earth sciences, who advanced the scientific understanding of our planet and the processes by which it is constantly re-shaped.

Recherches sur les ossemens fossiles des quadrupèdes

Georges Cuvier (1769–1832), one of the founding figures of vertebrate palaeontology, pursued a successful scientific career despite the political upheavals in France during his lifetime. In the 1790s, Cuvier's work on fossils of large mammals including mammoths enabled him to show that extinction was a scientific fact. In 1812 Cuvier published this four-volume illustrated collection of his papers on palaeontology, osteology (notably dentition) and stratigraphy. It was followed in 1817 by his famous *Le Règne Animal*, available in the Cambridge Library Collection both in French and in Edward Griffith's expanded English translation (1827–35). Volume 1 begins with a substantial essay on human origins and the formation of the earth, which was translated into English by Robert Kerr in 1813 (also available). It also includes an essay on the Egyptian ibis mummy brought back from Napoleon's campaign in Egypt, and an updated version of Cuvier's influential 1810 geological description of the Paris basin, co-authored with Alexandre Brogniart (1770–1847), which helped establish the principle of faunal succession in rock strata of different ages.

Cambridge University Press has long been a pioneer in the reissuing of out-of-print titles from its own backlist, producing digital reprints of books that are still sought after by scholars and students but could not be reprinted economically using traditional technology. The Cambridge Library Collection extends this activity to a wider range of books which are still of importance to researchers and professionals, either for the source material they contain, or as landmarks in the history of their academic discipline.

Drawing from the world-renowned collections in the Cambridge University Library and other partner libraries, and guided by the advice of experts in each subject area, Cambridge University Press is using state-of-the-art scanning machines in its own Printing House to capture the content of each book selected for inclusion. The files are processed to give a consistently clear, crisp image, and the books finished to the high quality standard for which the Press is recognised around the world. The latest print-on-demand technology ensures that the books will remain available indefinitely, and that orders for single or multiple copies can quickly be supplied.

The Cambridge Library Collection brings back to life books of enduring scholarly value (including out-of-copyright works originally issued by other publishers) across a wide range of disciplines in the humanities and social sciences and in science and technology.

Recherches sur les ossemens fossiles des quadrupèdes

VOLUME 1

GEORGES CUVIER

CAMBRIDGE
UNIVERSITY PRESS

University Printing House, Cambridge, CB2 8BS, United Kingdom

Cambridge University Press is part of the University of Cambridge.
It furthers the University's mission by disseminating knowledge in the pursuit of
education, learning and research at the highest international levels of excellence.

www.cambridge.org
Information on this title: www.cambridge.org/9781108083751

© in this compilation Cambridge University Press 2015

This edition first published 1812
This digitally printed version 2015

ISBN 978-1-108-08375-1 Paperback

This book reproduces the text of the original edition. The content and language reflect
the beliefs, practices and terminology of their time, and have not been updated.

Cambridge University Press wishes to make clear that the book, unless originally published
by Cambridge, is not being republished by, in association or collaboration with,
or with the endorsement or approval of, the original publisher or its successors in title.

The original edition of this book contains a number of colour plates,
which have been reproduced in black and white. Colour versions of these
images can be found online at www.cambridge.org/9781108083751

RECHERCHES

SUR

LES OSSEMENS FOSSILES

DE QUADRUPEDES.

TOME I.

RECHERCHES

SUR

LES OSSEMENS FOSSILES

DE QUADRUPÈDES,

OU L'ON RÉTABLIT

LES CARACTÈRES DE PLUSIEURS ESPÈCES D'ANIMAUX

QUE LES RÉVOLUTIONS DU GLOBE PAROISSENT AVOIR DÉTRUITES ;

PAR M. CUVIER,

Chevalier de l'Empire et de la Légion d'honneur, Secrétaire perpétuel de l'Institut de France, Conseiller titulaire de l'Université impériale, Lecteur et Professeur impérial au Collége de France, Professeur administrateur au Muséum d'Histoire naturelle ; de la Société royale de Londres , de l'Académie royale des Sciences et Belles-Lettres de Prusse, de l'Académie impériale des Sciences de Saint-Pétersbourg, de l'Académie royale des Sciences de Suède, de l'Académie impériale de Turin, des Sociétés royales des Sciences de Copenhague et de Gottingue, de l'Académie royale de Bavière , de celles de Harlem , de Vilna , de Gênes , de Sienne , de Marseille , de Rouen , de Pistoia ; des Sociétés philomatique et philotechnique de Paris ; des Sociétés des Naturalistes de Berlin , de Moscou , de Vetteravie ; des Sociétés de Médecine de Paris , d'Edimbourg , de Bologne , de Venise , de Pétersbourg , d'Erlang , de Montpellier , de Berne , de Bordeaux , de Liége ; des Sociétés d'Agriculture de Florence , de Lyon et de Véronne ; de la Société d'Art vétérinaire de Copenhague ; des Sociétés d'Emulation de Bordeaux , de Nancy , de Soissons , d'Anvers , de Colmar , de Poitiers , d'Abbeville , etc.

TOME PREMIER,

CONTENANT LE DISCOURS PRÉLIMINAIRE ET LA GÉOGRAPHIE MINÉRALOGIQUE
DES ENVIRONS DE PARIS.

A PARIS,

CHEZ DETERVILLE, LIBRAIRE, RUE HAUTEFEUILLE, N° 8.

1812.

TABLE DES ARTICLES

CONTENUS DANS CE PREMIER VOLUME.

FIN DE LA TABLE.

a

A MONSIEUR LE COMTE

DE LA PLACE,

Grand Officier de la Légion d'Honneur, Chancelier du Sénat, Membre de l'Institut et du Bureau des Longitudes, etc.

Mon cher et illustre Confrère,

C'est à bien des titres que cet Ouvrage vous est offert. Lorsque, jeune encore, je vous en communiquai les premières idées, vous m'engageâtes à les suivre ; admis depuis à m'asseoir à côté de mes maîtres, j'ai trouvé, dans la Classe des Sciences de l'Institut, conseils, encouragemens, secours de tous les genres ; j'ai pu surtout m'y pénétrer de cet esprit sévère, fruit de l'heureuse association établie dans son sein entre les Mathématiciens et les Naturalistes. Vous, Monsieur, qui, après avoir achevé de soumettre le Ciel à la Géométrie, l'avez appliquée avec tant de bonheur aux Phénomènes terrestres, vous contribuez plus que personne à entretenir cet esprit : c'est donc pour mon Livre un grand avantage de voir votre nom à sa tête ; c'en sera, dans tous les tems, un inestimable pour l'auteur, d'avoir reçu publiquement cette marque de l'estime et de l'amitié de l'un des plus heureux génies de son siècle.

Cuvier.

Au Jardin des Plantes, le 31 octobre 1812.

AVERTISSEMENT.

L'Auteur s'est déterminé à publier une grande partie de ses recherches sur les ossemens fossiles, par morceaux détachés, dans les *Annales du Muséum d'Histoire naturelle*, parce que, de cette manière, il pouvoit en faire jouir les amis des sciences à mesure qu'il obtenoit des renseignemens suffisans sur chaque sorte d'os, et que les résultats singuliers qu'il avoit à communiquer ainsi au public pouvoient engager les possesseurs des objets de ce genre, ou ceux que leur position mettoit à même d'en recueillir, à le seconder dans son entreprise.

On lui a représenté cependant qu'il pourroit être utile de faire aussi de ces recherches une collection à part, où elles seroient classées dans un ordre méthodique, soit pour l'usage des personnes qui ne possèdent point le recueil complet des Annales, soit même pour celles qui, possédant cette volumineuse collection, seroient bien aise d'avoir ensemble, et sous une forme commode et facile à consulter, tout ce qui concerne un ordre de faits si intéressant pour la théorie de la terre.

En conséquence, à mesure que ces Mémoires s'imprimoient, on en a tiré un certain nombre d'exemplaires, que l'on a reliés d'après la suite des familles d'animaux auxquelles ils se rapportent (1). L'Auteur y a joint, dans plusieurs articles et dans de nombreuses planches supplémentaires, les objets qu'il a recueillis depuis leur rédaction; il a mis au commencement et à la fin de chaque volume des introductions et des résumés, où il présente sous un seul point de vue ses principaux résultats; il a placé à la tête de tout l'ouvrage un Discours préliminaire, où il expose les principes généraux qui ont guidé ses recherches, les fondemens qui les appuyent, et les conséquences qui lui paroissent pouvoir s'en déduire pour l'histoire physique du globe; enfin, comme on ne peut avoir des notions un peu claires sur l'origine des os fossiles, et sur les

---

(1) C'est par cette raison que les volumes n'ont pu avoir de pagination suivie; mais on y a suppléé autant qu'il a été possible par les tables indicatives.

catastrophes qui les ont réduits en cet état, qu'autant que l'on connoît bien les couches qui les recèlent, celles qui les couvrent, celles sur lesquelles ils reposent, et surtout les autres dépouilles animales et végétales dont ces trois ordres de couches peuvent être remplis; il a annexé à son Discours préliminaire un travail qui lui semble pouvoir servir d'exemple pour la méthode à suivre dans l'étude des couches; c'est celui qu'il a fait avec M. Brongniart, sur les environs de Paris, l'un des cantons les plus remarquables de l'Europe, par la variété de ses couches et par l'abondance de ses fossiles.

Ainsi l'on trouvera dans ces quatre volumes toute la suite des applications que l'Auteur a faites de l'anatomie comparée, à l'histoire du globe; applications qui l'ont séduit au point de lui faire retarder de quelques années la publication de son grand ouvrage sur la première de ces sciences. Il n'a cependant pas lieu de s'en plaindre; car elles ont en même temps exigé de lui des recherches qui l'ont éclairé sur plusieurs points de son ouvrage principal; et peut-être auront-elles contribué à faire sentir plus généralement l'uti-

lité que cet ouvrage peut avoir. Il va maintenant
s'y consacrer plus directement ; et, pendant le
reste de sa vie, tous les momens dont ses devoirs
lui laisseront disposer, seront employés à l'ac-
complissement d'une entreprise vers laquelle
ses vœux sont dirigés, pour ainsi dire, depuis sa
première jeunesse.

Quelques-unes de ses assertions sur les espèces
dont viennent les os qu'il examine, ayant été
attaquées par des savans estimables, il a été obligé, quoique bien à regret, de répondre avec
détail aux argumens qu'on lui a opposés, parce
qu'il s'agissoit de faits dont les théories à venir devront partir comme d'autant de bases, et parce
qu'il étoit nécessaire avant tout de mettre hors
d'atteinte ces chartes et ces diplômes de l'histoire
du globe. Il espère s'être acquitté de ce devoir
de manière à concilier ce que réclamoit l'importance de ces documens, avec les égards dus
à l'âge et au mérite des personnes qui l'ont contraint de prendre, pour quelques instans, ce
rôle polémique si peu d'accord avec ses habitudes.

Quant aux objections d'un autre genre que

l'on a pu diriger contre les conclusions qu'il tire de ces faits, comme il ne s'agit là que de simples raisonnemens, dont tout le monde est juge, il ne lui a pas semblé nécessaire d'y répondre. Il ne tient nullement à ces conclusions; elles n'entrent même dans son ouvrage que comme des digressions propres à en diminuer un peu la monotonie; et, si quelqu'un en tire de meilleures, il sera le premier à abandonner les siennes.

Au reste, le but qu'il se proposoit en publiant séparément ses Mémoires a déjà été atteint en partie; les os fossiles sont devenus un objet d'attention pour des savans et des amateurs recommandables, et on les recueille avec plus de soin qu'auparavant. L'Auteur vient de faire récemment des voyages en Italie, en Hollande et en Allemagne, où il a examiné ceux de plusieurs cabinets; il en a vu et dessiné un amas considérable, réuni dans le val d'Arno, par une société formée dans la vue louable de faire connoître tout ce qui intéresse cette belle contrée. Le prince Vice-roi d'Italie a acquis et placé dans un muséum qu'il vient d'ériger à Milan, l'étonnante collection que M. Cortesi en a faite dans le Plaisantin. Les fouilles du bassin d'Anvers, les travaux des nombreux canaux et des belles routes que l'Empereur fait exécuter sur tant de points de ses vastes Etats, en ont fait découvrir un grand nombre, qui ont été conservés par des ingénieurs éclairés. Toutes ces richesses pourront donner la matière d'un ample supplément, qui ne tardera point à paroître, si le public daigne accorder aux volumes actuels assez d'intérêt pour engager à cette continuation.

RECHERCHES

SUR

LES OSSEMENS FOSSILES

DE QUADRUPÈDES.

DISCOURS PRÉLIMINAIRE.

J'ESSAIE de parcourir une route où l'on n'a encore hasardé que quelques pas, et de faire connoître un genre de monumens presque toujours négligé, quoique indispensable pour l'histoire du globe.

Antiquaire d'une espèce nouvelle, il m'a fallu apprendre à déchiffrer et à restaurer ces monumens, à reconnoître et à rapprocher dans leur ordre primitif les fragmens épars et mutilés dont ils se composent; à reconstruire les êtres antiques auxquels ces fragmens appartenoient; à les reproduire avec leurs proportions et leurs caractères; à les comparer enfin à ceux qui vivent aujourd'hui à la surface du globe : art presque inconnu, et qui supposoit une science à peine effleurée auparavant, celle des lois qui président aux coexistences des formes des diverses parties dans les êtres organisés. J'ai donc dû me préparer à ces recherches, par des

1

recherches bien plus longues sur les animaux existans ; une revue presque générale de la création actuelle pouvoit seule donner un caractère de démonstration à mes résultats sur cette création ancienne ; mais cette revue m'a donné en même temps un grand ensemble de règles et de rapports non moins démontrés ; et le règne entier des animaux s'est trouvé soumis à des lois nouvelles, à l'occasion de cet essai sur une petite partie de la théorie de la terre (1).

L'importance de ces vérités qui se développoient à mesure que j'avançois dans mon travail, n'a pas moins contribué à soutenir mes efforts que la nouveauté de mes résultats principaux : puisse-t-elle avoir un effet semblable sur la constance du lecteur, et l'engager à me suivre, sans trop d'ennui, dans les sentiers pénibles où je suis contraint de l'engager !

L'histoire ancienne du globe, terme définitif vers lequel tendent toutes ces recherches, est d'ailleurs par elle-même l'un des objets les plus curieux qui puissent fixer l'attention des hommes éclairés ; et, s'ils mettent de l'intérêt à suivre dans l'enfance de notre espèce les traces presque effacées de tant de nations éteintes, ils en trouveront sans doute aussi à recueillir dans les ténèbres de l'enfance de la terre les traces de révolutions antérieures à l'existence de toutes les nations.

---

(1) C'est ce que l'on verra dans ma grande *Anatomie comparée*, à laquelle je travaille depuis plus de vingt-cinq ans, et dont je me propose de commencer incessamment la publication.

Nous admirons la force par laquelle l'esprit humain a mesuré les mouvemens de globes que la nature sembloit avoir soustraits pour jamais à notre vue ; le génie et la science ont franchi les limites de l'espace ; quelques observations développées par le raisonnement ont dévoilé le mécanisme du monde : n'y auroit-il pas aussi quelque gloire pour l'homme à savoir franchir les limites du temps , et à retrouver par quelques observations l'histoire de ce monde, et la succession d'événemens qui ont précédé la naissance du genre humain? Sans doute les astronomes ont marché plus vite que les naturalistes, et l'époque où se trouve aujourd'hui la théorie de la terre , ressemble un peu à celle où quelques philosophes croyoient le ciel de pierres de taille , et la lune grande comme le Péloponèse : mais, après les Anaxagoras, il est venu des Copernic et des Kepler , qui ont frayé la route à Newton ; et pourquoi l'histoire naturelle n'auroit-elle pas aussi un jour son Newton ?

Ce que je donne aujourd'hui ne forme qu'une bien petite partie des faits dont cette antique histoire devra se composer; mais ces faits sont importans : plusieurs d'entre eux sont décisifs, et j'espère que la manière rigoureuse dont j'ai procédé à leur détermination permettra de les regarder comme des points définitivement fixés, dont il ne sera plus permis de s'écarter. Quand cet espoir ne se justifieroit que par rapport à quelques-uns , je me croirois assez récompensé de mes peines.

Je retracerai dans ce Discours préliminaire l'ensemble *Exposition.* des résultats auxquels il me paroît que la théorie de la

terre est arrivée jusqu'à présent Je montrerai quels
rapports lient à ces résultats l'histoire des os fossiles
d'animaux terrestres, et quels motifs donnent à cette
histoire une importance particulière. Je développerai
les principes sur lesquels repose l'art de déterminer ces
os, ou, en d'autres termes, de reconnoître un genre, et
de distinguer une espèce par un seul fragment d'os, art
de la certitude duquel dépend celle de tout l'ouvrage.
J'exposerai d'une manière rapide les résultats des recherches qui composent l'ouvrage, les espèces nouvelles, les
genres auparavant inconnus que ces recherches m'ont
fait découvrir, les diverses sortes de terrains qui les recèlent; et, comme la différence entre ces espèces et celles
d'aujourd'hui ne va pas au-delà de certaines limites, je
montrerai que ces limites dépassent de beaucoup celles
qui distinguent aujourd'hui les variétés d'une même
espèce : je ferai donc connoître jusqu'où ces variétés
peuvent aller, soit par l'influence du temps, soit par
celle du climat, soit enfin par celle de la civilisation.

Je me mettrai par-là en état de conclure qu'il a fallu
de grands événemens pour amener ces différences ma-
jeures que j'ai reconnues; je développerai donc les
modifications particulières que mon ouvrage doit intro-
duire dans les opinions reçues jusqu'à ce jour sur l'histoire primitive du globe; enfin j'examinerai jusqu'à
quel point l'histoire civile et religieuse des peuples
s'accorde avec les résultats de l'observation sur l'histoire physique de la terre, et avec les probabilités que
ces observations donnent touchant l'époque où les sociétés

humaines ont pu trouver des demeures fixes et des champs susceptibles de culture, et où par conséquent elles ont pu prendre une forme durable.

Lorsque le voyageur parcourt ces plaines fécondes où des eaux tranquilles entretiennent par leur cours régulier une végétation abondante, et dont le sol, foulé par un peuple nombreux, orné de villages florissans, de riches cités, de monumens superbes, n'est jamais troublé que par les ravages de la guerre ou par l'oppression des hommes puissans, il n'est pas tenté de croire que la nature ait eu aussi ses guerres intestines, et que la surface du globe ait été bouleversée par des révolutions successives et des catastrophes diverses ; mais ses idées changent dès qu'il cherche à creuser ce sol aujourd'hui si paisible, ou qu'il s'élève aux collines qui bordent la plaine ; elles se développent pour ainsi dire avec sa vue ; elles commencent à embrasser l'étendue et la grandeur de ces événemens antiques dès qu'il gravit les chaînes plus élevées dont ces collines couvrent le pied, ou qu'en suivant les lits des torrens qui en descendent il pénètre dans leur intérieur.

Première apparence de la terre.

Les terrains les plus bas, les plus unis, percés jusqu'à de très-grandes profondeurs, ne montrent que des couches horizontales de matières variées, enveloppant presque toutes d'innombrables produits de la mer ; des couches pareilles, des produits semblables, composent les collines jusqu'à de grandes hauteurs : quelquefois les coquilles sont si nombreuses, qu'elles forment à elles seules toute la masse du sol. Presque partout elles sont

Premières preuves de révolutions.

si bien conservées, que les plus petites d'entre elles gardent leurs parties les plus délicates, leurs crêtes les plus subtiles, leurs pointes les plus déliées ; elles s'élèvent à des hauteurs supérieures au niveau de toutes les mers, et où nulle mer ne pourroit être portée aujourd'hui par des causes existantes. Elles ne sont pas seulement enveloppées dans des sables mobiles, mais les pierres les plus dures les incrustent souvent, et en sont pénétrés de toute part. Toutes les parties du monde, tous les hémisphères, tous les continens, toutes les îles un peu considérables présentent le même phénomène. On est donc bientôt disposé à croire, non-seulement que la mer a envahi toutes nos plaines, mais qu'elle y a séjourné long-temps et paisiblement pour y former des dépôts si étendus, si épais, en partie si solides, et contenant des dépouilles si bien conservées. Le temps n'est plus où l'ignorance pouvoit soutenir que ces restes de corps organisés étoient de simples jeux de la nature, des produits conçus dans le sein de la terre par ses forces créatrices. Une comparaison scrupuleuse de leurs formes, de leur tissu, souvent même de leur composition, ne montre pas la moindre différence entre ces coquilles et celles que la mer nourrit ; elles ont donc vécu dans la mer ; elles ont été déposées par la mer : la mer existoit donc dans les lieux où elle les a laissées ; le bassin des mers a donc éprouvé au moins un changement, soit en étendue, soit en situation. Voilà ce qui résulte déjà des premières fouilles, et de l'observation la plus superficielle.

Les traces de révolutions deviennent plus imposantes quand on s'élève un peu plus haut, quand on se rapproche davantage du pied des grandes chaînes.

Il y a bien encore des bancs coquilliers ; on y en aperçoit même de plus grands, de plus solides : les coquilles y sont tout aussi nombreuses, tout aussi bien conservées ; mais ce ne sont plus les mêmes espèces ; les couches qui les contiennent ne sont plus aussi généralement horizontales ; elles se redressent obliquement, quelquefois presque verticalement : au lieu que, dans les plaines et les collines plates, il falloit creuser profondément pour connoître la succession des bancs, on les voit ici par leur flanc, en suivant les vallées produites par leurs déchiremens. D'immenses amas de leurs débris forment au pied de leurs escarpemens des collines arrondies, dont chaque dégel et chaque orage augmentent la hauteur.

Et ces bancs redressés qui forment les crêtes des montagnes secondaires, ne sont pas posés sur les bancs horizontaux des collines qui leur servent de premiers échelons ; ils s'enfoncent au contraire sous eux. Ces collines sont appuyées sur leurs pentes. Quand on perce les couches horizontales dans le voisinage des couches obliques, on retrouve celles-ci dans la profondeur : quelquefois même, quand les couches obliques ne sont pas trop élevées, leur sommet est couronné par des couches horizontales. Les couches obliques sont donc plus anciennes que les couches horizontales ; et, comme elles ont dû être formées horizontalement, elles ont été relevées ; elles l'ont été avant que les autres s'appuyassent sur elles.

Ainsi la mer, avant de former les couches horizontales, en avoit formé d'autres, qu'une cause quelconque avoit brisées, redressées, bouleversées de mille manières. Il y a donc eu aussi au moins un changement dans le sein de cette mer qui avoit précédé la nôtre ; elle a éprouvé aussi au moins une catastrophe ; et, comme plusieurs de ces bancs obliques qu'elle avoit formés les premiers s'élèvent au-dessus de ces couches horizontales qui leur ont succédé, et qui les entourent, cette catastrophe, en rendant ces bancs obliques, les avoit aussi fait saillir au-dessus du niveau de la mer, et en avoit fait des îles, ou au moins des écueils et des inégalités, soit qu'ils eussent été relevés par une extrémité, ou que l'affaissement de l'extrémité opposée eût fait baisser les eaux ; second résultat non moins clair, non moins démontré que le premier, pour quiconque se donnera la peine d'étudier les monumens qui l'appuient.

Preuves que ces révolutions ont été nombreuses.

Mais, si l'on compare entre elles, avec plus de détail, les diverses couches, et les produits de la vie qu'elles recèlent, on aperçoit bientôt des différences encore plus nombreuses, qui indiquent des changemens d'état encore plus multipliés. Cette mer n'a point constamment déposé des pierres semblables entre elles. Il s'est fait une succession régulière dans la nature de ses dépôts ; et plus les couches sont anciennes, plus chacune d'elle est uniforme dans une grande étendue ; plus elles sont nouvelles, plus elles sont limitées, plus elles sont sujettes à varier à de petites distances. Ainsi les grandes catastrophes qui produisoient des révolutions dans le bassin des mers, étoient précédées, accompagnées et suivies de changemens dans la nature du liquide et des matières qu'il tenoit en dissolution ; et, lorsque la surface des mers eut été divisée par des îles, par des chaînes saillantes, il y eut des changemens différens dans chaque bassin particulier.

Dans de pareils changemens du liquide général, il étoit bien difficile que les mêmes animaux continuassent à y vivre. Aussi ne le firent-ils point. Leurs espèces, leurs genres même, changent avec les couches ; et, quoiqu'il y ait quelques retours d'espèces à de petites distances, il est vrai de dire, en général, que les coquilles des couches anciennes ont des formes qui leur sont propres ; qu'elles disparoissent graduellement, pour ne plus se montrer dans les couches récentes, encore moins dans les mers actuelles, où l'on ne découvre jamais leurs analogues d'espèces, où plusieurs de leurs genres eux-mêmes ne se retrouvent pas ; que les coquilles des couches récentes au contraire ressemblent, pour le genre, à celles qui vivent dans les mers, et que dans les dernières et les plus meubles de ces couches, il y a quelques espèces que l'œil le plus exercé ne pourroit distinguer de celles que nourrit l'Océan.

Il y a donc eu dans la nature animale une succession de variations correspondantes à celles de la nature chimique du liquide ; et, lorsque la mer a quitté nos continens pour la dernière fois, ses habitans ne différoient pas beaucoup de ceux qu'elle alimente encore aujourd'hui.

Enfin, si l'on examine avec encore plus de soin ces débris des êtres organiques, on parvient à découvrir au milieu des couches marines, même les plus anciennes, des couches remplies de productions animales ou végétales de la terre et de l'eau douce ; et, parmi les couches les plus récentes, c'est-à-dire, les plus superficielles, il en est où des animaux terrestres sont ensevelis sous des amas de productions de la mer. Ainsi les diverses catastrophes de notre planète n'ont pas seulement fait sortir par degrés du sein de l'onde les diverses parties de nos continens ; mais il est arrivé aussi plusieurs fois que des terrains mis à sec ont été recouverts par les eaux, soient qu'ils aient été abîmés, ou que les eaux se soient seulement élevées au-dessus d'eux ; et le sol particulier que la mer a laissé libre dans sa dernière retraite, avoit déjà été desséché une fois, et avoit nourri alors des quadrupèdes, des oiseaux, des plantes, et des productions terrestres de tous les genres ; il avoit donc été envahi par cette mer, qui l'a quitté depuis.

Les changemens arrivés dans les productions des couches coquillières n'ont donc pas seulement dépendu d'une retraite graduelle et générale des eaux ; mais de diverses irruptions et retraites successives, dont le résultat définitif a été cependant une diminution universelle de niveau.

Preuves que ces révolutions ont été subites.

Et ces irruptions, ces retraites répétées, n'ont point été lentes, ne se sont point faites par degrés ; la plupart des catastrophes qui les ont amenées ont été subites ; et cela est surtout facile à prouver pour la dernière de toutes,

celle dont les traces sont le plus à découvert. Elle a laissé
encore, dans les pays du Nord, des cadavres de grands
quadrupèdes que la glace a saisis, et qui se sont conservés jusqu'à nos jours avec leur peau, leur poil, et
leur chair. S'ils n'eussent été gelés aussitôt que tués, la
putréfaction les auroit décomposés. Or cette gelée éter-
nelle n'a pu s'emparer des lieux où ces animaux vivoient
que par la même cause qui les a détruits (1) : cette cause
a donc été subite comme son effet. Les déchiremens,
les bouleversemens de couches arrivés dans les catastrophes antérieures, montrent assez qu'elles étoient subites
et violentes comme la dernière ; et des amas de débris et
de cailloux roulés, placés en plusieurs endroits entre les
couches solides, attestent la force des mouvemens que
ces bouleversemens excitoient dans la masse des eaux.
La vie a donc souvent été troublée sur cette terre par
des événemens terribles ; calamités qui, dans les commencemens, ont peut-être remué dans une grande épaisseur l'enveloppe entière de la planète, mais qui depuis
sont toujours devenues moins profondes et moins générales. Des êtres vivans sans nombre ont été les victimes
de ces catastrophes ; les uns ont été détruits par des dé-

---

(1) Les deux phénomènes de ce genre les plus remarquables, et qui
détruisent pour toujours toute idée de révolution lente, sont le *rhino-*
céros découvert en 1771, sur les bords du Vilhouï, et l'*éléphant* que
M. Adams vient d'observer vers l'embouchure de la Léna. Celui-ci avoit
encore sa peau, ses chairs, et son poil de deux espèces : l'un court, fin
et frisé comme de la laine ; l'autre semblable à de longs crins. Ses chairs
étoient si bien conservées, qu'elles ont été mangées par les chiens.

luges, les autres ont été mis à sec avec le fond des mers
subitement relevé; leurs races même ont fini pour jamais, et ne laissent dans le monde que quelques débris
à peine reconnoissables pour le naturaliste.

Telles sont les conséquences où conduisent nécessairement les objets que nous rencontrons à chaque pas,
que nous pouvons vérifier à chaque instant dans presque
tous les pays. Ces grands et terribles événemens sont
clairement empreints partout pour l'œil qui sait en lire
l'histoire dans leurs monumens.

Mais ce qui étonne davantage encore, et ce qui n'est
pas moins certain, c'est que la vie n'a pas toujours existé
sur le globe, et qu'il est facile à l'observateur de reconnoître le point où elle a commencé à déposer ses produits.

Preuves qu'il
y a eu des ré-
volutions an-
térieures   à
l'existence des
êtres vivans.
Elevons-nous encore; avançons vers les grandes crêtes,
vers les sommets élevés des grandes chaînes : bientôt ces
débris d'animaux marins, ces innombrables coquilles,
deviendront plus rares, et disparoîtront tout-à-fait;
nous arriverons à des couches d'une autre nature, qui
ne contiendront point de vestiges d'êtres vivans. Cependant elles montreront par leur cristallisation, et par
leur stratification même, qu'elles ont aussi été formées
dans un liquide; par leur situation oblique, par leurs
escarpemens, qu'elles ont aussi été bouleversées; par
la manière dont elles s'enfoncent obliquement sous les
couches coquillières, qu'elles ont été formées avant
elles; enfin, par la hauteur dont leurs pics hérissés et
nus s'élèvent au-dessus de toutes les couches coquillières,

que leurs sommets n'ont pas été recouverts par la mer depuis que leur redressement les en a fait sortir.

Telles sont ces fameuses montagnes primitives ou primordiales qui traversent nos continens en différentes directions, s'élèvent au-dessus des nuages, séparent les bassins des fleuves, tiennent dans leurs neiges perpétuelles les réservoirs qui en alimentent les sources, et forment en quelque sorte le squelette, et comme la grosse charpente de la terre.

D'une grande distance l'œil aperçoit dans les dentelures dont leur crète est déchirée, dans les pics aigus qui la hérissent, des signes de la manière violente dont elles ont été élevées, bien différentes de ces montagnes arrondies, de ces collines à longues surfaces plates, dont la masse récente est toujours demeurée dans la situation où elle avoit été tranquillement déposée par les dernières mers.

Ces signes deviennent plus manifestes à mesure que l'on approche.

Les vallées n'ont plus ces flancs en pente douce, ces angles saillans, et rentrant vis-à-vis l'un de l'autre, qui semblent indiquer les lits de quelques anciens courans : elles s'élargissent et se rétrécissent sans aucune règle ; leurs eaux tantôt s'étendent en lacs, tantôt se précipitent en torrens; quelquefois leurs rochers, se rapprochant subitement, forment des digues transversales, d'où ces mêmes eaux tombent en cataractes. Leurs couches déchirées, et montrant à pic leur tranchant d'un côté, présentent de l'autre obliquement de grandes portions de leur surface : elles ne correspondent point pour leur hauteur ; mais celles qui, d'un côté, forment le sommet de l'escarpement sont souvent enfoncées de l'autre, de manière à disparoître.

Cependant, au milieu de tout ce désordre, quelques naturalistes ont cru apercevoir qu'il règne encore un certain ordre, et que ces bancs immenses, tout brisés et renversés qu'ils sont, observent entre eux une succession qui est à peu près la même dans toutes les chaînes. Le granit, disent-ils, qui dépasse tout, s'enfonce aussi sous tout le reste ; c'est la plus ancienne des pierres qu'il nous ait été donné de voir dans la place que lui assigna la nature. Les crêtes centrales de la plupart des chaînes en sont composées ; des roches feuilletées s'appuient sur ses flancs, et forment les crêtes latérales ; des schistes, des grès, des roches talqueuses se mêlent à leurs couches ; des marbres à grain salin, et autres calcaires sans coquilles enfin, s'appuyant sur les schistes, forment les crêtes extérieures, et sont le dernier ouvrage par lequel cette mer sans habitans sembloit se préparer à la production de ses couches coquillières (1).

Et toutes les fois que l'on parvient, même dans des cantons éloignés des grandes chaînes, à percer les couches récentes, et à pénétrer un peu profondément dans l'épaisseur de l'enveloppe du globe, on retrouve à peu près le même ordre de stratification ; les marbres salins ne recouvrent jamais les couches coquillières ; les gra-

(1) *Pallas*, Mémoire sur la formation des montagnes.

nits en masse ne reposent jamais sur les marbres salins,
si ce n'est en un petit nombre de lieux, où il paroît
s'être formé du granit à plusieurs époques : en un mot,
tout cet arrangement paroît général, et doit tenir par
conséquent à des causes générales, qui ont exercé chaque fois leur influence d'une extrémité à l'autre de la
terre.

Ainsi, on ne peut le nier, les eaux ont recouvert long-
temps les masses qui forment aujourd'hui nos plus hautes
montagnes; long-temps ces eaux n'ont point alimenté
de corps vivans.

Ce n'est pas seulement après la naissance de la vie
qu'il s'y est exercé des changemens de nature et des
révolutions nombreuses : les masses formées auparavant
ont varié, aussi bien que celles qui se sont formées depuis; elles ont éprouvé de même des changemens violens dans leur position, et une partie de ces changemens avoit eu lieu dès le temps où ces masses existoient
seules, et n'étoient point recouvertes par les masses coquillières : on en a la preuve dans les renversemens, les
déchiremens, les fissures qui s'observent dans leurs couches, comme dans celles des terrains postérieurs, qui y
sont même en plus grand nombre, et plus marqués.

Mais ces mêmes masses primitives ont encore éprouvé
d'autres révolutions depuis la formation des terrains
secondaires, et ont peut-être occasionné ou au moins
partagé une partie de celles que ces terrains ont éprou-
vées. Il y a en effet des portions considérables de terrains
primitifs à nu, quoique dans une situation plus basse

que beaucoup de terrains secondaires ; comment ceux-ci n'auroient-ils pas recouvert ces parties, si elles ne se fussent montrées depuis qu'ils se sont formés ? On trouve des blocs nombreux et volumineux de substances primitives, répandus en certains pays à la surface de terrains secondaires séparés par des vallées profondes des pics ou des crêtes, d'où ces blocs peuvent être venus : il faut ou que des éruptions les y aient lancés, ou que les vallées qui eussent arrêté leurs cours n'existassent pas à l'époque de leur transport (1).

Voilà un ensemble de faits, une suite d'époques antérieures au temps présent, dont la succession peut se vérifier sans incertitude, quoique la durée de leurs intervalles ne puisse se définir avec précision; ce sont autant de points qui serviront de règle et de direction à cette antique chronologie.

Examen des causes qui agissent encore aujourd'hui à la surface du globe. Examinons maintenant ce qui se passe aujourd'hui sur le globe; analysons les causes qui agissent encore à sa surface, et déterminons l'étendue possible de leurs effets. C'est une partie de l'histoire de la terre d'autant plus importante, que l'on a cru long-temps pouvoir expliquer par ces causes actuelles les révolutions antérieures, comme on explique aisément dans l'histoire politique les événemens passés, quand on connoît bien les passions et les intrigues de nos jours. Mais nous allons voir que malheureusement il n'en est pas ainsi dans l'histoire

----

(1) Les Voyages de Saussure et de Deluc présentent une foule de ces sortes de faits.

physique : le fil des opérations est rompu ; la marche de la nature est changée ; et aucun des agens qu'elle emploie aujourd'hui ne lui auroit suffi pour produire ses anciens ouvrages.

Il existe maintenant quatre causes actives qui contribuent à altérer la surface de nos continens : les pluies et les dégels qui dégradent les montagnes escarpées, et en jettent les débris à leurs pieds ; les eaux courantes qui entraînent ces débris, et vont les déposer dans les lieux où leur cours se ralentit ; la mer qui sappe le pied des côtes élevées, pour y former des falaises, et qui rejette sur les côtes plates des monticules de sables ; enfin les volcans qui percent les couches solides, et y élèvent ou y répandent les amas de leurs déjections.

Partout où les couches brisées offrent leurs tranchans *Eboulemens.* sur des faces abruptes, il tombe à leur pied, à chaque printemps, et même à chaque orage, des fragmens de leurs matériaux, qui s'arrondissent en roulant les uns sur les autres, et dont l'amas prend une inclinaison déterminée par les lois de la cohésion, pour former ainsi au pied de l'escarpement une croupe plus ou moins élevée, selon que les chutes de débris sont plus ou moins abondantes ; ces croupes forment les flancs des vallées dans toutes les hautes montagnes, et se couvrent d'une riche végétation quand les éboulemens supérieurs commencent à devenir moins fréquens ; mais leur défaut de solidité les rend sujettes à s'ébouler elles-mêmes quand elles sont minées par les ruisseaux ; et c'est alors que des villes, que des cantons riches et peuplés se trouvent en-

3

sevelis sous la chute d'une montagne ; que le cours des rivières est intercepté; qu'il se forme des lacs dans des lieux auparavant fertiles et rians. Mais ces grandes chutes heureusement sont rares, et la principale influence de ces collines de débris, c'est de fournir des matériaux pour les ravages des torrens.

Alluvions. Les eaux qui tombent sur les crêtes et les sommets des montagnes, ou les vapeurs qui s'y condensent, ou les neiges qui s'y liquéfient, descendent par une infinité de filets le long de leurs pentes; elles en enlèvent quelques parcelles, et y marquent leur passage par des sillons légers. Bientôt ces filets se réunissent dans les creux plus marqués dont la surface des montagnes est labourée; ils s'écoulent par les vallées profondes qui en entament le pied, et vont former ainsi les rivières et les fleuves qui reportent à la mer les eaux que la mer avoit données à l'atmosphère. A la fonte des neiges, ou lorsqu'il survient un orage, le volume de ces eaux des montagnes subitement augmenté, se précipite avec une vitesse proportionnée aux pentes; elles vont heurter avec violence le pied de ces croupes de débris qui couvrent les flancs de toutes les hautes vallées; elles entraînent avec elles les fragmens déjà arrondis qui les composent ; elles les émousssent, les polissent encore par le frottement; mais, à mesure qu'elles arrivent à des vallées plus unies où leur chute diminue, ou dans des bassins plus larges où il leur est permis de s'épandre, elles jettent sur la plage les plus grosses de ces pierres qu'elles rouloient; les débris plus petits sont déposés plus bas; et il n'arrive guère au

grand canal de la rivière que les parcelles les plus me-
nues, ou le limon le plus imperceptible. Souvent même
le cours de ces eaux, avant de former le grand fleuve
inférieur, est obligé de traverser un lac vaste et profond,
où leur limon se dépose, et d'où elles ressortent limpides. Mais les fleuves inférieurs, et tous les ruisseaux
qui naissent des montagnes plus basses, ou des collines,
produisent aussi, dans les terrains qu'ils parcourent, des
effets plus ou moins analogues à ceux des torrens des
hautes montagnes. Lorsqu'ils sont gonflés par de grandes
pluies, ils attaquent le pied des collines terreuses ou
sableuses qu'ils rencontrent dans leurs cours, et en
portent les débris sur les terrains bas qu'ils inondent,
et que chaque inondation élève d'une quantité quelconque : enfin, lorsque les fleuves arrivent aux grands lacs
ou à la mer, et que cette rapidité qui entraînoit les
parcelles de limon vient à cesser tout-à-fait, ces parcelles se déposent aux côtés de l'embouchure ; elles finissent par y former des terrains qui prolongent la côte ;
et, si cette côte est telle que la mer y jette de son côté
du sable, et contribue à cet accroissement, il se crée
ainsi des provinces, des royaumes entiers, ordinairement les plus fertiles, et bientôt les plus riches du monde,
si les gouvernemens laissent l'industrie s'y exercer en
paix.

Les effets que la mer produit sans le concours des Dunes.
fleuves sont beaucoup moins heureux. Lorsque la côte
est basse et le fond sablonneux, les vagues poussent ce
sable vers le bord ; à chaque reflux il s'en dessèche un

peu, et le vent qui souffle presque toujours de la mer en jette sur la plage. Ainsi se forment les dunes, ces monticules sablonneux qui, si l'industrie de l'homme ne parvient à les fixer par des végétaux convenables, marchent lentement mais invariablement vers l'intérieur des terres, et y couvrent les champs et les habitations, parce que le même vent qui élève le sable du rivage sur la dune, jette celui du sommet de la dune à son revers opposé à la mer.

Falaises.   Quand, au contraire, la côte est élevée, la mer, qui n'y peut rien rejeter, y exerce une action destructive. Ses vagues en rongent le pied et en escarpent toute la hauteur en falaise, parce que les parties plus élevées, se trouvant sans appui, tombent dans l'eau ; elles y sont agitées dans les flots jusqu'à ce que les parcelles les plus molles, les plus déliées, disparoissent. Les portions plus dures, à force d'être roulées en sens contraire par les vagues, forment ces galets arrondis, ou cette grève qui finit par s'accumuler assez pour servir de rempart au pied de la falaise.

Telle est l'action des eaux sur la terre ferme ; et l'on voit qu'elle ne consiste presque qu'en nivellemens, et en nivellemens qui ne sont pas indéfinis. Les débris des grandes crêtes charriés dans les vallons ; leurs particules, celles des collines et des plaines, portées jusqu'à la mer ; des alluvions étendant les côtes aux dépens des hauteurs, sont des effets bornés, auxquels la végétation met en général un terme, qui supposent d'ailleurs la préexistence des montagnes, celle des vallées, celle des plaines, et qui ne peuvent, par conséquent, avoir donné naissance à ces inégalités du globe. Les dunes sont un phénomène plus limité encore, et pour la hauteur, et pour l'étendue horizontale; elles n'ont point de rapport avec ces énormes masses dont la géologie cherche l'origine.

Quant à l'action que les eaux exercent dans leur propre sein, quoiqu'on ne puisse la connoître aussi bien, il est possible cependant d'en déterminer jusqu'à un certain point les limites.

Les lacs, les champs, les marais, les ports de mer où il tombe des ruisseaux, surtout quand ceux-ci descendent de coteaux voisins et escarpés, deposent sur leur fond des amas de limons qui finiroient par les combler, si l'on ne prenoit le soin de les nettoyer. La mer jette également dans les ports, dans les anses, dans tous les lieux où les eaux sont plus tranquilles, des vases et des sédimens. Les courans amassent entre eux, ou jettent sur leurs côtés le sable qu'ils arrachent au fond de la mer, et en composent des bancs et des bas-fonds.

Dépôts sous les eaux.

Certaines eaux, après avoir dissous des substances calcaire au moyen de l'acide carbonique surabondant dont elles sont imprégnées, les laissent cristalliser quand cet acide peut s'évaporer, et en forment des stalactites et autres concrétions. Il existe des couches cristallisées confusément dans l'eau douce, assez étendues pour être comparables à quelques-unes de celles qu'a laissées l'ancienne mer.

Stalactites.

Dans la zône torride, où les litophytes sont nombreux

Litophytes

en espèces, et se propagent avec une grande force, leurs troncs pierreux s'entrelacent en rochers, en récifs, et, s'élevant jusqu'à fleur d'eau, ferment l'entrée des ports, tendent des piéges terribles aux navigateurs. La mer, jetant des sables et du limon sur le haut de ces écueils, en élève quelquefois la surface au-dessus de son propre niveau, et en forme des îles qu'une riche végétation vient bientôt vivifier.

Incrustations.   Il est possible aussi que, dans quelques endroits, les animaux à coquillages laissent en mourant leurs dépouilles pierreuses, et que, liées par des vases plus ou moins concrètes, ou par d'autres moyens, elles forment des dépôts étendus, ou des espèces de bancs coquilliers; mais nous n'avons aucune preuve que la mer puisse aujourd'hui incruster ces coquilles d'une pâte aussi compacte que les marbres, que les grès, ni même que le calcaire grossier dont nous voyons celles de nos couches enveloppées. Encore moins trouvons-nous qu'elle précipite nulle part de ces couches plus solides, plus siliceuses qui ont précédé la formation des bancs coquilliers. Enfin toutes ces causes réunies ne releveroient pas une seule couche, ne produiroient pas le moindre monticule, ne changeroient pas d'une quantité appréciable le niveau de la mer.

On a bien soutenu que la mer éprouvoit une diminution générale, et que l'on en avoit fait l'observation dans quelques lieux des bords de la Baltique; mais quelle que soit la cause de cette apparence, il est certain qu'on n'a rien observé de semblable sur nos côtes, et qu'il n'y a point d'abaissement général des eaux. Les plus anciens ports de mer ont encore leurs quais, et tous leurs ouvrages à la même hauteur au-dessus du niveau de la mer, qu'à l'époque de leur construction.

On a bien supposé quelques mouvemens généraux de la mer d'orient en occident, ou dans quelques autres directions ; mais on n'a pu nulle part en estimer les effets avec quelque précision.

L'action des volcans est plus bornée, plus locale encore Volcans. que toutes celles dont nous venons de parler. Quoique nous n'ayons aucune idée sur les moyens par lesquels la nature entretient à de si grandes profondeurs ces violens foyers, nous jugeons clairement par leurs effets des changemens qu'ils peuvent avoir produits à la surface du globe. Lorsqu'un volcan se déclare, après quelques secousses, quelques tremblemens de terre, il se fait une ouverture. Des pierres, des cendres sont lancées au loin ; des laves sont vomies ; leur partie la plus fluide s'écoule en longues traînées ; celle qui l'est moins s'arrête aux bords de l'ouverture, en élève le contour, y forme un cône terminé par un cratère. Ainsi les volcans accumulent sur la surface, après les avoir modifiées, des matières auparavant ensevelies dans la profondeur ; ils forment des montagnes ; ils en ont couvert autrefois quelques parties de nos continens ; ils ont fait naître subitement des îles au milieu des mers. Mais c'étoit toujours de laves que ces montagnes, ces îles étoient composées ; tous leurs matériaux avoient subi l'action du feu. Les volcans ne soulèvent donc ni ne culbutent

les couches que traversent leur soupirail ; et ils n'on
point contribué à l'élévation des grandes montagnes non
volcaniques.

Ainsi l'on chercheroit en vain, dans les forces qui agissent maintenant sur la surface de la terre, des causes
suffisantes pour produire les révolutions et les catastrophes dont son enveloppe nous montre les traces ; et, si
l'on veut recourir aux causes extérieures constantes
connues jusqu'à présent, l'on n'a pas plus de succès.

Causes astro-
nomiques.Le pôle de la terre se meut dans un cercle autour du
pôle de l'écliptique : son axe s'incline plus ou moins sur
le plan de ce même écliptique ; mais ces deux mouvemens, dont les causes sont aujourd'hui appréciées, ne
passent point certaines limites, et ces limites sont trop
étroites pour les effets que nous avons reconnus. D'ailleurs
ces mouvemens, d'une lenteur excessive, ne peuvent
expliquer des catastrophes qui ont nécessairement dû
être subites.

Le même raisonnement s'applique à toutes les actions
lentes que l'on a imaginées, sans doute dans l'espoir
qu'on ne pourroit en nier l'existence, parce que l'on
pourroit toujours soutenir que leur lenteur même les
rend imperceptibles. Vraies ou non, peu importe ; elles
n'expliquent rien, puisque aucune cause lente ne peut
avoir produit des effets subits. Y eût-il donc une diminution graduelle des eaux, la mer portât et rapportât-
elle des matières solides, la température du globe dimi-
nuât ou augmentât-elle ; ce n'est rien de tout cela qui a
renversé nos couches, qui a revêtu de glace de grands

quadrupèdes avec leur chair et leur peau, qui a mis à
sec des coquillages encore aussi bien conservés que si on
les eût pêchés vivans, qui a détruit enfin des espèces et
des genres entiers.

Ces motifs ont frappé le plus grand nombre des naturalistes; et, parmi ceux qui ont cherché à expliquer
l'état actuel du globe, il n'en est presque aucun qui l'ait
attribué en entier à des causes lentes, encore moins à
des causes agissant sous nos yeux. Cette nécessité où ils
se sont vus de chercher des causes différentes de celles
que nous voyons agir aujourd'hui, est même ce qui leur
a fait imaginer tant de suppositions extraordinaires, et
qui les a fait errer et se perdre en tant de sens contraires,
que le nom même de leur science, ainsi que je l'ai dit
ailleurs, en est presque devenu ridicule pour quelques
personnes prévenues, qui n'y voient que les systèmes
qu'elle a fait éclore, et qui oublient la longue et importante série de faits certains qu'elle a fait connoître (1).

Pendant long-temps on n'admit que deux événemens,
que deux époques de mutations sur le globe, la création
et le déluge; et tous les efforts des géologistes tendirent
à expliquer l'état actuel, en imaginant un certain état
primitif, modifié ensuite par le déluge, dont chacun
imaginoit aussi, à sa manière, les causes, l'action, et
les effets.

*Anciens sys-
tèmes des géo-
logistes.*

---

(1) Lorsque j'ai dit cela, j'ai énoncé un fait dont on est chaque jour
témoin; mais je n'ai pas prétendu exprimer ma propre opinion, comme
des géologistes estimables ont paru le croire. Si quelque équivoque dans
ma phrase a été la cause de leur erreur, je leur en fais ici mes excuses.

Ainsi, selon l'un (1), la terre avoit reçu d'abord une croûte égale et légère qui recouvroit l'abîme des mers, et qui se creva pour produire le déluge; ses débris formèrent les montagnes. Selon l'autre (2), le déluge fut occasionné par une suspension momentanée de la cohésion dans les minéraux; toute la masse du globe fut dissoute, et la pâte en fut pénétrée par les coquilles. Selon un troisième (3), Dieu souleva les montagnes pour faire écouler les eaux du déluge, et les prit dans les endroits où il y avoit le plus de pierres, parce qu'autrement elles n'auroient pu se soutenir. Un quatrième (4) créa la terre avec l'atmosphère d'une comète, et la fit inonder par la queue d'une autre; la chaleur qui lui restoit de sa première origine, fut, selon lui, ce qui excita tous les êtres vivans au péché; aussi furent-ils tous noyés, exceptés les poissons, qui avoient apparemment les passions moins vives.

On voit que, tout en se retranchant dans les limites fixées par la Genèse, les naturalistes conservoient encore une carrière assez vaste : ils se trouvèrent bientôt à l'étroit; et, quand ils eurent réussi à faire envisager les six jours de la création comme autant de périodes indéfinies, les siècles ne leur coûtant plus rien, leurs systèmes

---

(1) Burnet, *Telluris Theoria sacra.* Lond., 1681.

(2) Woodward, *Essay towards the natural History of the Earth.* Lond., 1702.

(3) Scheuchzer, *Mémoires de l'Académie,* 1708.

(4) Whiston, *A New Theory of the Earth.* Lond., 1708.

prirent un essor proportionné aux espaces dont ils purent disposer.

Le grand Leibnitz lui-même s'amusa à faire, comme Descartes, de la terre un soleil éteint (1), un globe vitrifié, sur lequel les vapeurs, étant retombées lors de son refroidissement, formèrent des mers, et déposèrent ensuite les terrains calcaires.

Demaillet couvrit le globe entier d'eau pendant des milliers d'années; il fit retirer les eaux graduellement; tous les animaux terrestres avoient d'abord été marins; l'homme lui-même avoit commencé par être poisson; et l'auteur assure qu'il n'est pas rare de rencontrer dans l'Océan des poissons qui ne sont encore devenus hommes qu'à moitié, mais dont la race le deviendra tout-à-fait quelque jour (2).

Le système de Buffon n'est guère qu'un développement de celui de Leibnitz, avec l'addition seulement d'une comète qui a fait sortir du soleil, par un choc violent, la masse liquéfiée de la terre, en même temps que celle de toutes les planètes : d'où il résulte des dates positives; car, par la température actuelle de la terre, on peut savoir depuis combien de temps elle se refroidit; et, puisque les autres planètes sont sorties du soleil en même temps qu'elles, on peut calculer combien les grandes ont encore de siècles à refroidir, et jusqu'à quel point les petites sont déjà glacées.

---

(1) Leibnitz, *Protogæa.* act. Lips., 1683 ; Gott., 1749.
(2) Telliamed.

De nos jours, des esprits plus libres que jamais ont aussi voulu s'exercer sur ce grand sujet. Quelques écrivains ont reproduit, et prodigieusement étendu les idées de Demaillet; ils disent que tout fut fluide dans l'origine; que le fluide engendra des animaux d'abord très-simples, tels que les monades ou autres espèces infusoires et microscopiques; que, par suite des temps, et en prenant des habitudes diverses, les races de ces animaux se compliquèrent, et se diversifièrent au point où nous les voyons aujourd'hui. Ce sont toutes ces races d'animaux qui ont converti par degrés l'eau de la mer en terre calcaire; les végétaux, sur l'origine et les métamorphoses desquels on ne nous dit rien, ont converti de leur côté cette eau en argile; mais ces deux terres, à force d'être dépouillées des caractères que la vie leur avoit imprimés, se résolvent, en dernière analyse, en silice; et voilà pourquoi les plus anciennes montagnes sont plus siliceuses que les autres. Toutes les parties solides de la terre doivent donc leur naissance à la vie; et, sans la vie, le globe seroit encore entierement liquide (1).

D'autres écrivains ont donné la préférence aux idées de Kepler : comme ce grand astronome, ils accordent au globe lui-même les facultés vitales; un fluide, selon eux, y circule; une assimilation s'y fait aussi bien que

---

(1) Voyez la *Physique de Rodig*, p. 106. *Leipsig*, 1801; et la p. 169 du 2ᵉ tome de Telliamed. M. de Lamarck est celui qui a développé dans ces derniers temps ce système avec le plus de suite et la sagacité la plus soutenue dans son *Hydrogéologie* et dans sa *Philosophie zoologique*.

dans les corps animés; chacune de ses parties est vivante; il n'est pas jusqu'aux molécules les plus élémentaires qui n'aient un instinct, une volonté; qui ne s'attirent et ne se repoussent d'après des antipathies et des sympathies; chaque sorte de minéral peut convertir des masses immenses en sa propre nature, comme nous convertissons nos alimens en chair et en sang. Les montagnes sont les organes de la respiration du globe, et les schistes ses organes sécrétoires : c'est par ceux-ci qu'il décompose l'eau de la mer pour engendrer les déjections volcaniques; les filons enfin sont des caries, des abcès du règne minéral, et les métaux un produit de pourriture et de maladie : voilà pourquoi ils sentent presque tous si mauvais (1).

Il faut convenir cependant que nous avons choisi là des exemples extrêmes, et que tous les géologistes n'ont pas porté la hardiesse des conceptions aussi loin que ceux que nous venons de citer; mais, parmi ceux qui ont procédé avec le plus de réserve, et qui n'ont point cherché leurs moyens hors de la physique ou de la chimie ordinaire, combien ne règne-t-il pas encore de diversité et de contradiction !

Chez l'un, tout est précipité successivement, tout s'est déposé à peu près comme il est encore; mais la mer, qui couvroit tout, s'est retirée par degrés (2).

---

(1) M. Patrin a mis beaucoup d'esprit à soutenir cette manière de voir dans plusieurs articles du *Nouveau Dictionnaire d'Histoire naturelle.*

(2) M. Delamétherie admet la cristallisation comme cause principale dans sa *Géologie.*

Chez l'autre, les matériaux des montagnes sont sans cesse dégradés et entraînés par les rivières, pour aller au fond des mers se faire échauffer sous une énorme pression, et former des couches que la chaleur qui les durcit relèvera un jour avec violence (1).

Un troisième suppose le liquide divisé en une multitude de lacs placés en amphithéâtre les uns au-dessus des autres, qui, après avoir déposé nos couches coquillières, ont rompu successivement leurs digues pour aller remplir le bassin de l'Océan (2).

Chez un quatrième, des marées de sept à huit cents toises ont au contraire emporté de temps en temps le fond des mers, et l'ont jetté en montagnes et en collines dans les vallées, ou sur les plaines primitives du continent (3).

Un cinquième fait tomber successivement du ciel, comme les pierres météoriques, les divers fragmens dont la terre se compose, et qui portent dans les êtres inconnus dont ils recèlent les dépouilles, l'empreinte de leur origine (4).

Un sixième fait le globe creux, et y place un noyau d'aimant qui se transporte, au gré des comètes, d'un pôle à l'autre, entraînant avec lui le centre de gravité

---

(1) Hutton et Playfair, *Illustrations of the Huttonian Theory of the Earth.* Édimb. 1802.

(2) Lamanon, en divers endroits du *Journal de Physique.*

(3) Dolomieu, *ibid.*

(4) MM. de Marschall, *Recherches sur l'origine et le développement de l'ordre actuel du Monde.* Giessen, 1802.

et la masse des mers, et noyant ainsi alternativement les deux hémisphères (1).

Nous pourrions citer encore vingt autres systèmes tout aussi divergens que ceux-là ; et, que l'on ne s'y trompe pas, notre intention n'est nullement d'en critiquer les auteurs : au contraire, nous reconnoissons que ces idées ont généralement été conçues par des hommes d'esprit et de science, qui n'ignoroient point les faits, dont plusieurs même avoient voyagé long-temps dans l'intention de les examiner.

Divergences des systèmes des géologistes.

D'où peut donc venir une pareille opposition dans les solutions d'hommes qui partent des mêmes principes pour résoudre le même problème ?

Causes de ces divergences.

Ne seroit-ce point que les conditions du problème n'ont jamais été toutes prises en considération ; ce qui l'a fait rester, jusqu'à ce jour, indéterminé, et susceptible de plusieurs solutions, toutes également bonnes quand on fait abstraction de telle ou telle condition ; toutes également mauvaises, quand une nouvelle condition vient à se faire connoître, ou que l'attention se reporte vers quelque condition connue, mais négligée ?

Pour quitter ce langage mathématique, nous dirons que presque tous les auteurs de ces systèmes, n'ayant eu égard qu'à certaines difficultés qui les frappoient plus que d'autres, se sont attachés à résoudre celles-là d'une

Nature et conditions du problème.

---

(1) M. Bertrand, *Renouvellement périodique des Continens terrestres.* Hambourg, 1799.

manière plus ou moins probable, et en ont laissé de côté
d'aussi nombreuses, d'aussi importantes ; tel n'a vu, par
exemple, que la difficulté de faire changer le niveau des
mers ; tel autre, que celle de faire dissoudre toutes les
substances terrestres dans un seul et même liquide ; tel
autre enfin, que celle de faire vivre sous la zone glaciale des animaux qu'il croyoit de la zone torride :
épuisant sur ces questions les forces de leur esprit, ils
croyoient avoir tout fait en imaginant un moyen quelconque d'y répondre : il y a plus, en négligeant ainsi
tous les autres phénomènes, ils ne songeoient pas même
toujours à déterminer avec précision la mesure et les
limites de ceux qu'ils cherchoient à expliquer.

Cela est vrai surtout pour les terrains secondaires,
qui forment cependant la partie la plus importante et la
plus difficile du problème. On ne s'est presque jamais
occupé de fixer avec soin les superpositions de leurs
couches, ni les rapports de ces couches avec les espèces
d'animaux et de plantes dont elles renferment les restes.

Y a-t-il des animaux, des plantes propres à certaines
couches, et qui ne se trouvent pas dans les autres ? Quelles
sont les espèces qui paroissent les premières, ou celles
qui viennent après ? Ces deux sortes d'espèces s'accom-
pagnent-elles quelquefois ? Y a-t-il des alternatives dans
leur retour ; ou, en d'autres termes, les premières re-
viennent-elles une seconde fois, et alors les secondes dis-
paroissent-elles ? Ces animaux, ces plantes, ont-ils vécu
dans les lieux où l'on trouve leurs dépouilles, ou bien
y ont-ils été transportés d'ailleurs ? Vivent-ils encore

tous aujourd'hui quelque part, ou bien ont-ils été détruits en tout ou en partie? Y a-t-il un rapport constant
entre l'ancienneté des couches et la ressemblance ou la
non ressemblance des fossiles avec les êtres vivans? Y en
a-t-il un de climat entre les fossiles et ceux des êtres
vivans qui leur ressemblent le plus? Peut-on en conclure
que les transports de ces êtres, s'il y en a eu, se soient
faits du nord au sud, ou de l'est à l'ouest, ou par irra-
diation et mélange, et peut-on distinguer les époques
de ces transports par les couches qui en portent les empreintes?

Que dire sur les causes de l'état actuel du globe, si
l'on ne peut répondre à ces questions, si l'on n'a pas
encore de motifs suffisans pour choisir entre l'affirma-
tive ou la négative? Or il n'est que trop vrai qu'aucun
de ces points n'est encore absolument hors de doute,
qu'à peine même semble-t-on avoir songé qu'il seroit
bon de les éclaircir avant de faire un système.

On trouvera la raison de cette singularité, si l'on ré-
fléchit que les géologistes ont tous été, ou des naturalistes de cabinet, qui avoient peu examiné par eux-
mêmes la structure des montagnes; ou des minéralogistes qui n'avoient pas étudié avec assez de détail les
innombrables variétés des animaux, et la complication
infinie de leurs diverses parties. Les premiers n'ont fait
que des systèmes; les derniers ont donné d'excellentes
observations; ils ont véritablement posé les bases de la
science: mais il n'ont pu en achever l'édifice.

Raison pour laquelle les conditions ont été négligées.

En effet, la partie purement minérale du grand pro-

Progrès de la géologie mi-nérale.

blême de la théorie de la terre a été étudiée avec un soin
admirable par Desaussure, et portée depuis à un développement étonnant par M. Werner, et par les nombreux et savans élèves qu'il a formés.

Le premier de ces hommes célèbres, parcourant pé-
niblement pendant vingt années les cantons les plus
inaccessibles, attaquant en quelque sorte les Alpes par
toutes leurs faces, par tous leurs défilés, nous a dévoilé
tout le désordre des terrains primitifs, et a tracé plus
nettement la limite qui les distingue des terrains secondaires. Le second, profitant des nombreuses excavations
faites dans le pays du monde où sont les plus anciennes
mines, a fixé les loix de succession des couches; il a
montré leur ancienneté respective, et poursuivi chacune
d'elles dans toutes ses métamorphoses. C'est de lui, et de
lui seulement, que datera la géologie positive, en ce qui
concerne la nature minérale des couches; mais ni l'un,
ni l'autre n'a donné à la détermination des espèces organisées fossiles, dans chaque genre de couche, la rigueur
devenue nécessaire, depuis que les animaux connus
s'élèvent à un nombre si prodigieux.

D'autres savans étudioient, à la vérité, les débris fossiles des corps organisés; ils en recueilloient et en faisoient représenter par milliers; leurs ouvrages seront
des collections précieuses de matériaux : mais, plus occupés des animaux ou des plantes, considérés comme tels,
que de la théorie de la terre, ou regardant ces pétrifi-
cations ou ces fossiles comme des curiosités, plutôt que
comme des documens historiques, ou bien enfin, se

contentant d'explications partielles sur le gisement de chaque morceau, ils ont presque toujours négligé de rechercher les loix générales de position ou de rapport des fossiles avec les couches.

Cependant l'idée de cette recherche étoit bien naturelle. Comment ne voyoit-on pas que c'est aux fossiles seuls qu'est due la naissance de la théorie de la terre ; que, sans eux, l'on n'auroit peut-être jamais songé qu'il y ait eu dans la formation du globe des époques successives, et une série d'opérations différentes? Eux seuls, en effet, donnent la certitude que le globe n'a pas toujours eu la même enveloppe, par la certitude où l'on est qu'ils ont dû vivre à la surface avant d'être ainsi ensevelis dans la profondeur. Ce n'est que par analogie que l'on a étendu aux terrains primitifs la conclusion que les fossiles fournissent directemeut pour les terrains secondaires ; et, s'il n'y avoit que des terrains sans fossiles, personne ne pourroit soutenir que ces terrains n'ont pas été formés tous ensemble.

Importance des fossiles en géologie.

C'est encore par les fossiles, toute légère qu'est restée leur connoissance, que nous avons reconnu le peu que nous savons sur la nature des révolutions du globe. Ils nous ont appris que les couches, au moins celles qui les recèlent, ont été déposées paisiblement dans un liquide ; que leurs variations ont correspondu à celles du liquide ; que leur mise à nu a été occasionnée par le transport de ce liquide ; que cette mise à nu a eu lieu plus d'une fois : rien de tout cela ne seroit certain sans les fossiles.

L'étude de la partie minérale de la géologie, qui n'est pas moins nécessaire, qui même est pour les arts pratiques d'une utilité beaucoup plus grande, est cependant beaucoup moins instructive par rapport à l'objet dont il s'agit.

Nous sommes dans l'ignorance la plus absolue sur les causes qui ont pu faire varier les substances dont les couches se composent; nous ne connoissons pas même les agens qui ont pu tenir certaines d'entre elles en dissolution; et l'on dispute encore sur plusieurs, si elles doivent leur origine à l'eau ou au feu. Au fond l'on a pu voir ci-devant que l'on n'est d'accord que sur un seul point; savoir, que la mer a changé de place. Et comment le sait-on, si ce n'est par les fossiles?

Les fossiles, qui ont donné naissance à la théorie de la terre, lui ont donc fourni en même temps ses principales lumières, les seules qui jusqu'ici aient été généralement reconnues.

Cette idée est ce qui nous a encouragé à nous en occuper; mais ce champ est immense : un seul homme pourroit à peine en effleurer une foible partie. Il falloit donc faire un choix, et nous le fîmes bientôt. La classe de fossiles qui fait l'objet de cet ouvrage nous attacha dès le premier abord, parce que nous vîmes qu'elle est à la fois plus féconde en conséquences précises, et cependant moins connue, et plus riche en nouveaux sujets de recherches (1).

---

(1) Cet ouvrage montre en effet à quel point cette matière étoit encore neuve, malgré les excellens travaux des Camper, des Pallas, des Blu-

Il est sensible en effet, que les ossemens de quadru-pèdes peuvent conduire, par plusieurs raisons, à des résultats plus rigoureux qu'aucune autre dépouille de corps organisés.

Premièrement, ils caractérisent d'une manière plus nette les révolutions qui les ont affectés. Des coquilles annoncent bien que la mer existoit où elles se sont for-mées ; mais leurs changemens d'espèces pourroient à la rigueur provenir de changemens légers dans la nature, ou seulement dans la température du liquide. Ils pour-roient encore avoir tenu à d'autres causes accidentelles. Rien ne nous assure que, dans le fond de la mer, cer-taines espèces, certains genres même, après avoir occupé plus ou moins long-temps des espaces détermi-nés, n'aient pu être chassés par d'autres. Ici, au con-traire, tout est précis ; l'apparition des os de quadru-pèdes, surtout celle de leurs cadavres entiers dans les couches, annonce, ou que la couche même qui les porte étoit autrefois à sec, ou qu'il s'étoit au moins formé une terre sèche dans le voisinage. Leur disparition rend certain que cette couche avoit été inondée, ou que cette terre sèche avoit cessé d'exister. C'est donc par eux que nous apprenons, d'une manière assurée, le fait impor-tant des irruptions répétées de la mer, dont les fossiles et autres produits marins à eux seuls ne nous auroient

menbach, des Merk, des Sœmmerring, des Rosenmüller, des Fischer, des Faujas, et des autres savans dont j'ai eu le plus grand soin de citer les ouvrages dans ceux de mes Chapitres auxquels ils se rapportent.

pas instruits; et c'est par leur étude approfondie que nous pouvons espérer de reconnoître le nombre et les epoques de ces irruptions.

Secondement, la nature des révolutions qui ont altéré la surface du globe a dû exercer sur les quadrupèdes terrestres une action plus complète que sur les animaux marins. Comme ces révolutions ont, en grande partie, consisté en déplacemens du lit de la mer, et que les eaux devoient détruire tous les quadrupèdes qu'elles atteignoient, si leur irruption a été générale, elle a pu faire périr la classe entière, ou, si elle n'a porté à la fois que sur certains continens, elle a pu anéantir au moins les espèces propres à ces continens, sans avoir la même influence sur les animaux marins. Au contraire, des millions d'individus aquatiques ont pu être laissés à sec, ou ensevelis sous des couches nouvelles, ou jetés avec violence à la côte, et leur race être cependant conservée dans quelques lieux plus paisibles, d'où elle se sera de nouveau propagée après que l'agitation des mers aura cessé.

Troisièmement, cette action plus complète est aussi plus facile à saisir; il est plus aisé d'en démontrer les effets, parce que le nombre des quadrupèdes étant borné, la plupart de leurs espèces, au moins les grandes, étant connues, on a plus de moyens de s'assurer si des os fossiles appartiennent à l'une d'elles, ou s'ils viennent d'une espèce perdue. Comme nous sommes, au contraire, fort loin de connoître tous les coquillages et tous les poissons de la mer; comme nous ignorons probablement encore la plus grande partie de ceux qui vivent dans la profondeur, il est impossible de savoir avec certitude si une espèce que l'on trouve fossile n'existe pas quelque part vivante. Aussi voyons-nous des savans s'opiniâtrer à donner le nom de coquilles pélagiennes, c'est-à-dire, de coquilles de la haute mer, aux bélemnites, aux cornes d'ammon, et aux autres genres qui n'ont encore été vus que dans les couches anciennes, voulant dire par là que, si on ne les a point encore découvertes dans l'état de vie, c'est qu'elles habitent à des profondeurs inaccessibles pour nos filets.

Sans doute les naturalistes n'ont pas encore traversé tous les continens, et ne connoissent pas même tous les quadrupèdes qui habitent les pays qu'ils ont traversés. On découvre de temps en temps des espèces nouvelles de cette classe ; et ceux qui n'ont pas examiné avec attention toutes les circonstances de ces découvertes pourroient croire aussi que les quadrupèdes inconnus dont on trouve les os dans nos couches, sont restés jusqu'à présent cachés dans quelques îles qui n'ont pas été rencontrées par des navigateurs, ou dans quelques-uns des vastes déserts qui occupent le milieu de l'Asie, de l'Afrique, des deux Amériques et de la Nouvelle-Hollande.

Cependant, que l'on examine bien quelles sortes de quadrupèdes l'on a découvertes récemment, et dans quelles circonstances on les a découvertes, et l'on verra qu'il reste peu d'espoir de trouver un jour celles que nous n'avons encore vues que fossiles.

Il y a peu d'espérance de découvrir de nouvelles espèces de grands quadrupèdes.

Les îles d'étendue médiocre, et placées loin des grandes terres, ont très-peu de quadrupèdes, la plupart fort petits : quand elles en possèdent de grands, c'est qu'ils y ont été apportés d'ailleurs. Bougainville et Cook n'ont trouvé que des cochons et des chiens dans les îles de la mer du Sud. Les plus grands quadrupèdes des Antilles étoient les agoutis.

A la vérité les grandes terres, comme l'Asie, l'Afrique, les deux Amériques et la Nouvelle-Hollande ont de grands quadrupèdes, et généralement des espèces propres à chacune d'elles ; en sorte que toutes les fois que l'on a découvert de ces terres que leur situation avoit tenues isolées du reste du monde, on y a trouvé la classe des quadrupèdes entièrement différente de ce qui existoit ailleurs. Ainsi, quand les Espagnols parcoururent pour la première fois l'Amérique méridionale, ils n'y trouvèrent pas un seul des quadrupèdes de l'Europe, de l'Asie, ni de l'Afrique. Le puma, le jaguar, le tapir, le cabiai, le lama, la vigogne, tous les sapajous, furent pour eux des êtres entièrement nouveaux, et dont ils n'avoient nulle idée.

Le même phénomène s'est renouvelé de nos jours quand on a commencé à examiner les côtes de la Nouvelle-Hollande et les îles adjacentes. Les divers kanguroos, les phascolomes, les dasyures, les péramèles, les phalangers volans, les ornithorinques, les échidnés sont venus étonner les naturalistes par des conformations étranges qui rompoient toutes les règles, et échappoient à tous les systèmes.

Si donc il restoit quelque grand continent à découvrir, on pourroit encore espérer de connoître de nouvelles espèces, parmi lesquelles il pourroit s'en trouver de plus ou moins semblables à celles dont les entrailles de la terre nous ont montré les dépouilles ; mais il suffit de jeter un coup-d'œil sur la mappemonde, de voir les innombrables directions selon lesquelles les navigateurs ont sillonné l'Océan, pour juger qu'il ne doit plus y avoir de grande terre, à moins qu'elle ne soit vers le pôle austral, où les glaces n'y laisseroient subsister aucun reste de vie.

Ainsi ce n'est que de l'intérieur des grandes parties du monde que l'on peut encore attendre des quadrupèdes inconnus.

Or, avec un peu de réflexion, on verra bientôt que l'attente n'est guère plus fondée de ce côté que de celui des îles.

Sans doute le voyageur européen ne parcourt pas aisément de vastes étendues de pays, désertes, ou nourrissant seulement des peuplades féroces ; et cela est surtout vrai à l'égard de l'Afrique : mais rien n'empêche les animaux de parcourir ces contrées en tout sens, et de se rendre vers les côtes. Quand il y auroit entre les côtes et les déserts de l'intérieur de grandes chaînes de montagnes, elles seroient toujours interrompues à quelques endroits pour laisser passer les fleuves ; et, dans ces déserts brûlans, les quadrupèdes suivent de préférence les bords des rivières. Les peuplades des côtes remontent aussi ces rivières, et prennent promptement connois-

6

sance, soit par elles-mêmes, soit par le commerce et le
la tradition des peuplades supérieures, de toutes les
productions remarquables qui vivent jusque vers les
sources.

Il n'a donc fallu à aucune époque un temps bien long
pour que les nations civilisées qui ont fréquenté les côtes
d'un grand pays en connussent assez bien les animaux
considérables, ou frappans par leur configuration.

Les faits connus répondent à ce raisonnement. Quoique les anciens n'aient point passé l'Imaüs et le Gange,
en Asie, et qu'ils n'aient pas été fort loin en Afrique,
au-delà de l'Atlas, ils ont réellement connu tous les
grands animaux de ces deux parties du monde ; et, s'ils
n'en ont pas distingué toutes les espèces, ç'a été à cause
de leur ressemblance, qui les leur faisoit confondre,
et non parce qu'ils n'avoient pu les voir, ou en entendre
parler.

Ils connoissoient l'éléphant, et l'histoire de ce quadrupède est plus exacte dans Aristote que dans Buffon.

Ils n'ignoroient même pas une partie des différences
qui distinguent les éléphans d'Afrique de ceux d'Asie (1).

Ils connoissoient les rhinocéros à deux cornes. Domi-
tien en fit voir à Rome, et en fit graver sur ses médailles. Pausanias le décrit fort bien.

Le rhinocéros unicorne, tout éloignée qu'est sa patrie,
leur étoit également connu. Pompée en fit voir un à

---

(1) Voyez, au deuxième volume, mon *Histoire des Eléphans*.

Rome. Strabon en décrivit exactement un autre à Alexandrie (1).

L'hippopotame n'a pas été si bien décrit que les espèces précédentes ; mais on en trouve des figures très-exactes sur les monumens faits par les Romains, et représentant des choses relatives à l'Egypte, telles que la statue du Nil, la mosaïque de Palestrine, et un grand nombre de médailles. En effet, les Romains en ont vu plusieurs fois ; Scaurus, Auguste, Antonin, Commode, Héliogabale, Philippe (2) et Carin (3) leur en montrèrent.

Les deux espèces de chameaux, celui de Bactriane et celui d'Arabie, sont déjà fort bien décrites et caractérisées par Aristote (4).

Les anciens ont connu la giraffe, ou chameau-léopard ; on en a même vu une vivante à Rome, dans le cirque, sous la dictature de Jules-César, l'an de Rome 708 ; il y en avoit eu dix de rassemblées par Gordien III, qui furent tuées aux jeux séculaires de Philippe (5).

Si on lit avec attention les descriptions de l'hippopotame, données par Hérodote et par Aristote, et que l'on croit empruntées d'Hécatée de Milet, on trouvera qu'elles doivent avoir été composées avec celles de deux animaux différens, dont l'un étoit peut-être le véritable

_____

(1) Voyez, dans le deuxième volume, mon *Histoire des Rhinocéros*.
(2) Voyez, dans le deuxième volume, mon *Histoire de l'Hippopotame*.
(3) *Calphurnius, Ecl. VI*, 66.
(4) *Hist. anim. lib. II, cap.* 1.
(5) *Jul. Capitol., Gord. III*, cap. 23.

hippopotame , et dont l'autre étoit certainement le gnou. (*Antilope gnu*, Gmel.)

Le sanglier d'Ethiopie d'Agatharchides, qui avoit des cornes, étoit bien notre sanglier d'Ethiopie d'aujourd'hui, dont les énormes défenses méritent presque autant le nom de cornes que celles de l'éléphant (1).

Le bubale, le nagor sont décrits par Pline ; la gazelle, par Elien ; l'oryx , par Oppien ; l'axis l'étoit dès le temps de Ctesias.

Elien décrit fort bien le *bos-grunniens*, sous le nom de bœuf dont la queue sert à faire des chasse-mouches (2).

Le bufle n'a pas été domestique chez les anciens ; mais le bœuf des Indes, dont parle Elien (3), et qui avoit des cornes assez grandes pour tenir trois amphores, étoit bien la variété du bufle, appelée *arni*.

Les anciens ont connu les bœufs sans cornes (4), les bœufs d'Afrique, dont les cornes attachées seulement à la peau se remuoient avec elle (5) ; les bœufs des Indes, aussi rapides à la course que des chevaux (6) ; ceux qui ne surpassent pas un bouc en grandeur (7) ; les moutons

---

(1) *Ælian. anim. V*, 27.
(2) *Idem , XV*, 14.
(3) *Idem , III*, 34.
(4) *Idem , II*, 53.
(5) *Idem , II*, 20.
(6) *Idem , XV*, 24.
(7) *Idem , ibid.*

à large queue (1); ceux des Indes, grands comme des ânes (2).

Toutes mêlées de fables que sont les indications données par les anciens sur l'aurochs, sur le renne, et sur l'élan, elles prouvent toujours qu'ils en avoient quelque connoissance; mais que cette connoissance, fondée sur le rapport de peuples grossiers, n'avoit point encore été soumise à une critique judicieuse.

L'ours blanc a été vu même en Egypte sous les Ptolomée (3).

Les lions, les panthères, étoient communs à Rome dans les jeux : on les y voyoit par centaines; on y a vu même quelques tigres; l'hyène rayée, le crocodile du Nil y ont paru. Il y a dans les mosaïques antiques, conservées à Rome, d'excellens portraits des plus rares de ces espèces; on voit entre autres l'hyène rayée, parfaitement représentée dans un morceau conservé au Muséum du Vatican; et, pendant que j'étois à Rome, on découvrit, dans un jardin du côté de l'arc de Galien, un pavé en mosaïque de pierres naturelles assorties à la manière de Florence, représentant quatre tigres de Bengale supérieurement rendus.

Le Muséum du Vatican possède un crocodile en basalte, d'une exactitude presque parfaite (4). On ne

---

(1) *Ælian. anim. III*, 3.

(2) *Idem*, *IV*, 32.

(3) Athénée, lib. V.

(4) Il n'y a d'erreur qu'un ongle de trop au pied de derrière. Auguste en avoit montré trente-six. *Dion*, lib. LV.

peut guère douter que l'*hippotigre* ne fût le zèbre, qui ne vient cependant que des parties méridionales de l'Afrique (1).

Il seroit facile de montrer que presque toutes les espèces un peu remarquables de singes ont été assez distinctement indiquées par les anciens, sous les noms de pithèques, de sphynx, de satyres, de cebus, de cyno-céphales, de cercopithèques (2).

Ils ont connu et décrit jusqu'à d'assez petites espèces de rongeurs, quand elles avoient quelque conformation ou quelque propriété notable (3). Mais les petites espèces ne nous importent point relativement à notre objet, et il nous suffit d'avoir montré que toutes les grandes espèces remarquables par quelque caractère, que nous connoissons aujourd'hui en Europe, en Asie et en Afri-que, étoient déjà connues des anciens, d'où nous pou-vons aisément conclure que s'ils ne font pas mention des petites, ou s'ils ne distinguent point celles qui se res-semblent trop, comme les diverses gazelles et autres, ils en ont été empêchés par le défaut d'attention et de méthode, plutôt que par les obstacles du climat. Nous conclurons également que si dix-huit ou vingt siècles, et la circumnavigation de l'Afrique et des Indes, n'ont rien ajouté en ce genre à ce que les anciens nous ont

---

(1) Caracalla en tua un dans le cirque. *Dion*, lib. LXXVII. *Conf. Gisb. Cuperi de Eleph. in nummis obvüs. ex. II, c. VII.*

(2) Voyez *Lichtenstein*, *Comment. de Simiarum quotquot veteribus inno-tuerunt formis.* Hamburg. 1791.

(3) La gerboise est gravée sur les médailles de Cyrène, et indiquée sous le nom de *rat à deux pieds.*

appris, il n'y a pas d'apparence que les siècles qui suivront apprennent beaucoup à nos neveux.

Mais peut-être quelqu'un fera-t-il un argument inverse, et dira que non-seulement les anciens, comme nous venons de le prouver, ont connu autant de grands animaux que nous, mais qu'ils en ont décrit plusieurs que nous n'avons pas ; que nous nous hâtons trop de regarder ces animaux comme fabuleux ; que nous devons les chercher encore avant de croire avoir épuisé l'histoire de la création existante ; enfin que parmi ces animaux prétendus fabuleux se trouveront peut-être, lorsqu'on les connoîtra mieux, les originaux de nos ossemens d'espèces inconnues. Quelques-uns penseront même que ces monstres divers, ornemens essentiels de l'histoire héroïque de presque tous les peuples, sont précisément ces espèces qu'il a fallu détruire, pour permettre à la civilisation de s'établir. Ainsi les Thésée et les Bellérophon auroient été plus heureux que tous nos peuples d'aujourd'hui, qui ont bien repoussé les animaux nuisibles, mais qui ne sont encore parvenus à en exterminer aucun.

Il est facile de répondre à cette objection en examinant les descriptions de ces êtres inconnus, et en remontant à leur origine.

Les plus nombreux ont une origine purement mythologique, et leurs descriptions en portent l'empreinte irrécusable ; car on ne voit dans presque toutes que des parties d'animaux connus, réunies par une imagination sans frein, et contre toutes les lois de la nature.

Ceux qu'ont inventés ou arrangés les Grecs ont au moins de la grâce dans leur composition ; semblables à ces arabesques qui décorent quelques restes d'édifices antiques, et qu'a multipliés le pinceau fécond de Raphaël, les formes qui s'y marient, tout en répugnant à la raison, offrent à l'œil des contours agréables ; ce sont des produits légers d'heureux songes ; peut-être des emblèmes dans le goût oriental, où l'on prétendoit voiler sous des images mystiques quelques propositions de métaphysique ou de morale. Pardonnons à ceux qui emploient leur temps à découvrir la sagesse cachée dans le sphynx de Thèbes, ou dans le pégase de Thessalie, ou dans le minotaure de Crète, ou dans la chimère de l'Epire ; mais espérons que personne ne les cherchera sérieusement dans la nature : autant vaudroit y chercher les animaux de Daniel, ou la bête de l'apocalypse.

N'y cherchons pas davantage les animaux mythologiques des Perses, enfans d'une imagination encore plus exaltée ; cette *martichore* ou *destructeur d'hommes*, qui porte une tête humaine sur un corps de lion, terminé par une queue de scorpion (1) ; ce *griffon* ou *gardeur de trésors*, à moitié aigle, à moitié lion (2) ; ce *cartazonon* (3) ou âne sauvage, dont le front est armé d'une longue corne.

Ctésias, qui a donné ces animaux pour existans, a

---

(1) *Plin. VIII*, 21. *Arist. Phot. Bibl.*, art. 72. *Ctes. Indic. Ælian. anim. IV*, 21.

(2) *Ælian. anim.*

(3) *Ælian. anim. XVI*, 20. *Photius. Bibl.*, art. 72. *Ctes. Indic.*

passé, chez beaucoup d'auteurs, pour un inventeur de fables, tandis qu'il n'avoit fait qu'attribuer de la réalité à des figures hiéroglyphiques. On a retrouvé ces compositions fantastiques sculptées dans les ruines de Persépolis (1); que signifioient-elles? Nous ne le saurons probablement jamais; mais à coup sûr elles ne représentent pas des êtres réels.

Agatharchides, cet autre fabricateur d'animaux, avoit probablement puisé à une source analogue : les monumens de l'Egypte nous montrent encore des combinaisons nombreuses de parties d'espèces diverses : des hommes avec des têtes d'animaux, des animaux avec des têtes d'hommes, qui ont produit les cynocéphales, les sphinx et les satyres. L'habitude d'y représenter dans un même tableau des hommes de tailles très-différentes, le roi ou le vainqueur gigantesque, les vaincus ou les sujets trois ou quatre fois plus petits, aura donné naissance à la fable des pygmées. C'est dans quelque recoin d'un de ces monumens qu'*Agatarchide* aura vu son taureau carnivore, dont la gueule, fendue jusqu'aux oreilles, n'épargnoit aucun autre animal (2); mais qu'assurément aucun naturaliste n'avouera, car la nature ne combine ni des pieds fourchus, ni des cornes, avec des dents tranchantes.

Il y aura peut-être eu bien d'autres figures tout aussi

---

(1) Voyez *Corneille Lebrun*, *Voyage en Moscovie, en Perse et aux Indes*, t. II; et l'ouvrage allemand de M. *Heeren*, sur le commerce des anciens.

(2) *Photius. Bibl.*, art. 250. *Agatharchid. Excerpt. hist.*, cap. 39. *Ælian. anim. XVII*, 45. *Plin. VIII*, 21.

7

étranges, ou dans ceux de ces monumens qui n'ont pu résister au temps, ou dans les temples de l'Ethiopie et de l'Arabie, que les Mahométans et les Abyssins ont détruits par zèle religieux. Ceux de l'Inde en four-millent ; mais les combinaisons en sont trop extrava-gantes pour avoir trompé quelqu'un ; des monstres à cent bras, à vingt têtes toutes différentes, sont aussi par trop monstrueux.

Il n'est pas jusqu'aux Japonais et aux Chinois qui n'aient des animaux imaginaires qu'ils donnent comme réels, qu'ils représentent même dans leurs livres de religion. Les Mexicains en avoient : c'est l'habitude de tous les peuples, quand leur idolâtrie n'est point encore rafinée. Mais qui oseroit prétendre trouver dans la na-ture ces enfans de l'ignorance et de la superstition ?

Il sera arrivé cependant que des voyageurs, pour se faire valoir, auront prétendu avoir observé ces êtres fantastiques, ou que, faute d'attention, et trompés par une ressemblance légère, ils auront pris pour eux des êtres réels. Les grands singes auront paru de vrais cyno-céphales, de vrais sphynx, de vrais hommes à queue ; c'est ainsi que saint Augustin aura cru avoir vu un satyre.

Quelques animaux véritables mal observés et mal décrits, auront aussi donné naissance à des idées mons-trueuses, quoique fondées sur quelque réalité ; ainsi l'on ne peut douter de l'existence de l'hyène, quoique cet ani-mal n'ait pas le cou soutenu par un seul os, et qu'il ne change pas chaque année de sexe, comme le dit Pline ;

ainsi le taureau carnivore n'est peut-être qu'un rhinocéros à deux cornes dénaturé. M. de Weltheim prétend bien que les fourmis aurifères d'Hérodote, sont des *corsacs*.

L'un des plus fameux, parmi ces animaux des anciens, c'est la *licorne*. On s'est obstiné jusqu'à nos jours à la chercher, ou du moins à chercher des argumens pour en soutenir l'existence. Trois animaux sont fréquemment mentionnés chez les anciens comme n'ayant qu'une corne au milieu du front. L'*oryx d'Afrique*, qui a en même temps le pied fourchu, le poil à contresens (1), une grande taille, comparable à celle du bœuf (2) ou même du rhinocéros (3), et que l'on s'accorde à rapprocher des cerfs et des chèvres pour la forme (4); l'*âne des Indes*, qui est solipède, et le *monoceros* proprement dit, dont les pieds sont tantôt comparés à ceux du lion (5), tantôt à ceux de l'éléphant (6), qui est par conséquent censé fissipède. Le cheval (7) et le bœuf unicornes se rapportent l'un et l'autre, sans doute, à l'âne des Indes, car le bœuf même est donné comme solipède (8). Je le demande; si ces animaux existoient comme espèces distinctes, n'en aurions-nous pas au

(1) *Arist. an. II*, 1, et *III*, 2. *Plin. XI*, 46.
(2) *Hérod. IV*, 192.
(3) *Oppien. Cyneg. II*, vers. 551.
(4) *Plin. VIII*, 53.
(5) *Philoslorge*, *III*, 11.
(6) *Plin. VIII*, 21.
(7) *Onésicrite ap. Strab.*, lib. *XV*. *Ælian. anim. XIII*, 42.
(8) *Plin. Solin.*

moins les cornes dans nos cabinets? Et quelles cornes impaires y possédons-nous, si ce n'est celles du rhinocéros et du narval?

Comment, après cela, s'en rapporter à des figures grossières tracées par des sauvages sur des rochers? Ne sachant pas la perspective, et voulant représenter une antilope à cornes droites de profil, ils n'auront pu lui donner qu'une corne, et voilà sur-le-champ un oryx. Les oryxs des monumens égyptiens ne sont propablement aussi que des produits du style roide, imposé aux artistes de ce pays par la religion. Beaucoup de leurs profils de quadrupèdes n'offrent qu'une jambe devant et une derrière; pourquoi auroient-ils montré deux cornes? Peut-être est-il arrivé de prendre des individus qu'un accident avoit privés d'une corne, comme il arrive assez souvent aux chamois et aux saïgas, et cela aura suffi pour confirmer l'erreur produite par ces images.

Tous les anciens, au reste, n'ont pas non plus réduit l'oryx à une seule corne; Oppien lui en donne expressément plusieurs, et Elien en cite qui en avoient quatre (1); enfin si cet animal étoit ruminant et à pied fourchu, il avoit à coup sûr l'os du front divisé en deux, et n'auroit pu, suivant la remarque très-juste de Camper, porter une corne sur la suture.

Mais, dira-t-on, quel animal à deux cornes a pu donner l'idée de l'oryx, et présente les traits que l'on rapporte de sa conformation, même en faisant abstraction de l'unité

_____

(1) *De An.*, *lib. XV*, *cap.* 14.

de corne ? Je réponds, avec Pallas, que c'est l'antilope à cornes droites, mal à propos nommée *pasan* par Buffon. (*Antilope oryx*, Gmel.) Elle habite les déserts de l'Afrique, et doit venir jusqu'aux confins de l'Egypte ; c'est elle que les hiéroglyphes paroissent représenter ; sa forme est assez celle du cerf ; sa taille égale celle du bœuf ; son poil du dos est dirigé vers la tête ; ses cornes forment des armes terribles, aiguës comme des dards, dures comme du fer ; son poil est blanchâtre ; sa face porte des traits et bandes noires : voilà tout ce qu'en ont dit les naturalistes ; et, pour les fables des prêtres d'Egypte qui ont motivé l'adoption de son image parmi les signes hiéroglyphiques, il n'est pas nécessaire qu'elles soient fondées en nature. Qu'on ait donc vu un oryx privé d'une corne ; qu'on l'ait pris pour un être régulier, type de toute l'espèce ; que cette erreur adoptée par Aristote ait été copiée par ses successeurs, tout cela est possible, naturel même, et ne prouvera cependant rien pour l'existence d'une espèce unicorne.

Quant à l'âne des Indes, que l'on lise les propriétés anti-vénéneuses attribuées à sa corne par les anciens, et l'on verra qu'elles sont absolument les mêmes que les Orientaux attribuent aujourd'hui à la corne du rhinocéros. Dans les premiers temps où cette corne aura été apportée chez les Grecs, ils n'auront pas encore connu l'animal qui la portoit. En effet, Aristote n'en fait point mention, et Agatharchides est le premier qui l'ait décrite. C'est ainsi qu'ils ont eu de l'ivoire long-temps avant de connoître l'éléphant. Peut-être même quelques-uns de leurs voyageurs auront-ils nommé le rhinocéros *âne des Indes*, avec autant de justesse que les Romains avoient nommé l'éléphant *bœuf de Lucanie*. Tout ce qu'on dit de la force, de la grandeur et de la férocité de cet âne sauvage, convient d'ailleurs très-bien au rhinocéros. Par la suite ceux qui connoissoient mieux le rhinocéros, trouvant dans des auteurs antérieurs cette dénomination d'*âne des Indes*, l'auront prise, faute de critique, pour celle d'un animal particulier; enfin de ce nom l'on aura conclu que l'animal devoit être solipède. Il y a bien une description plus détaillée de l'âne des Indes par Ctésias (1), mais nous avons vu plus haut qu'elle a été faite d'après les bas-reliefs de Persépolis; elle ne doit donc entrer pour rien dans l'histoire positive de l'animal.

Quand enfin il sera venu des descriptions un peu plus exactes qui parloient d'un animal à une seule corne, mais à plusieurs doigts, l'on en aura fait encore une troisième espèce, sous le nom de *monocéros*. Ces sortes de doubles emplois sont d'autant plus fréquens dans les naturalistes anciens, que presque tous ceux dont les ouvrages nous restent étoient de simples compilateurs; qu'Aristote lui-même a fréquemment mêlé des faits empruntés ailleurs avec ceux qu'il a observés lui-même; qu'enfin l'art de la critique étoit aussi peu connu alors des naturalistes que des historiens, ce qui est beaucoup dire.

De tous ces raisonnemens, de toutes ces digressions, il résulte que les grands animaux que nous connoissons

---

(1) *Ælian. anim. IV*, 52. *Photius.*

dans l'ancien continent étoient connus des anciens; et que les animaux décrits par les anciens, et inconnus de nos jours, étoient fabuleux; il en résulte donc aussi qu'il n'a pas fallu beaucoup de temps pour que les grands animaux des trois premières parties du monde fussent connus des peuples qui en fréquentoient les côtes.

On peut en conclure que nous n'avons de même aucune grande espèce à découvrir en Amérique; s'il y en existoit, il n'y auroit aucune raison pour que nous ne les connussions pas; et en effet, depuis cent cinquante ans, on n'y en a découvert aucune. Le tapir, le jaguar, le puma, le cabiai, le lama, la vigogne, le loup rouge, le buffalo, ou bison d'Amérique, les fourmiliers, les paresseux, les tatous, sont déjà dans Margrave et dans Hernandès, comme dans Buffon; on peut même dire qu'ils y sont mieux, car Buffon a embrouillé l'histoire des fourmiliers, méconnu le jaguar et le loup rouge, et confondu le bison d'Amérique avec l'aurochs de Pologne. A la vérité Pennant est le premier naturaliste qui ait bien distingué le petit bœuf musqué; mais il étoit depuis long-temps indiqué par les voyageurs. Le cheval à pieds fourchus, de Molina, n'est point décrit par les premiers voyageurs espagnols; mais il est plus que douteux qu'il existe; et l'autorité de Molina est trop suspecte pour le faire adopter. On peut donc dire que le mouflon des montagnes Bleues est jusqu'à présent le seul quadrupède d'Amérique un peu considérable, dont la découverte soit tout-à-fait moderne, et peut-être n'est-ce qu'un argali, venu de Sibérie sur la glace.

Comment croire, après cela, que les immenses mastodontes, les gigantesques mégathériums dont on a trouvé les os sous terre dans les deux Amériques, vivent encore sur ce continent ? Comment auroient-ils échappé à ces peuplades errantes qui parcourent sans cesse ce continent dans tous les sens, et qui reconnoissent elles-mêmes qu'ils n'y existent plus, puisqu'elles ont imaginé une fable sur leur destruction, disant qu'ils furent tués par le Grand Esprit, pour les empêcher d'anéantir la race humaine. Mais on voit que cette fable a été occasionnée par la découverte des os, comme celle des habitans de la Sibérie sur leur mammouth, qu'ils prétendent vivre sous terre à la manière des taupes ; et comme toutes celles des anciens sur les tombeaux de géans qu'ils plaçoient partout où l'on trouvoit des os d'éléphans.

Ainsi l'on peut bien croire que si, comme nous le dirons tout à l'heure, aucune des grandes espèces de quadrupèdes aujourd'hui enfouies dans des couches pierreuses régulières, ne s'est trouvée semblable aux espèces vivantes que l'on connoît, ce n'est pas l'effet d'un simple hasard, ni parce que précisément ces espèces dont on n'a que les os fossiles, sont cachées dans les déserts, et ont échappé jusqu'ici à tous les voyageurs, mais l'on doit regarder ce phénomène comme tenant à des causes générales, et son étude comme l'une des plus propres à nous faire remonter à la nature de ces causes.

Les os fossiles de quadrupèdes sont difficiles à déterminer. Mais si cette étude est plus satisfaisante par ses résultats que celle des autres restes d'animaux fossiles, elle est aussi hérissée de difficultés beaucoup plus nombreuses.

Les coquilles fossiles se présentent pour l'ordinaire dans leur entier, et avec tous les caractères qui peuvent les faire reconnoître dans les collections ou dans les ouvrages des naturalistes; les poissons même offrent leur squelette plus ou moins entier; on y distingue presque toujours la forme générale de leur corps, et le plus souvent leurs caractères génériques et spécifiques, qui se tirent pour l'ordinaire de leurs parties solides; dans les quadrupèdes au contraire, quand on rencontreroit le squelette entier, on auroit de la peine à y appliquer des caractères tirés, pour la plupart, des poils, des couleurs, et d'autres marques qui s'évanouissent avant l'incrustation; et même il est infiniment rare de trouver un squelette fossile un peu complet; des os isolés, jetés pêle-mêle, presque toujours brisés, et réduits à des fragmens, voilà tout ce que nos couches nous fournissent dans cette classe, et la seule ressource du naturaliste. Aussi peut-on dire que la plupart des observateurs, effrayés de ces difficultés, ont passé légèrement sur les os fossiles de quadrupèdes; les ont classés d'une manière vague, d'après des ressemblances superficielles, ou n'ont pas même hasardé de leur donner un nom, en sorte que cette partie de l'histoire des fossiles, la plus importante et la plus instructive de toutes, est aussi de toutes la moins cultivée (1).

___

(1) Je ne prétends point, par cette remarque, ainsi que je l'ai déjà dit plus haut, diminuer le mérite des observations de MM. Camper, Pallas, Blumenbach, Sœmmerring, Merk, Faujas, Rosenmüller, etc.; mais leurs

Heureusement l'anatomie comparée possédoit un
principe qui, bien développé, étoit capable de faire
évanouir tous les embarras : c'étoit celui de la corréla-
tion des formes dans les êtres organisés, au moyen duquel chaque sorte d'être pourroit, à la rigueur, être
reconnue par chaque fragment de chacune de ses
parties.

Tout être organisé forme un ensemble, un système
unique et clos, dont toutes les parties se correspondent
mutuellement, et concourent à la même action défini-
tive par une réaction réciproque. Aucune de ces parties
ne peut changer sans que les autres changent aussi ; et
par conséquent chacune d'elles, prise séparément, indique et donne toutes les autres.

Ainsi, comme je l'ai dit ailleurs, si les intestins d'un
animal sont organisés de manière à ne digérer que de la
chair et de la chair récente, il faut aussi que ses mâchoires soient construites pour dévorer une proie ; ses
griffes pour la saisir et la déchirer ; ses dents pour en
découper et en diviser la chair ; le système entier de
ses organes du mouvement pour la poursuivre et pour
l'atteindre ; ses organes des sens pour l'apercevoir de
loin ; il faut même que la nature ait placé dans son
cerveau l'instinct nécessaire pour savoir se cacher et
tendre des piéges à ses victimes. Telles seront les
conditions générales du régime carnivore ; tout animal

---

travaux estimables, qui m'ont été fort utiles, et que je cite partout, ne
sont que partiels.

disposé pour ce régime les réunit infailliblement, car son espèce n'auroit pu subsister sans elles ; mais sous ces conditions générales il en existe de particulières, relatives à la grandeur, à l'espèce, au séjour de la proie, pour laquelle l'animal est disposé ; et de chacune de ces conditions particulières résultent des circonstances de détail, dans les formes qui résultent des conditions générales ; ainsi, non-seulement la classe, mais l'ordre, mais le genre, et jusqu'à l'espèce, se trouvent exprimés dans la forme de chaque partie.

En effet, pour que la mâchoire puisse saisir, il lui faut une certaine forme de condyle ; un certain rapport entre la position de la résistance et celle de la puissance avec le point d'appui ; un certain volume dans les muscles temporaux qui exige une certaine grandeur dans la fosse qui les reçoit, et une certaine convexité de l'arcade zygomatique sous laquelle ils passent ; cette arcade zygomatique doit aussi avoir une certaine force pour donner appui au muscle masséter.

Pour que l'animal puisse emporter sa proie, il lui faut une certaine force dans les muscles qui soulèvent sa tête, d'où résulte une forme déterminée dans les vertèbres où les muscles ont leurs attaches, et dans l'occiput où ils s'insèrent.

Pour que les dents puissent couper la chair, il faut qu'elles soient tranchantes, et qu'elles le soient plus ou moins, selon qu'elles auront plus ou moins exclusivement de la chair à couper. Leur base devra être d'autant plus solide, qu'elles auront plus d'os, et de plus gros os à briser. Toutes ces circonstances influeront aussi sur le développement de toutes les parties qui servent à mouvoir la mâchoire.

Pour que les griffes puissent saisir cette proie, il faudra une certaine mobilité dans les doigts, une certaine force dans les ongles; d'où résulteront des formes déterminées dans toutes les phalanges, et des distributions nécessaires de muscles et de tendons; il faudra que l'avant-bras ait une certaine facilité à se tourner, d'où résulteront encore des formes déterminées dans les os qui le composent; mais les os de l'avant-bras s'articulant sur l'humérus, ne peuvent changer de formes sans entraîner des changemens dans celui-ci. Les os de l'épaule devront avoir un certain degré de fermeté dans les animaux qui emploient leurs bras pour saisir, et il en résultera encore pour eux des formes particulières. Le jeu de toutes ces parties exigera dans tous leurs muscles de certaines proportions, et les impressions de ces muscles ainsi proportionnés, détermineront encore plus particulièrement les formes des os.

Il est aisé de voir que l'on peut tirer des conclusions semblables pour les extrémités postérieures qui contribuent à la rapidité des mouvemens généraux; pour la composition du tronc et les formes de vertèbres, qui influent sur la facilité, la flexibilité de ces mouvemens; pour les formes des os du nez, de l'orbite, de l'oreille, dont les rapports avec la perfection des sens de l'odorat, de la vue, de l'ouïe sont évidens. En un mot, la forme de la dent entraîne la forme du condyle; celle de l'omoplate, celle des ongles,

tout comme l'équation d'une courbe, entraîne toutes
ses propriétés; et comme en prenant chaque propriété
séparément pour base d'une équation particulière, on
retrouveroit, et l'équation ordinaire, et toutes les autres
propriétés quelconques; de même l'ongle, l'omoplate,
le condyle, le fémur, et tous les autres os pris chacun
séparément, donnent la dent, ou se donnent réciproquement; et en commençant par chacun d'eux isolément, celui qui posséderoit rationnellement les lois de
l'économie organique, pourroit refaire tout l'animal.

Ce principe est assez évident en lui-même, dans cette
acception générale, pour n'avoir pas besoin d'une plus
ample démonstration; mais quand il s'agit de l'appliquer, il est un grand nombre de cas où notre connoissance théorique des rapports des formes ne suffiroit
point, si elle n'étoit appuyée sur l'observation.

Nous voyons bien, par exemple, que les animaux à
sabots doivent tous être herbivores, puisqu'ils n'ont
aucun moyen de saisir une proie; nous voyons bien
encore que, n'ayant d'autre usage à faire de leurs pieds
de devant que de soutenir leur corps, ils n'ont pas besoin d'une épaule aussi vigoureusement organisée: d'où
résulte l'absence de clavicule et d'acromion, l'étroitesse
de l'omoplate; n'ayant pas non plus besoin de tourner
leur avant-bras, leur radius sera soudé au cubitus, ou
au moins articulé par gynglyme avec l'humérus; leur
régime herbivore exigera des dents à couronne plate
pour broyer les semences et les herbages; il faudra que
cette couronne soit inégale, et, pour cet effet, que les

parties d'émail y alternent avec les parties osseuses ;
cette sorte de couronne nécessitant des mouvemens horizontaux pour la trituration, le condyle de la mâchoire
ne pourra être un gond aussi serré que dans les carnassiers : il devra être aplati, et répondre aussi à une facette de l'os des tempes plus ou moins aplatie ; la fosse
temporale, qui n'aura qu'un petit muscle à loger, sera
peu large et peu profonde, etc. Toutes ces choses se
déduisent l'une de l'autre, selon leur plus ou moins de
généralité, et de manière que les unes sont essentielles
et exclusivement propres aux animaux à sabot, et que
les autres, quoique également nécessaires dans ces animaux, ne leur seront pas exclusives, mais pourront se
retrouver dans d'autres animaux, où le reste des conditions permettra encore celles-là.

Si l'on descend ensuite aux ordres ou subdivisions de
la classe des animaux à sabots, et que l'on examine
quelles modifications subissent les conditions générales,
ou plutôt quelles conditions particulières il s'y joint,
d'après le caractère propre à chacun de ces ordres, les
raisons de ces conditions subordonnées commencent à
paroître moins claires. On conçoit bien encore en gros
la nécessité d'un système digestif plus compliqué dans
les espèces où le système dentaire est plus imparfait ;
ainsi l'on peut se dire que ceux-là devoient être plutôt
des animaux ruminans, où il manque tel ou tel ordre
de dents ; on peut en déduire une certaine forme d'œso-
phage, et des formes correspondantes des vertèbres du
cou, etc. Mais je doute qu'on eût deviné, si l'observa-

tion ne l'avoit appris, que les ruminans auroient tous le pied fourchu, et qu'ils seroient les seuls qui l'auroient ; je doute qu'on eût deviné qu'il n'y auroit des cornes au front que dans cette seule classe ; que ceux d'entre eux qui auroient des canines aiguës seroient les seuls qui manqueroient de cornes, etc.

Cependant, puisque ces rapports sont constans, il faut bien qu'ils aient une cause suffisante ; mais comme nous ne la connoissons pas, il faut que l'observation supplée au défaut de la théorie ; elle établit des lois empiriques qui deviennent presque aussi certaines que les lois rationnelles, quand elles reposent sur des observations suffisamment répétées, en sorte qu'aujourd'hui quelqu'un qui voit seulement la piste d'un pied fourchu peut en conclure que l'animal qui a laissé cette empreinte ruminoit, et que cette conclusion est tout aussi certaine qu'aucune autre en physique ou en morale. Cette seule piste donne donc à celui qui l'observe, et la forme des dents, et la forme des mâchoires, et la forme des vertèbres, et la forme de tous les os des jambes, des cuisses, des épaules, et du bassin de l'animal qui vient de passer. C'est une marque plus sûre que toutes celles de Zadig.

Qu'il y ait toutefois des raisons secrètes de tous ces rapports, c'est ce que l'observation même fait entrevoir, indépendamment de la philosophie générale.

Quand on établit un système général de ces rapports, on y remarque non-seulement une constance spécifique, si l'on peut s'exprimer ainsi, entre telle forme de tel organe, et telle autre forme d'un organe différent; mais l'on aperçoit aussi une constance classique, et une gradation correspondante dans le développement de ces deux organes, qui montrent, presque aussi bien qu'un raisonnement effectif, leur influence mutuelle.

Par exemple, le système dentaire des animaux à sabots, non ruminans, est en général plus parfait que celui des animaux à pied fourchu ou ruminans, parce que les premiers ont des incisives ou des canines, et presque toujours des unes et des autres aux deux mâchoires; et la structure de leur pied est en général plus compliquée, parce qu'ils ont plus de doigts, ou des ongles qui enveloppent moins les phalanges, ou plus d'os distincts au métacarpe et au métatarse, ou des os du tarse plus nombreux, ou un péroné plus distinct du tibia, ou bien enfin parce qu'ils réunissent souvent toutes ces circonstances. Il est impossible de donner des raisons de ces rapports; mais, ce qui prouve qu'ils ne sont point l'effet du hasard, c'est que toutes les fois qu'un pied fourchu montre dans l'arrangement de ses dents quelque tendance à se rapprocher des animaux dont nous parlons, il en montre aussi une dans l'arrangement de ses pieds. Ainsi les chameaux qui ont des canines, et même deux ou quatre incisives à la mâchoire supérieure, ont un os de plus au tarse, parce que leur scaphoïde n'est pas soudé au cuboïde; et des ongles très-petits avec des phalanges onguéales correspondantes. Les chevrotains, dont les canines sont très-développées, ont un péroné distinct tout le long de leur tibia, tandis que les autres pieds fourchus n'ont pour tout péroné qu'un petit os articulé au bas du tibia. Il y a donc une harmonie constante entre deux organes en apparence fort étrangers l'un à l'autre ; et les gradations de leurs formes se correspondent sans interruption, même dans les cas où nous ne pouvons rendre raison de leurs rapports.

Or, en adoptant ainsi la méthode de l'observation comme un moyen supplémentaire quand la théorie nous abandonne, on arrive à des détails faits pour étonner. La moindre facette d'os, la moindre apophyse a un caractère déterminé, relatif à la classe, à l'ordre, au genre, et à l'espèce auxquels elle appartient, au point que toutes les fois que l'on a seulement une extrémité d'os bien conservée, on peut, avec de l'application, et en s'aidant avec un peu d'adresse de l'analogie et de la comparaison effective, déterminer toutes ces choses aussi surement que si l'on possédoit l'annimal entier. J'ai fait bien des fois l'expérience de cette méthode sur des portions d'animaux connus, avant d'y mettre entièrement ma confiance pour les fossiles, mais elle a toujours eu des succès si infaillibles, que je n'ai plus aucun doute sur la certitude des résultats qu'elle m'a donnés.

Il est vrai que j'ai joui de tous les secours qui pouvoient m'être nécessaires ; et que ma position heureuse, et une recherche assidue pendant près de quinze ans, m'ont procuré des squelettes de tous les genres et sous-genres de quadrupèdes, et même de beaucoup d'espèces dans certains genres, et de plusieurs individus dans quelques espèces. Avec de tels moyens il m'a été aisé de

9

multiplier mes comparaisons, et de vérifier dans tous leurs détails les applications que je fesois de mes lois.

Nous ne pouvons traiter plus au long de cette méthode, et nous sommes obligés de renvoyer à la grande anatomie comparée que nous ferons bientôt paroître, et où l'on en trouvera toutes les règles. Cependant un lecteur intelligent pourra déjà en abstraire un grand nombre du présent ouvrage, s'il prend la peine de suivre toutes les applications que nous y en avons faites Il verra que c'est par cette méthode seule que nous nous sommes dirigés, et qu'elle nous a presque toujours suffi pour rapporter chaque os à son espèce, quand il étoit d'une espèce vivante ; à son genre, quand il étoit d'une espèce inconnue ; à son ordre, quand il étoit d'un genre nouveau ; à sa classe enfin, quand il appartenoit à un ordre non encore établi, et pour lui assigner, dans ces trois derniers cas, les caractères propres à le distinguer des ordres, des genres, ou des espèces les plus semblables. Les naturalistes n'en faisoient pas davantage, avant nous, pour des animaux entiers. C'est ainsi que nous avons déterminé et classé les restes de soixante-dix-huit animaux quadrupèdes, tant vivipares qu'ovipares.

Tableaux des résultats du présent ouvrage. Considérés par rapport aux espèces, quarante-neuf de ces animaux sont bien certainement inconnus jusqu'à ce jour des naturalistes; onze ou douze ont une ressemblance si absolue avec des espèces connues, que l'on ne peut guère conserver de doute sur leur identité ; les seize ou dix-huit restans présentent, avec des espèces connues, beaucoup de traits de ressemblance, mais la comparaison n'a pu encore en être faite d'une manière assez scrupuleuse pour lever tous les doutes.

Considérés par rapport aux genres, sur les quarante-neuf espèces inconnues, il y en a vingt-sept qui appartiennent à des genres nouveaux, et ces genres sont au nombre de sept. Les vingt-deux autres espèces se rapportent à des genres ou sous-genres connus, au nombre de seize. La totalité des genres ou sous-genres auxquels j'ai trouvé à rapporter des os fossiles d'espèces connues ou non, est de trente-six.

Il n'est pas inutile de considérer aussi les animaux fossiles par rapport aux classes et aux ordres.

Sur les soixante-dix-huit, quinze espèces, formant onze genres ou sous-genres, sont des quadrupèdes ovipares, et toutes les autres des mammifères. Parmi celles-ci, trente-deux appartiennent aux animaux à sabot non ruminans, et forment dix genres; douze aux ruminans, en deux genres; sept aux rongeurs, en six genres; huit aux carnassiers, en cinq genres; deux aux édentés bradypodes, ne formant qu'un seul genre; et deux aux amphibies, en deux genres.

Il seroit cependant encore prématuré d'établir sur ces nombres aucune conclusion relative à la théorie de la terre, parce qu'ils ne sont point en rapport nécessaire avec les nombres des genres ou des espèces qui peuvent être enfouis dans nos couches. Ainsi l'on a beaucoup plus recueilli d'os de grandes espèces, qui frappent davantage les ouvriers, tandis que ceux des petites sont ordinairement négligés, à moins que le hasard ne les fasse tomber dans les mains d'un naturaliste, ou que quelque circonstance particulière, comme leur abondance extrême en certain lieu, n'attire l'attention même du vulgaire.

Rapports des espèces avec les couches. Ce qui est plus important, ce qui fait même l'objet définitif de tout mon travail et établit sa véritable relation avec la théorie de la terre, c'est de savoir dans quelles couches on trouve chaque espèce, et s'il y a quelques lois générales relatives, soit aux subdivisions zoologiques, soit au plus ou moins de ressemblance des espèces avec celles d'aujourd'hui.

Les lois reconnues à cet égard sont très-belles et très-claires.

Premièrement, il est certain que les quadrupèdes ovipares paroissent beaucoup plus tôt que les \vivipares.

Les crocodiles de Honfleur et d'Angleterre sont au-dessous de la craie. Les monitors de Thuringe seroient plus anciens encore, si, comme le pense l'Ecole de Werner, les schistes cuivreux qui les recèlent au milieu de tant de sortes de poissons que l'on croit d'eau douce, sont au nombre des plus anciens lits du terrain secondaire. Les grands sauriens et les tortues de Maëstricht sont dans la formation crayeuse même, mais ce sont des animaux marins.

Cette première apparition d'ossemens fossiles semble donc déjà annoncer qu'il existoit des terres sèches et des eaux douces avant la formation de la craie; mais, ni à cette époque, ni pendant que la craie s'est formée, ni

même long-temps depuis, il ne s'est point incrusté d'ossemens de mammifères terrestres.

Nous commençons à trouver des os de mammifères
marins, c'est-à-dire, de lamantins et de phoques, dans
le calcaire coquillier grossier qui recouvre la craie dans
nos environs, mais il n'y a encore aucun os de mammi-
fère terrestre.

Malgré les recherches les plus suivies, il m'a été impossible de découvrir aucune trace distincte de cette
classe, avant les terrains déposés sur le calcaire grossier;
mais aussitôt qu'on est arrivé à ces terrains, les os d'animaux terrestres se montrent en grand nombre.

Ainsi, comme il est raisonnable de croire que les
coquilles et les poissons n'existoient pas à l'époque de
la formation des terrains primordiaux, l'on doit croire
aussi que les quadrupèdes ovipares ont commencé avec
les poissons, et dès les premiers temps qui ont produit
les terrains secondaires; mais que les quadrupèdes terrestres ne sont venus que long-temps après, et lorsque
les calcaires grossiers qui contiennent déjà la plupart de
nos genres de coquilles, quoique en espèces différentes
des nôtres, eurent été déposés.

Il est à remarquer que ces calcaires grossiers, ceux
dont on se sert à Paris pour bâtir, sont les derniers
bancs qui annoncent un séjour long et tranquille de la
mer sur nos continens. Après eux l'on trouve bien
encore des terrains remplis de coquilles et autres produits de la mer, mais ce sont des terrains meubles, des
sables, des marnes, des grès, des argilles, qui indiquent

plutôt des transports plus ou moins tumultueux qu'une précipitation tranquille ; et, s'il y a quelques bancs pierreux et réguliers un peu considérables au-dessous ou au-dessus de ces terrains de transport, ils donnent généralement des marques d'avoir été déposés dans l'eau douce.

Tous les os connus de quadrupèdes vivipares sont donc, ou dans ces terrains d'eau douce, ou dans ces terrains de transport, et par conséquent il y a tout lieu de croire que ces quadrupèdes n'ont commencé à exister, ou du moins à laisser de leurs dépouilles dans nos couches, que depuis l'avant-dernière retraite de la mer, et pendant l'état de choses qui a précédé sa dernière irruption.

Mais il y a aussi un ordre dans la disposition de ces os entre eux, et cet ordre annonce encore une succession très-remarquable entre leurs espèces.

D'abord tous les genres inconnus aujourd'hui, les palæothériums, les anoplothériums, etc., sur le gisement desquels on a des notions certaines, appartiennent aux plus anciens des terrains dont il est question ici, à ceux qui reposent immédiatement sur le calcaire grossier. Ce sont eux principalement qui remplissent les bancs réguliers déposés par les eaux douces ou certains lits de transport, très-anciennement formés, composés en général de sables et de cailloux roulés, et qui étoient peut-être les premières alluvions de cet ancien monde. On trouve aussi avec eux quelques espèces perdues de genres connus, mais en petit nombre, et quelques quadrupèdes ovipares et poissons, qui paroissent tous d'eau douce. Les lits qui les recèlent sont toujours plus ou moins recouverts par des lits de transport remplis de coquilles et d'autres produits de la mer.

Les plus célèbres des espèces inconnues, qui appartiennent à des genres connus, ou à des genres très-voisins de ceux que l'on connoît, comme les éléphans, les rhinocéros, les hippopotames, les mastodontes fossiles, ne se trouvent point avec ces genres plus anciens. C'est dans les seuls terrains de transport qu'on les découvre, tantôt avec des coquilles de mer, tantôt avec des coquilles d'eau douce, mais jamais dans des bancs pierreux réguliers. Tout ce qui se trouve avec ces espèces est ou inconnu comme elle, ou au moins douteux. Enfin les os d'espèces qui paroissent les mêmes que les nôtres, ne se déterrent que dans les derniers dépôts d'alluvions, formés sur les bords des rivières, ou sur les fonds d'anciens étangs ou marais desséchés, ou dans l'épaisseur des couches de tourbes, ou dans les fentes et cavernes de quelques rochers, ou enfin à peu de distance de la superficie dans des endroits où ils peuvent avoir été enfouis par des éboulemens ou par la main des hommes; et leur position superficielle fait que ces os, les plus récens de tous, sont aussi, presque toujours, les moins bien conservés.

Il ne faut pas croire cependant que cette classification des divers gisemens, soit aussi nette que celle des espèces, ni qu'elle porte un caractère de démonstration comparable : il y a des raisons nombreuses pour qu'il n'en soit pas ainsi. D'abord toutes mes déterminations d'espèces ont été faites sur les os eux-mêmes, ou sur de bonnes figures; il s'en faut au contraire beaucoup que j'aie observé par moi-même tous les lieux où ces os ont été découverts. Très-souvent j'ai été obligé de m'en rapporter à des relations vagues, ambiguës, faites par des personnes qui ne savoient pas bien elles-mêmes ce qu'il falloit observer; plus souvent encore je n'ai point trouvé de renseignemens du tout.

Secondement, il peut y avoir, à cet égard, infiniment plus d'équivoque qu'à l'égard des os eux-mêmes. Le même terrain peut paroître récent dans les endroits où il est superficiel, et ancien dans ceux où il est recouvert par les bancs qui lui ont succédé; des terrains anciens peuvent avoir été transportés par des inondations partielles, et avoir couvert des os récens; ils peuvent s'être éboulés sur eux et les avoir enveloppés, et mêlés avec les productions de l'ancienne mer qu'ils recéloient auparavant; des os anciens peuvent avoir été lavés par les eaux, et ensuite repris par des alluvions récentes; enfin des os récens peuvent être tombés dans les fentes ou les cavernes d'anciens rochers, et y avoir été enveloppés par des stalactites ou autres incrustations. Il faudroit dans chaque cas analyser et apprécier toutes ces circonstances qui peuvent masquer aux yeux la véritable origine des fossiles; et rarement les personnes qui ont recueilli des os, se sont-elles douté de cette nécessité, d'où il résulte que les véritables caractères de leur gisement, ont presque toujours été négligés ou méconnus.

En troisième lieu, il y a quelques espèces douteuses qui altéreront plus ou moins la certitude des résultats aussi long-temps qu'on ne sera pas arrivé à des distinctions nettes à leur égard; ainsi les chevaux, les buffles, qu'on trouve avec les éléphans, n'ont point encore de caractères spécifiques particuliers; et les géologistes qui ne voudront pas adopter mes différentes époques pour les os fossiles, pourront en tirer encore pendant bien des années un argument d'autant plus commode, que c'est dans mon livre qu'ils le prendront.

Mais tout en convenant que ces époques sont susceptibles de quelques objections, pour les personnes qui considéreront avec légèreté quelque cas particulier; je n'en suis pas moins persuadé que celles qui embrasseront l'ensemble des phénomènes, ne seront point arrêtées par ces petites difficultés partielles, et reconnoîtront avec moi qu'il y a eu au moins une, et très-probablement deux successions dans la classe des quadrupèdes avant celle qui peuple aujourd'hui la surface de nos contrées.

Ici je m'attends encore à une autre objection, et même on me l'a déjà faite.

Pourquoi les races actuelles, me dira-t-on, ne seroient-elles pas des modifications de ces races anciennes que l'on trouve parmi les fossiles, modifications qui auroient été produites par les circonstances locales et le changement de climat, et portées à cette extrême différence par la longue succession des années ?

Cette objection doit surtout paroître forte à ceux qui croient à la possibilité indéfinie de l'altération des formes

Les espèces perdues ne sont pas des variétés des espèces vivantes.

10

dans les corps organisés, et qui pensent qu'avec des siècles et des habitudes, toutes les espèces pourroient se
changer les unes dans les autres, ou résulter d'une seule
d'entre elles.

Cependant on peut leur répondre, dans leur propre
système, que si les espèces ont changé par degrés, on
devroit trouver des traces de ces modifications graduelles;
qu'entre le palæotherium et les espèces d'aujourd'hui
l'on devroit découvrir quelques formes intermédiaires,
et que jusqu'à présent cela n'est point arrivé.

Pourquoi les entrailles de la terre n'ont-elles point
conservé les monumens d'une généalogie si curieuse,
si ce n'est parce que les espèces d'autrefois étoient aussi
constantes que les nôtres, ou du moins parce que la
catastrophe qui les a détruites ne leur a pas laissé le
temps de se livrer à leurs variations?

Quant aux naturalistes qui reconnoissent que les variétés sont restreintes dans certaines limites fixées par la
nature, il faut, pour leur répondre, examiner jusqu'où
s'étendent ces limites, recherche curieuse, fort intéressante en elle-même sous une infinité de rapports, et
dont on s'est cependant bien peu occupé jusqu'ici.

Cette recherche suppose la définition de l'espèce qui
sert de base à l'usage que l'on fait de ce mot, savoir que
l'espèce comprend *les individus qui descendent les uns
des autres, ou de parens communs, et ceux qui leur ressemblent autant qu'ils se ressemblent entre eux*. Ainsi
nous n'appelons variétés d'une espèce que les races plus
ou moins différentes qui peuvent en être sorties par la

génération. Nos observations sur les différences entre les ancêtres et les descendans sont donc pour nous la seule règle raisonnable ; car toute autre rentreroit dans des hypothèses sans preuves.

Or, en prenant ainsi la *variété*, nous observons que les différences qui la constituent dépendent de circonstances déterminées, et que leur étendue augmente avec l'intensité de ces circonstances.

Ainsi les caractères les plus superficiels sont les plus variables ; la couleur tient beaucoup à la lumière ; l'épaisseur du poil à la chaleur, la grandeur à l'abondance de la nourriture ; mais, dans un animal sauvage, ces variétés même sont fort limitées par le naturel de cet animal, qui ne s'écarte pas volontiers des lieux où il trouve, au degré convenable, tout ce qui est nécessaire au maintien de son espèce, et qui ne s'étend au loin qu'autant qu'il y trouve aussi la réunion de ces conditions. Ainsi, quoique le loup et le renard habitent depuis la zone torride jusqu'à la zone glaciale, à peine éprouvent-ils, dans cet immense intervalle, d'autre variété qu'un peu plus ou un peu moins de beauté dans leur fourrure. J'ai comparé des crânes de renards du Nord et de renards d'Egypte avec ceux des renards de France, et je n'y ai trouvé que des différences individuelles.

Les animaux sauvages, retenus dans de moindres espaces, varient moins encore, surtout les carnassiers. Une crinière plus fournie fait la seule différence entre l'hyène de Perse et celle de Maroc.

Les animaux sauvages herbivores éprouvent un peu plus profondément l'influence du climat, parce qu'il s'y joint celle de la nourriture, qui vient à différer quant à l'abondance et quant à la qualité. Ainsi les éléphans seront plus grands dans telle forêt que dans telle autre; ils auront des défenses un peu plus longues dans les lieux où la nourriture sera plus favorable à la formation de la matière de l'ivoire; il en sera de même des rennes, des cerfs, par rapport à leur bois; mais que l'on prenne les deux éléphans les plus dissemblables, et que l'on voye s'il y a la moindre différence dans le nombre, ou les articulations des os, dans les dents, etc.

D'ailleurs les espèces herbivores à l'état sauvage, paroissent plus restreintes que les carnassières dans leur dispersion, parce que l'espèce de la nourriture se joint à la température pour les arrêter.

La nature a soin aussi d'empêcher l'altération des espèces, qui pourroit résulter de leur mélange, par l'aversion mutuelle qu'elle leur a donnée; il faut toutes les ruses, toute la contrainte de l'homme pour faire contracter ces unions, même aux espèces qui se ressemblent le plus; et quand les produits sont féconds, ce qui est très-rare, leur fécondité ne va point au-delà de quelques générations, et n'auroit probablement pas lieu sans la continuation des soins qui l'ont excitée. Aussi ne voyons-nous pas dans nos bois d'individus intermédiaires entre le lièvre et le lapin, entre le cerf et le daim, entre la marte et la fouine.

Mais l'empire de l'homme altère cet ordre; il développe toutes les variations dont le type de chaque espèce est susceptible, et en tire des produits que les espèces, livrées à elles-mêmes, n'auroient jamais donnés.

Ici le degré des variations est encore proportionné à l'intensité de leur cause, qui est l'esclavage.

Il n'est pas très-élevé dans les espèces demi-domestiques, comme le chat. Des poils plus doux, des couleurs plus vives, une taille plus ou moins forte, voilà tout ce qu'il éprouve; mais le squelette d'un chat d'Angora ne diffère en rien de constant de celui d'un chat sauvage.

Dans les herbivores domestiques, que nous transportons en toutes sortes de climats, que nous assujétissons à toutes sortes de régimes, auxquels nous mesurons diversement le travail et la nourriture, nous obtenons des variations plus grandes, mais encore toutes superficielles: plus ou moins de taille, des cornes plus ou moins longues, qui manquent quelquefois entièrement; une loupe de graisse plus ou moins forte sur les épaules, forment les différences des bœufs, et ces différences se conservent long-temps même dans les races transportées hors du pays où elles se sont formées, quand on a soin d'en empêcher le croisement.

De cette nature sont aussi les innombrables variétés des moutons, qui portent principalement sur la laine, parce que c'est l'objet auquel l'homme a donné le plus d'attention. Elles sont un peu moindres, quoique encore très-sensibles, dans les chevaux.

En général les formes des os varient peu, leur connexion, leurs articulations, la forme des grandes dents molaires ne varient jamais.

Le peu de développement des défenses dans le cochon domestique, la soudure de ses ongles dans quelques-unes de ses races, sont l'extrême des différences que nous avons produites dans les herbivores domestiques.

Les effets les plus marqués de l'influence de l'homme se montrent sur l'animal dont l'homme a fait le plus complètement la conquête, sur le chien, cette espèce qui semble tellement dévouée à la nôtre, que les individus mêmes semblent nous avoir sacrifié leur moi, leur intérêt, leur sentiment propre. Transportés par les hommes dant tout l'univers, soumis à toutes les actions capables d'influer sur leur développement, assortis dans leurs unions au gré de leurs maîtres, les chiens varient pour la couleur, pour l'abondance du poil, qu'ils perdent même quelquefois entièrement; pour sa nature; pour la taille, qui peut différer comme 1 à 5 dans les dimensions linéaires, ce qui fait plus du centuple de la masse; pour la forme des oreilles, du nez, de la queue; pour la hauteur relative des jambes; pour le développement progressif du cerveau dans les variétés domestiques, d'où résulte la forme même de leur tête, tantôt grêle, à museau effilé, à front plat; tantôt à museau court, à front bombé: au point que les différences apparentes d'un mâtin et d'un barbet, d'un lévrier et d'un doguin, sont plus fortes que celles d'aucunes espèces sauvages d'un même genre naturel; enfin, et ceci est le maximum de variation connu jusqu'à ce et ceci est le règne animal, il y a des races de chiens qui ont un doigt de plus au pied de derrière, avec les os du tarse correspondans, comme il y a, dans l'espèce humaine, quelques familles sexdigitaires.

Mais dans toutes ces variations les relations des os restent les mêmes, et jamais la forme des dents ne change d'une manière appréciable; tout au plus y a-t-il quelquelques individus où il se développe une fausse molaire de plus, soit d'un côté, soit de l'autre (1).

Il y a donc, dans les animaux, des caractères qui résistent à toutes les influences, soit naturelles, soit humaines, et rien n'annonce que le temps ait, à leur égard, plus d'effet que le climat.

Je sais que quelques naturalistes comptent beaucoup sur les milliers de siècles qu'ils accumulent d'un trait de plume; mais dans de semblables matières nous ne pouvons guère juger de ce qu'un long temps produiroit, qu'en multipliant par la pensée ce que produit un temps moindre. J'ai donc cherché à recueillir les plus anciens documens sur les formes des animaux, et il n'en existe point qui égalent, pour l'antiquité et pour l'abondance, ceux que nous fournit l'Egypte. Elle nous offre, non-seulement des images, mais les corps des animaux eux-mêmes, embaumés dans ses catacombes.

---

(1) Voyez le Mémoire de mon frère, sur les variétés des chiens, *Annales du Muséum d'Histoire naturelle*, tome XVIII, p. 333. Ce travail a été fait à ma prière avec les squelettes que j'ai fait préparer exprès de toutes les variétés de chien.

J'ai examiné avec le plus grand soin les figures d'animaux et d'oi-seaux, gravés sur les nombreux obélisques venus d'Egypte dans l'ancienne Rome. Toutes ces figures sont, pour l'ensemble, qui seul a pu être observé par les artistes, d'une ressemblance parfaite avec les objets tels que nous les voyons aujourd'hui.

Mon savant collègue, M. Geoffroy Saint-Hilaire, pénétré de l'importance de cette recherche, a eu soin de recueillir dans les tombeaux et dans les temples de la Haute et de la Basse-Egypte, le plus qu'il a pu de momies d'animaux. Il a rapporté des chats, des ibis, des oiseaux de proie, des chiens, des singes, des crocodiles, une tête de bœuf, embaumés; et l'on n'aperçoit certainement pas plus de différence entre ces êtres et ceux que nous voyons, qu'entre les momies humaines et les squelettes d'hommes d'aujourd'hui. On pouvoit en trouver entre les momies d'ibis et l'ibis, tel que le décrivoient jusqu'à ce jour les naturalistes; mais j'ai levé tous les doutes dans un mémoire sur cet oiseau, qui fait partie du présent volume, et où j'ai montré qu'il est encore à présent le même que du temps des Pharaons. Je sais bien que je ne cite là que des monumens de deux ou trois mille ans, mais c'est toujours remonter aussi haut que possible.

Il n'y a donc, dans les faits connus, rien qui puisse appuyer le moins du monde l'opinion que les genres nouveaux que j'ai découverts ou établis parmi les fossiles, les *palæothériums*, les *anoplothériums*, les *mégalonyx*, les *mastodontes*, les *ptérodactyles*, etc.,

aient pu être les souches de quelques-uns des animaux
d'aujourd'hui, lesquels n'en différeroient que par l'influence du temps ou du climat ; et quand il seroit vrai
(ce que je suis loin encore de croire) que les éléphans,
les rhinocéros, les élans, les ours fossiles, ne diffèrent
pas plus de ceux d'à présent que les races de chiens ne
diffèrent entre elles, on ne pourroit pas conclure de là
l'identité d'espèces, parce que les races de chiens ont
été soumises à l'influence de la domesticité, que ces animaux n'ont ni subie, ni pu subir.

Au reste, lorsque je soutiens que les bancs pierreux
contiennent les os de plusieurs genres, et les couches
meubles ceux de plusieurs espèces qui n'existent plus,
je ne prétends pas qu'il ait fallu une création nouvelle
pour produire les espèces existantes, je dis seulement
qu'elles n'existoient pas dans les mêmes lieux, et qu'elles
ont dû y venir d'ailleurs.

Supposons, par exemple, qu'une grande irruption de
la mer couvre d'un amas de sables ou d'autres débris
le continent de la Nouvelle-Hollande ; elle y enfouira les
cadavres des kanguroos, des phascolomes, des dasyures,
des péramèles, des phalangers volans, des échidnés, et
des ornithorinques, et elle détruira entièrement les espèces de tous ces genres, puisqu'aucun d'eux n'existe
dans d'autres pays.

Que cette même révolution mette à sec les petits
détroits multipliés qui séparent la Nouvelle-Hollande
du continent de l'Asie, elle ouvrira un chemin aux
éléphans, aux rhinocéros, aux buffles, aux chevaux,

aux chameaux, aux tigres, et à tous les autres animaux asiatiques, qui viendront peupler une terre où ils auront été auparavant inconnus.

Qu'un naturaliste, après avoir bien étudié toute cette nature vivante, s'avise de fouiller le sol sur lequel elle vit : il y trouvera des restes d'êtres tout différens.

Ce que la Nouvelle-Hollande seroit, dans la supposition que nous venons de faire, l'Europe, la Sibérie, une grande partie de l'Amérique, le sont effectivement ; et peut-être trouvera-t-on un jour, quand on examinera les autres contrées, et la Nouvelle-Hollande elle-même, qu'elles ont toutes éprouvé des révolutions semblables, je dirois presque des échanges mutuels de productions ; car, poussons la supposition plus loin : après ce transport des animaux asiatiques dans la Nouvelle-Hollande, admettons une seconde révolution qui détruise l'Asie, leur patrie primitive. on seroit tout aussi embarrassé de savoir d'où ils seroient venus, qu'on peut l'être pour trouver l'origine des nôtres.

J'applique cette manière de voir à l'espèce humaine.

Il n'y a point d'os humains fossiles. Il est certain qu'on ne l'a pas encore trouvée parmi les fossiles, et c'est une preuve de plus que les races fossiles n'étoient point des variétés, puisqu'elles n'avoient pu subir l'influence de l'homme.

Je dis que l'on n'a jamais trouvé d'os humains parmi les fossiles, bien entendu parmi les fossiles proprement dits ; car dans les tourbières, dans les alluvions, comme dans les cimetières, on pourroit aussi bien déterrer des os humains, que des os de chevaux ou d'autres espèces

vulgaires; mais parmi les anciennes races, parmi les
palæothériums, parmi les éléphans et les rhinocéros
mêmes, on n'a jamais découvert le moindre ossement
d'homme. Il n'est guère, autour de Paris, d'ouvriers qui
ne croient que les os dont nos plâtrières fourmillent sont
en grande partie des os d'hommes; mais comme j'ai vu
plusieurs milliers de ces os, il m'est bien permis d'affir-
mer qu'il n'y en a jamais eu un seul de notre espèce.
J'ai examiné à Pavie les grouppes d'ossemens rapportés
par Spallanzani, de l'île de Cérigo; et, malgré l'assertion de cet observateur célèbre, j'affirme également
qu'il n'y en a aucun dont on puisse soutenir qu'il est
humain. L'*homo diluvii testis* de Scheuchzer, est re-
placé, dans mon quatrième volume, à son véritable
genre, qui est celui des *proteus;* et, dans un examen
tout récent que j'en ai fait à Harlem, par la complaisance de M. Van Marum, qui m'a permis de découvrir
les parties cachées dans la pierre, j'ai obtenu la preuve
complète de ce que j'avois annoncé. On voit parmi les
os trouvés à Cantstadt, un fragment de mâchoire et quelques ouvrages humains, mais on sait que le terrain fut
remué sans précaution, et que l'on ne tint point note
des diverses hauteurs où chaque chose fut découverte.
Partout ailleurs les morceaux donnés pour humains se
sont trouvés, à l'examen, de quelque animal, soit qu'on
les ait examinés en nature ou simplement en figures.
Les véritables os d'hommes étoient des cadavres tombés dans des fentes ou restés en d'anciennes galeries
de mines, et recouverts d'incrustation. Il en est de

même des objets de fabrication humaine. Les morceaux
de fer trouvés à Montmartre, sont des broches que les
ouvriers emploient pour mettre la poudre, et qui cassent
quelquefois dans la pierre.

Cependant les os humains se conservent aussi bien
que ceux des animaux, quand ils sont dans les mêmes
circonstances; il n'y a en Egypte nulle différence entre
les momies humaines et celles de quadrupèdes; j'ai
recueilli dans des fouilles faites récemment dans l'ancienne église de Sainte-Geneviève, des os humains en-
terrés sous la première race, qui pouvoient même appartenir à quelques princes de la famille de Clovis, et
qui ont encore très-bien conservé leurs formes (1). On
ne voit pas dans les champs de bataille, que les squelettes
des hommes soient plus altérés que ceux des chevaux,
si l'on défalque l'influence de la grandeur; et nous trouvons, parmi les fossiles, des animaux aussi petits que le
rat encore parfaitement conservés.

Tout porte donc à croire que l'espèce humaine n'existoit point dans les pays où se découvrent les os fossiles,
à l'époque des révolutions qui ont enfoui ces os, car il
n'y auroit eu aucune raison pour qu'elle échappât tout
entière à des catastrophes aussi générales, et pour que
ses restes ne se retrouvassent pas aujourd'hui comme
ceux des autres animaux; mais je n'en veux pas conclure que l'homme n'existoit point du tout avant cette
époque. Il pouvoit habiter quelques contrées peu éten-

---

(1) M. Fourcroy en a donné une analyse.

dues, d'où il a repeuplé la terre après ces événemens terribles; peut-être aussi les lieux où il se tenoit ont-ils été entièrement abîmés, et ses os ensevelis au fonds des mers actuelles, à l'exception du petit nombre d'individus qui ont continué son espèce. Quoi qu'il en soit, l'établissement de l'homme dans les pays où nous avons dit que se trouvent des fossiles d'animaux terrestres, c'est-à-dire, dans la plus grande partie de l'Europe, de l'Asie et de l'Amérique, est nécessairement postérieur, non-seulement aux révolutions qui ont enfoui ces os, mais encore à celles qui ont remis à découvert les couches qui les enveloppent, révolutions qui sont les dernières que le globe ait subies: d'où il est clair que l'on ne peut tirer ni de ces os eux-mêmes, ni des amas plus ou moins considérables de pierres ou de terres qui les recouvrent, aucun argument en faveur de l'ancienneté de l'espèce humaine dans ces divers pays.

Au contraire, en examinant bien ce qui s'est passé à la surface du globe, depuis qu'elle a été mise a sec pour la dernière fois, et que les continens ont pris leur forme actuelle au moins dans leurs parties un peu élevées, l'on voit clairement que cette dernière révolution, et par conséquent l'établissement de nos sociétés actuelles ne peuvent pas être très-anciens. C'est un des résultats à la fois les mieux prouvés et les moins attendus de la saine géologie, résultat d'autant plus précieux qu'il lie d'une chaine non interrompue l'histoire naturelle et l'histoire civile.

En mesurant les effets produits dans un temps donné

par les causes aujourd'hui agissantes, et en les comparant avec ceux qu'elles ont produits depuis qu'elles ont commencé d'agir, l'on parvient à déterminer à peu près l'instant où leur action a commencé, lequel est nécessairement le même que celui où nos continens ont pris leur forme actuelle, ou que celui de la dernière retraite subite des eaux.

C'est en effet à compter de cette retraite que nos escarpemens actuels ont commencé à s'ébouler, et à former à leur pied des collines de débris; que nos fleuves actuels ont commencé à couler et à déposer leurs alluvions; que notre végétation actuelle a commencé à s'étendre et à former du terreau; que nos falaises actuelles ont commencé à être rongées par la mer; que nos dunes actuelles ont commencé à être rejetées par le vent; tout comme c'est de cette même époque que des colonies humaines ont commencé ou recommencé à se répandre, et à faire des établissemens dans les lieux dont la nature l'a permis. Je ne parle point de nos volcans, non-seulement à cause de l'irrégularité de leurs éruptions, mais parce que rien ne prouve qu'ils n'aient pu exister sous la mer, et qu'ainsi ils ne peuvent servir à la mesure du temps qui s'est écoulé depuis sa dernière retraite.

MM. Deluc et Dolomieu sont ceux qui ont le plus soigneusement examiné la marche des attérissemens; et, quoique fort opposés sur un grand nombre de points de la théorie de la terre, ils s'accordent sur celui-là; les attérissemens augmentent très-vite; ils devoient augmenter bien plus vîte encore dans les commencemens,

lorsque les montagnes fournissoient davantage de matériaux aux fleuves, et cependant leur étendue est encore
assez bornée.

Le Mémoire de Dolomieu sur l'Egypte (1), tend à prouver
que, du temps d'Homère, la langue de terre sur laquelle
Alexandre fit bâtir sa ville n'existoit pas-encore; que
l'on pouvoit naviguer immédiatement de l'île du Phare
dans le golfe appelé depuis *lac Maréotis*, et que ce golfe
avoit alors la longueur indiquée par Ménélas, d'environ
quinze à vingt lieues. Il n'auroit donc fallu que les neuf
cents ans écoulés entre Homère et Strabon, pour mettre
les choses dans l'état ou ce dernier les décrit, et pour réduire ce golfe à la forme d'un lac de six lieues de longueur.
Ce qui est plus certain, c'est que, depuis lors, les choses
ont encore bien changé. Les sables que la mer et le vent
ont rejetés, ont formé, entre l'île du Phare et l'ancienne
ville, une langue de terre de deux cents toises de largeur, sur laquelle la nouvelle ville a été bâtie. Ils ont
obstrué la bouche du Nil la plus voisine, et réduit à peu
près à rien le lac Maréotis. Pendant ce temps, les alluvions du Nil ont été déposées le long du reste du rivage.
Du temps d'Hérodote, la côte s'étendoit en ligne droite;
elle paroît encore ainsi dans les cartes de Ptoloméc; mais
depuis elle s'est avancée et a pris un contour demi-circulaire. Les villes de Rosette et de Damiette, bâties au
bord de la mer il y a moins de mille ans, en sont aujour-
d'hui à deux lieues.

---

(1) *Journal de Physique*, tome XLII.

Chacun peut apprendre en Hollande et en Italie avec
quelle rapidité le Rhin, le Pô, l'Arno, aujourd'hui qu'ils
sont ceints par des digues, élèvent leur fonds, combien
leur embouchure avance dans la mer, en formant de
longs promontoires à ses côtés, et juger par ces faits, du
peu de siècles que ces fleuves ont employés pour déposer
les plaines basses qu'ils traversent maintenant.

Beaucoup de villes, qui, à des époques bien connues
de l'histoire, étoient des ports de mer florissans, sont
aujourd'hui à quelques lieues dans les terres; plusieurs
même ont été ruinées par suite de ce changement de
position. Venise a peine à maintenir les lagunes qui la
séparent du continent; et, malgré tous ses efforts, elle
sera inévitablement un jour liée à la terre ferme (1).

On sait, par le témoignage de Strabon, que, du temps
d'Auguste, Ravenne étoit dans les lagunes, comme y est
aujourd'hui Venise ; et à présent Ravenne est à une
lieue du rivage. *Spina* avoit été fondée au bord de la
mer par les Grecs, et, dès le temps de Strabon, elle en
étoit à quatre-vingt-dix stades : aujourd'hui elle est détruite. Adria, qui avoit donné son nom à la même mer,
dont elle étoit, il y a vingt et quelques siècles, le port
principal, en est maintenant à six lieues. Fortis a même
rendu vraisemblable qu'à une époque plus ancienne les
monts Euganéens pourroient avoir été des îles.

Mon savant confrère à l'Institut, M. de Prony, inspecteur général des ponts et chaussées, m'a communiqué

---

(1) Voyez le Mémoire de M. Forfait, sur les lagunes de Venise.

des renseignemens bien précieux pour l'explication de ces changemens du littoral de l'Adriatique (1) Ayant été chargé par le gouvernement d'examiner les remèdes que l'on pourroit apporter aux dévastations qu'occasionnent les crues du Pô, il a constaté que, depuis l'époque où on l'a enfermée de digues, cette rivière a tellement élevé son fond, que la surface de ses eaux est maintenant plus haute que les toits des maisons de Ferrare; en même temps ses atterrissemens ont avancé dans la mer avec tant de rapidité, qu'en comparant d'anciennes cartes avec l'état actuel, on voit que le rivage a gagné plus de six mille toises depuis 1604; ce qui fait cent cinquante ou cent quatre-vingts pieds, et en quelques endroits deux cents pieds par an. L'Adige et le Pô sont aujourd'hui plus élevés que tout le terrain qui leur est intermédiaire, et ce n'est qu'en leur ouvrant de nouveaux lits dans les parties basses qu'ils ont déposées autrefois, que l'on pourra prévenir les désastres dont ils les menacent maintenant.

Les mêmes causes ont produit les mêmes effets le long des branches du Rhin et de la Meuse; et c'est ainsi que les cantons les plus riches de la Hollande ont continuellement le spectacle effrayant de fleuves suspendus à vingt et trente pieds au-dessus de leur sol.

M. Wiebeking, directeur des ponts et chaussées du royaume de Bavière, a écrit un Mémoire sur cette marche des choses, si importante à bien connoître pour

---

(1) Voyez la note de M. de Prony, imprimée à la suite de ce discours.

les peuples et pour les gouvernemens, où il montre que cette propriété d'élever son fond appartient plus ou moins à tous les fleuves.

Les atterrissemens le long des côtes de la mer du Nord n'ont pas une marche moins rapide qu'en Italie. On peut les suivre aisément en Frise et dans le pays de Groningue, où l'on connoît l'époque des premières digues construites par le gouverneur espagnol Gaspar Roblès, en 1570. Cent ans après l'on avoit déjà gagné, en quelques endroits, trois quarts de lieue de terrain en dehors de ces digues; et la ville même de Groningue, bâtie en partie sur l'ancien sol, sur un calcaire qui n'appartient point à la mer actuelle, et où l'on trouve les mêmes coquilles que dans notre calcaire grossier des environs de Paris, la ville de Groningue n'est qu'à six lieues de la mer. Ayant été sur les lieux, je puis confirmer, par mon propre témoignage, des faits d'ailleurs très-connus, et dont M. Deluc a déjà fort bien exposé la plus grande partie (1). On pourroit observer le même phénomène et avec la même précision, tout le long des côtes de l'Ost-Frise, du pays de Brême et du Holstein, parce que l'on connoît les époques où les nouveaux terrains furent enceints pour la première fois, et que l'on peut y mesurer ce que l'on a gagné depuis.

Cette lizière, d'une admirable fertilité, formée par les fleuves et par la mer, est pour ce pays un don d'au-

_____

(1) Dans ses Lettres à la reine d'Angleterre.

tant plus précieux, que l'ancien sol, couvert de bruyères ou de tourbières, se refuse presque partout à la culture ; les alluvions seules fournissent à la subsistance des villes peuplées construites tout le long de cette côte depuis le moyen âge, et qui ne seroient peut-être pas arrivées à ce degré de splendeur sans les riches terrains que les fleuves leur avoient préparés, et qu'ils augmentent continuellement.

Si la grandeur qu'Hérodote attribue à la mer d'Azof, qu'il fait presque égale à l'Euxin (1), étoit exprimée en termes moins vagues, et si l'on savoit bien ce qu'il a entendu par le Gerrhus (2), nous y trouverions encore de fortes preuves des changemens produits par les fleuves, et de leur rapidité, car les alluvions des rivières auroient pu seules, depuis cette époque, c'est-à-dire depuis 2250 ans, réduire la mer d'Azof comme elle l'est, fermer le cours de celle des branches du Dniéper qui se seroit jetée dans l'Hypacyris, et avec lui dans le golfe *Carcinites* ou d'*Olu-Degnitz*, et même réduire à peu près à rien l'*Hypacyris* et le *Gerrhus* (3). On en auroit

---

(1) *Melpom. LXXXVI.*

(2) *Ibid. LVI.*

(3) Voyez la *Géographie d'Hérodote* de M. *Rennel*, et une partie de l'ouvrage de M. *Dureau de la Malle*, intitulé *Géographie physique de la mer Noire*, etc.

N. B. M. Dureau, page 170, attribue à Hérodote d'avoir fait déboucher le Borysthène et l'Hypanis dans le Palus-Méotide ; mais Hérodote dit seulement (*Melpom. LIII.*) que ces deux fleuves se jettent ensemble dans le même marais, c'est-à-dire, dans le *Liman*, comme aujourd'hui. Hérodote n'y fait pas aller davantage le Gerrhus et l'Hypacyris.

de non moins fortes s'il étoit bien certain que l'Oxus ou Sihoun, qui se jette maintenant dans le lac d'Aral, tomboit autrefois dans la mer Caspienne ; mais les témoignages sur tous ces points sont trop vagues et se contredisent trop entre eux, pour servir d'appui à des propositions physiques ; nous avons d'ailleurs près de nous des faits assez démonstratifs pour n'en point alléguer d'équivoques.

Nous avons parlé ci-dessus des dunes, ou de ces monticules de sable que la mer rejette sur les côtes basses quand son fond est sablonneux. Partout où l'industrie de l'homme n'a pas su les fixer, ces dunes avancent dans les terres aussi irrésistiblement que les alluvions des fleuves avancent dans la mer ; elles poussent devant elles des étangs formés par les eaux pluviales du terrain qu'elles bordent, et dont elles empêchent la communication avec la mer, et leur marche a, dans beaucoup d'endroits, une rapidité effrayante. Forêts, bâtimens, champs cultivés, elles envahissent tout. Celles du golfe de Gascogne (1) ont déjà couvert un grand nombre de villages, mentionnés dans des titres du moyen âge ; et en ce moment, dans le seul département des Landes, elles en menacent dix d'une destruction inévitable. L'un de ces villages, celui de Mimisan, lutte depuis quinze ans contre elles, et une dune de plus de soixante pieds d'élévation s'approche, pour ainsi dire, à vue d'œil.

_____

(1) Voyez le Rapport sur les Dunes du golfe de Gascogne, par M. Tassin. *Mont-de-Marsan*, an X.

En 1802 les étangs ont envahi cinq belles métairies dans celui de Saint-Julien (1); ils ont couvert depuis long-temps une ancienne chaussée romaine qui conduisoit de Bordeaux à Bayonne, et que l'on voyoit encore il y a trente ans, quand les eaux étoient basses (2). L'Adour qui, à des époques connues, passoit au vieux Boucaut, et se jetoit dans la mer au cap Breton, est maintenant détourné de plus de mille toises.

Feu M. Bremontier, inspecteur des ponts et chaussées, qui a fait de grands travaux sur les dunes, estimoit leur marche à soixante pieds par an, et dans certains points à soixante-douze. Il ne leur faudroit, selon ses calculs, que deux mille ans pour arriver à Bordeaux; et, d'après leur étendue actuelle, il doit y en avoir un peu plus de quatre mille qu'elles ont commencé à se former (3).

Les tourbières produites si généralement dans le nord de l'Europe, par l'accumulation des débris de sphagnum et d'autres mousses aquatiques, donnent encore une mesure du temps; elles s'élèvent dans des proportions déterminées pour chaque lieu; elles enveloppent ainsi les petites buttes des terrains sur lesquels elles se forment; plusieurs de ces buttes ont été enterrées de mémoire d'hommes; en d'autres endroits la tourbière descend le long des vallons : elle avance comme les glaciers; mais les glaciers se fondent par leur bord inférieur,

---

(1) Mémoire de M. Brémontier, sur la fixation des dunes.
(2) *Tassin*, loc. cit.
(3) Voy. le Mémoire de M. Brémontier.

et la tourbière n'est arrêtée par rien ; en la sondant jusqu'au terrain solide, on juge de son ancienneté, et l'on trouve, pour les tourbières comme pour les dunes, qu'elles ne peuvent remonter à une époque indéfiniment reculée. Il en est de même pour les éboulemens qui se font avec une rapidité prodigieuse au pied de tous les escarpemens, et qui sont encore bien loin de les avoir couverts ; mais, comme l'on n'a pas encore appliqué de mesures précises à ces deux sortes de causes, nous n'y insisterons pas davantage.

Nous voyons assez que la nature nous tient partout le même langage, que partout elle nous dit que l'ordre actuel des choses ne remonte pas très-haut ; et, ce qui est bien remarquable, partout l'homme nous parle comme la nature, soit que nous consultions les vraies traditions des peuples, soit que nous examinions leur état moral et politique, et le développement intellectuel qu'ils avoient atteint au moment où commencent leurs monumens authentiques.

Interrogeons en effet l'histoire des nations ; lisons leurs anciens livres ; essayons d'y reconnoître ce qu'ils contiennent de faits réels, et de l'y dégager des fictions intéressées qui y masquent la vérité.

Toutes les traditions connues font remonter à une grande catastrophe le renouvellement de la société. Le Pentateuque existe sous sa forme actuelle au moins depuis le schisme de Jéroboam, puisque les Samaritains le reçoivent comme les Juifs ; c'est-à-dire, qu'il a maintenant à coup sûr plus de deux mille huit cents ans (1).

(1) Voy. l'Introduction aux livres de l'Ancien-Testament, par Eichhorn. *Leipsig*, 1803.

Il n'y a nulle raison pour ne pas attribuer la rédaction de la Genèse à Moïse lui-même, ce qui la feroit remonter de cinq cents ans plus haut.

Moïse et son peuple sortoient d'Egypte, qui de l'aveu de toutes les nations d'occident, est le royaume le plus anciennement civilisé de tous ceux qui entourent la Méditerranée. Le législateur des Juifs n'avoit aucun motif pour abréger la durée des nations ; et il se seroit discrédité lui-même auprès de la sienne, s'il lui eût enseigné une histoire toute contraire à celle qu'elle devoit avoir apprise en Egypte.

Il y a donc tout lieu de croire que l'on n'avoit point alors en Egypte d'autres idées sur l'antiquité des peuples existans, que celles que la Genèse présente.

Or, Moïse établit une catastrophe générale, une irruption des eaux, une régénération presque totale du genre humain, et il n'en fait remonter l'époque qu'à quinze ou seize siècles avant lui, selon les textes qui allongent le plus cet intervalle, par conséquent à moins de cinq mille ans avant nous.

Les mêmes idées paroissent avoir régné en Chaldée, puisque Bérose, qui écrivoit à Babylone au temps d'Alexandre, parloit du déluge à peu près comme Moïse (1), et qu'il le plaçoit immédiatement avant Bélus, père de Ninus.

On ne voit pas que Sanchoniathon en ait parlé dans

_____

(1) *Josephe Antiq. Jud. lib. I, cap.* 3 ; *Eusebe Præp. ev. lib. IX, cap.* 4 ; *Syncelle Chronogr.*

son Histoire de Phénicie, quelle que puisse être l'authen-
ticité de ce livre (1); cependant on paroît y avoir cru en
Syrie, puisque l'on montroit, dans un temple d'*Hiéropo-
lis*, à une époque très-postérieure il est vrai, l'abîme par
où l'on prétendoit que les eaux s'étoient écoulées (2).

Quant à l'Egypte même, on pourroit croire que cette
tradition y fut effacée, puisque l'on n'en retrouve plus
de trace expresse dans les plus anciens fragmens qui
nous restent sur ce pays. Il est vrai qu'ils sont tous postérieurs à la dévastation de Cambyse, et que leur peu
d'accord entre eux prouve bien qu'ils sont tirés de
documens mutilés : car il est impossible d'établir le
moindre rapport vraisemblable entre les listes de rois
d'Egypte écrites par Hérodote sous Artaxerce, par Era-
thosthène et Manéthon sous les Ptolémées, et par Dio-
dore sous Auguste; on ne peut pas même accorder entre
eux les différens extraits tirés de Manéthon (3). Cependant la mythologie égyptienne, au défaut de l'histoire,
semble encore rappeler ces grands événemens dans les
aventures de Typhon et d'Osiris; et même, si les prêtres
de Saïs ont réellement fait à Solon les contes que rapporte, d'après lui, Critias dans Platon, il faudroit croire
qu'ils avoient conservé des notions plus précises d'une
grande révolution, quoiqu'ils en fissent remonter l'époque beaucoup plus haut que Moïse. Ils avoient même

---

(1) Voyez *Euseb. Præp. ev. lib. I, cap.* 10.

(2) *Lucien de Dea Syria.*

(3) Voyez l'*Histoire universelle angloise*, tome Ier.

établi en théorie une alternative de révolutions, les unes opérées par l'eau, les autres par le feu : idée qui fut aussi répandue chez les Assyriens, et jusqu'en Etrurie.

Les Grecs, chez qui la civilisation arriva de Phénicie et d'Egypte, et si tard, mélangèrent les mythologies phénicienne et égyptienne, dont on leur avoit apporté des notions confuses, avec les traits non moins confus de leur première histoire. Le soleil personnifié, nommé *Ammon* ou le Jupiter d'Egypte, devint un prince de Crète ; le *Phta* ou artisan de toute chose fut l'*Héphestus* ou Vulcain, un forgeron de Lemnos ; le *Chom*, autre symbole du soleil ou de la force divine, se tranforma en un héros thébain robuste, leur *Heracles* ou Hercule ; le cruel *Moloch* des Phéniciens, le *Remphah* des Egyptiens fut le *Cronos* ou le Temps qui dévoroit ses enfans, et ensuite Saturne roi d'Italie (1).

S'il arriva, sous quelqu'un de leurs princes, une inondation un peu violente, ils la décrivirent dans la suite avec toutes les circonstances vaguement restées dans leur mémoire du grand cataclysme ; et ils firent repeupler la terre par Deucalion, tout en laissant une longue postérité à son oncle Atlas.

Mais l'incohérence de ces récits, qui atteste la bar-

---

(1) Voyez *Jablonsky Pantheon Ægyptiacum* et le Mémoire de *Gatterer de Theogonia Ægyptiorum*, dans ceux de Gottingue, tome VII. Ces deux auteurs ne s'accordent pas plus que les anciens sur la signification des divinités égyptiennes ; mais ils conviennent, avec tous ces mêmes anciens, des altérations grossières que les Grecs leur firent éprouver.

13

barie et l'ignorance de tous les peuples des bords de la
Méditerranée, atteste également la nouveauté de leurs
établissemens, et cette nouveauté est elle-même une
forte preuve d'une grande catastrophe. On nous parle
bien en Egypte de centaines de siècles; mais c'est avec
des dieux et des demi-dieux qu'on les remplit. Il est
pour ainsi dire prouvé aujourd'hui que la suite d'années
et de rois humains que l'on place après les demi-dieux,
et avant l'envahissement des pasteurs, tient à ce que
l'on a regardé comme des rois successifs les chefs de plusieurs petits Etats contemporains (1).

Macrobe (2) assure que l'on avoit des recueils d'observations d'éclipses faites en Egypte, qui supposeroient
un travail continué sans interruption depuis au moins
mille deux cents ans avant Alexandre. Mais comment
Ptolomée n'a-t-il daigné se servir d'aucune de ces observations faites dans le pays où il écrivoit?

Il n'y avoit point encore de grand empire en Asie du
temps de Moïse; et les Grecs eux-mêmes, malgré leur
facilité à inventer des fables, n'ont pas pris la peine de
se fabriquer une antiquité. Les plus anciens colons
d'Egypte ou de Phénicie, qui vinrent les arracher à un
état sauvage, ne remontent pas à plus de quatre mille
ans avant le temps présent; et les plus anciens des auteurs qui en parlent ne datent pas de trois mille. Les
Phéniciens eux-mêmes n'étoient en Syrie que depuis

---

(1) *Gatterer* et le *Syst. de Marsham.*
(2) *Somn. Scip.* 21.

peu quand ils firent des établissemens en Grèce. C'est aussi à quatre mille ans que remonteroient les observations astronomiques des Chaldéens, envoyées à Aristote par Callisthènes, si ce fait, qui n'est rapporté que par Simplicius, six cents ans après Aristote, avoit quelque chose d'authentique, ce qui est fort douteux, puisque les observations chaldéennes d'éclipses, réellement conservées et citées par Ptolomée, ne remontent qu'à deux mille cinq cents ans. Quoi qu'il en puisse être, l'empire de Babylone ou celui d'Assyrie n'ont pu être long-temps puissans, et laisser autour d'eux de petites peuplades libres comme étoient toutes celles de Syrie, avant ce qu'on appelle le deuxième royaume d'Assyrie. Les milliers d'années que s'attribuent les Chaldéens sont donc tout aussi fabuleuses que celles des Egyptiens, ou plutôt ce ne sont que des périodes astronomiques, calculées en rétrogradant, d'après des observations inexactes ; ou même de simples cycles arbitraires, et multipliés par eux-mêmes (1).

Les plus raisonnables des anciens n'ont pas eu d'autres idées (2), et ne font pas remonter à plus de quarante et quelques siècles leur Ninus et leur Sémiramis, premiers des conquérans, après lesquels l'histoire garde un long silence : ce qui fait soupçonner qu'ils pourroient bien encore n'être que des créations postérieures des historiens.

_____

(1) Voy. le Mémoire de M. de Guignes, sur les sares des Babyloniens, *Acad. des Belles-Lettres*, tome XLVII, et le *Gentil. Voyage*, I, 241.

(2) Voyez *Velleius Paterculus* et *Justin*.

Nos connoissances, notre civilisation actuelle descendent sans interruption des Egyptiens et des Phéniciens par les Grecs et par les Romains; les Juifs nous ont donné immédiatement nos idées plus épurées de morale et de religion; quelques traits de lumière nous sont aussi venus, par eux et par les Grecs, des Chaldéens, des Perses et des Indiens; et, chose bien remarquable, ces peuples ne forment qu'une race; ils se ressemblent par les traits du visage, et même par une infinité de choses de conventions, telles que leurs divinités, les noms de leurs constellations; enfin jusque par le fonds de leurs langages (1).

Ceux d'entre ces peuples dont la civilisation est peut-être la plus ancienne, et paroît avoir le moins varié dans ses formes, ceux qui probablement sont encore le plus voisins de son berceau, les Indiens, n'ont malheureusement point d'histoire; et, parmi cette infinité de livres de théologie mystique, ou de métaphysique abstruse qu'ils possèdent, ils n'ont rien qui puisse nous instruire avec ordre sur leur origine, et sur les vicissitudes de leurs sociétés.

---

(1) Voyez, sur l'analogie des langues de l'Inde de la Perse et de l'Occident, le *Mithridates d'Adelung;* et, sur l'analogie des divinités des Indiens, des Egyptiens, des Grecs et des Romains, les ouvrages déjà cités de Jablonsky et de Gatterer, et le Mémoire de Will. Jones, avec les notes de M. Langlès, dans le premier volume de la traduction française des Mémoires de Calcutta, pag. 162 et suiv. L'identité des constellations, principalement des signes du zodiaque des Indiens, et des peuples les plus occidentaux, celle des dénominations des jours de la semaine, etc., sont maintenant connues de tout le monde.

Leur *Maha-Bharata*, ou prétendue grande histoire,
n'est qu'un poëme; leurs *Pouranas* ne sont que des
légendes; et l'on a eu beaucoup de peine, en les comparant avec les auteurs Grecs et Romains, à établir quelques lambeaux d'une espèce de chronologie interrompue à chaque instant, et qui ne remonte pas plus haut
qu'Alexandre (1).

Il est prouvé aujourd'hui que leurs tables astronomiques, d'où l'on vouloit aussi déduire leur extrême antiquité, ont été calculées en rétrogradant (2); et l'on
vient de reconnoître que leur *Surya-Siddhanta*, qu'ils
regardent comme leur plus ancien traité scientifique
d'astronomie, et qu'ils prétendent révélé depuis plus de
deux millions d'années, ne peut avoir été composé qu'il
y a environ sept cent cinquante ans (3).

Leurs livres sacrés, ou *Vedas*, à en juger par le calendrier qui s'y trouve annexé, et auquel ils se rapportent, et d'après la position des colures que ce calendrier
indique, peuvent remonter à trois mille deux cents ans,
ce qui seroit à peu près l'époque de Moïse (4).

---

(1) Voyez le grand travail de M. Paterson, sur la chronologie des rois
de Magadha, empereurs de l'Inde, et sur les époques de Vicramadityia
et de Salahanna, *Mém. de Calcutta*, tome IX.

(2) Voyez M. de la Place, *Expos. du Syst. du Monde*, pag. 330.

(3) Voyez le Mémoire de M. Bentley, sur l'antiquité de la *Surya-Siddhanta*, *Mém. de Calcutta*, tome VI, pag. 537; et le Mémoire du même
auteur, sur les systèmes astronomiques des Indiens, *ibid.* tome IX,
page 195.

(4) Voyez le Mémoire de M. Colebrooke, sur les Vedas, et notamment
la page 493, au tome VIII des *Mémoires de Calcutta*.

Cependant les Indiens n'ont point totalement oublié les révolutions du globe; leur théologie consacre les destructions successives que sa surface a déjà essuyées et doit essuyer encore; et ce n'est qu'à un peu moins de cinq mille ans qu'ils font remonter la dernière (1). L'une de ces révolutions est même décrite dans des termes presque correspondans à ceux de Moïse (2).

Ce qui n'est pas moins remarquable, c'est que l'époque où ils placent le commencement de leurs souverains humains (ceux de la race du Soleil et de la Lune), est à peu près la même que celle où l'on fait commencer ceux des Assyriens, environ quatre mille ans avant le temps présent.

Il est inutile de consulter sur ces grands événemens les peuples plus méridionaux, tels que les Arabes et les Abyssins : leurs anciens livres n'existent plus. Ils n'ont d'histoire que celle qu'ils se sont faite récemment, et qu'ils ont modelée sur la Bible ; ainsi ce qu'ils disent du déluge est emprunté de la Genèse, et n'ajoute rien à son autorité. Mais les Guèbres, aujourd'hui seuls dépositaires de la doctrine de Zoroastre et des anciens Perses, placent aussi un déluge universel avant Cayoumarats, dont ils font leur premier roi.

Pour retrouver des traces vraiment historiques du dernier cataclysme, il faut aller jusqu'au-delà des grands

---

(1) Le Gentil, *Voyage aux Indes*, I, 235 ; Bentley, *Mémoires de Calcutta*, t. IX, p. 222 ; Paterson, *ibid.* 86.

(2) Will. Jones, *Mémoires de Calcutta*, trad. franç. tome I, p. 170.

déserts de la Tartarie. Vers l'Orient et vers le Nord habite une autre race, dont toutes les institutions, tous les procédés diffèrent autant des nôtres que sa figure et son tempérament. Elle parle en monosyllabes; elle écrit en hiéroglyphes arbitraires; elle n'a qu'une morale politique sans religion, car les superstitions de Fo lui sont venues des Indiens. Sont teint jaune, ses joues saillantes, ses yeux étroits et obliques, sa barbe peu fournie la rendent si différente de nous, qu'on est tenté de croire que ses ancêtres et les nôtres ont échappé à la grande catastrophe par deux côtés différens; mais quoi qu'il en soit ils datent leur déluge à peu près de la même époque que nous.

Le *Chouking* est le plus ancien des livres des Chinois (1); on dit qu'il fut rédigé par Confucius avec des lambeaux d'ouvrages antérieurs, il y a environ deux mille deux cent cinquante ans. Deux cents ans plus tard arriva la persécution des lettrés et la destruction des livres sous l'empereur Chihoangti. Une partie du Chouking fut restituée de mémoire par un vieux lettré, quarante ans après; et une autre fut retrouvée dans un tombeau; mais près de la moitié fut perdue pour toujours. Or ce livre, le plus authentique de la Chine, commence l'histoire de ce pays par un empereur nommé *Yao*, qu'il nous représente occupé à faire écouler les eaux, *qui, s'étant élevées jusqu'au ciel, baignoient*

_____

(1) Voyez la préface de l'édition du Chou-King, donnée par M. de Guignes.

encore le pied des plus hautes montagnes, couvroient les collines moins élevées, et rendoient les plaines impraticables. Ce Yao date, selon les uns, de quatre mille cent cinquante, selon les autres de trois mille neuf cent trente ans avant le temps actuel. La variété des opinions sur cette époque va même jusqu'à deux cent quatre-vingt-quatre ans.

Quelques pages plus loin, on nous montre *Yu*, ministre et ingénieur, rétablissant le cours des eaux, élevant des digues, creusant des canaux, et réglant les impôts de chaque province dans toute la Chine, c'est-à-dire, dans un empire de six cents lieues en tous sens; mais l'impossibilité de semblables opérations après de semblables événemens, montre bien qu'il ne s'agit ici que d'un roman moral et politique.

Des historiens plus modernes ont ajouté une suite d'empereurs avant Yao, mais avec une foule de circonstances fabuleuses, sans oser leur assigner d'époques fixes, en variant sans cesse entre eux, même sur leur nombre et sur leurs noms, et sans être approuvés de tous leurs compatriotes.

C'est à Yao qu'on attribue l'introduction de l'astronomie à la Chine; mais les véritables éclipses rapportées par Confucius, dans sa Chronique du Royaume de Lou, ne remontent qu'à deux mille six cents ans, à peine un demi-siècle plus haut que celle des Chaldéens, rapportées par Ptolomée. On en trouve bien une dans le Chouking, qui dateroit de trois mille neuf cent soixante-cinq ans, mais qui est racontée avec des circonstances si absurdes, qu'il est probable que l'histoire en a été ajoutée après coup; une conjonction de quatre mille deux cent cinquante-neuf ans, et qui seroit la plus ancienne observation connue, est encore contestée. La première qui paroisse véritable, est une observation du Gnomon, de deux mille neuf cents ans.

Est-il possible que ce soit un simple hasard qui donne un résultat aussi frappant, et qui fasse remonter à peu près à quarante siècles l'origine traditionnelle des monarchies assyrienne, indienne et chinoise? Les idées des peuples qui ont eu si peu de rapports ensemble, dont la langue, la religion, les lois n'ont rien de commun, s'accorderoient-elles sur ce point, si elles n'avoient la vérité pour base?

Nous ne demanderons pas de dates précises aux Américains, qui n'avoient point de véritable écriture, et dont les plus anciennes traditions ne remontoient qu'à quelques siècles avant l'arrivée des Espagnols, et cependant l'on croit encore apercevoir des traces d'un déluge dans leurs grossiers hiéroglyphes (1).

La plus dégradée des races humaines, celle des nègres, dont les formes s'approchent le plus de la brute, et dont l'intelligence ne s'est élevée nulle part au point d'arriver à un gouvernement régulier, ni à la moindre apparence de connoissances suivies, n'a conservé nulle part d'annales ni de tradition. Elle ne peut donc nous instruire sur ce que nous cherchons, quoique tous ses caractères

(1) Voyez l'excellent et magnifique ouvrage de M. de Humboldt, sur les monumens méxicains.

nous montrent clairement qu'elle a échappé à la grande catastrophe, sur un autre point que les races caucasique et altaïque, dont elle étoit peut-être séparée depuis long-temps quand cette catastrophe arriva.

Ainsi toutes les nations qui peuvent nous parler nous attestent qu'elles ont été récemment renouvelées, après une grande révolution de la nature.

Cette unanimité de témoignages historiques ou traditionnels sur le renouvellement récent du genre humain, leur accord avec ceux que l'on tire des opérations de la nature, dispenseroient sans doute d'examiner des monumens équivoques, dont quelques personnes veulent se prévaloir pour soutenir l'opinion contraire; mais cet examen même, à en juger par quelques essais, ne feroit probablement qu'ajouter des preuves de plus à ce que les traditions annoncent.

Il paroît aujourd'hui que le fameux zodiaque du portique du temple de Dendera n'a pu le soutenir, car rien ne prouve que sa division en deux bandes, de six signes chacune, indique la position des colures résultant de la précession des équinoxes, et ne réponde pas simplement au commencement de l'année civile à l'époque où on les dessina, année qui, n'étant en Egypte que de trois cent soixante-cinq jours juste, faisoit le tour du zodiaque en quinze cent huit ans, ou selon ce que les Egyptiens l'imaginoient (ce qui prouve qu'ils ne l'avoient pas effectivement observé) en quatorze cent soixante ans. Un fait qui achève de rendre cette supposition vraisemblable, c'est que dans le même temple il y a un

autre zodiaque, où c'est la Vierge qui commence l'année. S'il s'agissoit de la position du solstice, le zodiaque
intérieur auroit été fait deux mille ans avant celui du
portique; en admettant, au contraire, que l'on a voulu
indiquer le commencement de l'année civile, un intervalle de cent et quelques années suffira.

Il resteroit à savoir si notre zodiaque ne contien-
droit pas en lui-même des preuves de son antiquité, et
si les figures que l'on a données aux constellations
n'auroient point de rapport avec la position des colures
à l'époque où elles ont été imaginées. Or tout ce que l'on
a dit à cet égard est fondé sur les allégories que l'on
a prétendu voir dans ces figures ; que la balance,
par exemple, indique l'égalité des jours et des nuits;
le taureau, le labourage ; l'écrevisse, une rétrogra-
dation du soleil; la Vierge, la récolte, etc.; et combien tout cela n'est-il pas hasardé? D'ailleurs ces explications devront varier pour chaque pays; en sorte
qu'il faudra donner au zodiaque une époque différente,
selon le climat où l'on placera son invention; peut-
être même n'est-il aucun climat ni aucune époque,
où l'on puisse trouver pour tous les signes une explication naturelle. Qui sait enfin si les noms n'auroient
pas été donnés très-anciennement d'une manière abstraite
aux divisions de l'espace ou du temps, ou au soleil
dans ses différens états, comme les astronomes les donnent maintenant, à ce qu'ils appellent les signes, et s'ils
n'ont pas été appliqués aux constellations ou groupes
d'étoiles, à une époque déterminée par le hasard, en

sorte que l'on ne pourroit rien conclure de leur signification (1).

Mais, dira-t-on, l'état où nous trouvons l'astronomie
chez les anciens peuples, n'est-il pas une preuve de leur
antiquité, et n'a-t-il pas fallu aux Chaldéens et aux
Indiens un grand nombre de siècles d'observations,
pour parvenir aux connoissances qu'ils avoient déjà il y
a près de trois mille ans, de la longueur de l'année, de
la précession des équinoxes, des mouvemens relatifs de
la lune et du soleil, etc. ? Mais a-t-on calculé les progrès que devoit faire une science dans une nation qui
n'en avoit point d'autre, et chez qui la sérénité du ciel,
la vie pastorale, et la superstition, faisoient des astres
l'objet de la contemplation générale, où des colléges
d'hommes les plus respectés furent chargés de les observer, et de consigner par écrit leurs observations? Que
parmi ces nombreux individus, qui n'avoient autre
chose à faire, il se soit trouvé un ou deux esprits géométriques, et tout ce que ces peuples ont su a pu se
découvrir en quelques siècles.

Songeons que depuis les Chaldéens la véritable astronomie n'a eu que deux âges; celui de l'école d'Alexandrie, qui a duré quatre cents ans; et le nôtre, qui n'a
pas été aussi long. A peine l'âge des Arabes y a-t-il
ajouté quelque chose, et tous les autres siècles ont été
nuls pour elle. Il n'y a pas eu trois cents ans entre

_____

(1) Voyez le Mémoire de M. de Guignes, sur les zodiaques des Orientaux, *Académie des Belles-Lettres*, tome XLVII.

Copernic et l'auteur de la Mécanique céleste, et l'on veut que les Indiens aient eu besoin de milliers d'années pour trouver leurs règles.

Au surplus, quand tout ce qu'on a imaginé sur l'ancienneté de l'astronomie seroit aussi prouvé qu'il nous paroît destitué de preuves, l'on n'en pourroit rien conclure contre la grande catastrophe dont il nous reste des documens bien autrement démonstratifs; il faudroit seulement admettre, avec quelques modernes, que l'astronomie étoit au nombre des connoissances conservées par les hommes que cette catastrophe épargna.

L'on a aussi beaucoup exagéré l'antiquité de certains travaux de mines. Un auteur tout récent a prétendu que les mines de l'île d'Elbe, à en juger par leurs déblais, ont dû être exploitées depuis plus de quarante mille ans; mais un autre auteur qui a aussi examiné ces déblais avec soin, réduit cet intervalle à un peu plus de cinq mille (1), et encore en supposant que les anciens n'exploitoient chaque année que le quart de ce que l'on exploite maintenant; mais quel motif a-t-on de croire que les Romains, par exemple, tirassent si peu de parti de ces mines, eux qui consommoient tant de fer dans leurs armées? De plus, si ces mines avoient été en exploitation il y a seulement quatre mille ans, comment le fer auroit-il été si peu connu dans la haute antiquité?

---

(1) Voyez M. de Fortia d'Urban, *Histoire de la Chine avant le déluge d'Ogigès*, II, pag. 33.

Je pense donc, avec MM. Deluc et Dolomieu, que, s'il y a quelque chose de constaté en géologie, c'est que la surface de notre globe a été victime d'une grande et subite révolution, dont la date ne peut remonter beaucoup au-delà de cinq ou six mille ans; que cette révolution a enfoncé et fait disparoître les pays qu'habitoient auparavant les hommes et les espèces d'animaux aujourd'hui les plus connus; qu'elle a, au contraire, mis à sec le fond de la dernière mer, et en a formé les pays aujourd'hui habités; que c'est depuis cette révolution que le petit nombre des individus épargnés par elle se sont répandus et propagés sur les terrains nouvellement mis à sec, et par conséquent que c'est depuis cette époque seulement que nos sociétés ont repris une marche progressive, qu'elles ont formé des établissemens, élevé des monumens, recueilli des faits naturels, et combiné des systèmes scientifiques.

Mais ces pays aujourd'hui habités, et que la dernière révolution a mis à sec, avoient déjà été habités auparavant, sinon par des hommes, du moins par des animaux terrestres; par conséquent une révolution précédente, au moins, les avoit déjà mis sous les eaux; et, à en juger par les différens ordres d'animaux dont on y trouve les dépouilles, ils avoient peut-être subi jusqu'à deux ou trois irruptions de la mer.

Ce sont ces alternatives qui me paroissent maintenant le problème géologique le plus important à résoudre, ou plutôt à bien définir, à bien circonscrire; car, pour le résoudre en entier, il faudroit découvrir la cause de ces événemens, entreprise d'une toute autre difficulté.

Je le répète, nous voyons assez clairement ce qui se passe à la surface des continens dans leur état actuel ; nous avons assez bien saisi la marche uniforme et la succession régulière des terrains primitifs, mais l'étude des terrains secondaires est à peine ébauchée ; cette série merveilleuse de zoophytes et de mollusques marins inconnus, suivis de reptiles et de poissons d'eau douce également inconnus, remplacés à leur tour par d'autres zoophytes et mollusques plus voisins de ceux d'aujourd'hui ; ces animaux terrestres, et ces mollusques, et autres animaux d'eau douce toujours inconnus qui viennent ensuite occuper les lieux, pour en être encore chassés, mais par des mollusques et d'autres animaux semblables à ceux de nos mers ; les rapports de ces êtres variés avec les plantes dont les débris accompagnent les leurs, les relations de ces deux règnes avec les couches minérales qui les recèlent ; le peu d'uniformité des uns et des autres dans les différens bassins : voilà un ordre de phénomènes qui me paroît appeler maintenant impérieusement l'attention des philosophes.

Intéressante par la variété des produits des révolutions partielles ou générales de cette époque, et par l'abondance des espèces diverses qui figurent alternativement sur la scène, cette étude n'a point l'aridité de celle des terrains primordiaux, et ne jette point, comme elle, presque nécessairement dans les hypothèses. Les faits sont si pressés, si curieux, si évidens, qu'ils suffisent, pour ainsi dire, à l'imagination la plus ardente ;

et les conclusions qu'ils amènent de temps en temps,
quelque réserve qu'y mette l'observateur, n'ayant rien
de vague, n'ont aussi rien d'arbitraire; enfin, c'est dans
ces événemens plus rapprochés de nous que nous pouvons espérer de trouver quelques traces des événemens
plus anciens et de leurs causes, si toutefois il est encore
permis, après de si nombreuses tentatives, de se flatter
d'un tel espoir.

Ces idées m'ont poursuivi, je dirois presque tour-
menté, pendant que j'ai fait les recherches sur les os
fossiles, dont je présente maintenant au public la collection, recherches qui n'embrassent qu'une si petite partie
de ces phénomènes de l'avant-dernier âge de la terre,
et qui cependant se lient à tous les autres d'une manière
intime. Il étoit presque impossible qu'il n'en naquît pas
le désir d'étudier la généralité de ces phénomènes, au
moins dans un espace limité autour de nous. Mon excellent ami, M. Brongniart, à qui d'autres études donnoient le même désir, a bien voulu m'associer à lui, et
c'est ainsi que nous avons jeté les premières bases de
notre travail sur les environs de Paris; mais cet ouvrage,
bien qu'il porte encore mon nom, est devenu presque
en entier celui de mon ami, par les soins infinis qu'il a
donnés, depuis la conception de notre premier plan et
depuis nos voyages, à l'examen approfondi des objets
et à la rédaction du tout. Je le joins, avec le consen-
tement de M. Brongniart, au présent Discours, dont il
me semble pouvoir faire une partie intégrante, et dont
il est à coup sûr la meilleure preuve. Nous y voyons

l'histoire des changemens les plus récens arrivés dans un bassin particulier, et il nous conduit jusqu'à la craie, dont l'étendue sur le globe est infiniment plus considérable que celle des matériaux du bassin de Paris. La craie, que l'on croyoit si moderne, se trouve ainsi bien reculée dans les siècles de l'avant-dernier âge. Il seroit important maintenant d'examiner les autres bassins que peut enfermer la craie, et en général toutes les couches qu'elle supporte, afin de les comparer à celles des environs de Paris. La craie elle-même offre peut-être quelques successions d'êtres organisés. Elle est embrassée et supportée par le calcaire compacte qui occupe la plus grande partie de la France et de l'Allemagne, et dont les fossiles diffèrent infiniment de tous ceux de notre bassin ; mais en le suivant depuis la craie jusqu'au calcaire presque sans coquilles des crètes centrales du Jura, ou jusque sur les aggrégats des pentes du Hartz, des Vosges et de la Forêt-Noire, n'y trouveroit-on pas encore bien des variations ? Les gryphites, les cornes d'Ammon, les entroques dont il fourmille, ne sont-ils point répartis par genres, ou au moins par espèces ?

Ce calcaire compacte n'est point partout recouvert de craie ; sans cet intermédiaire il enveloppe en plusieurs lieux des bassins, ou supporte des plateaux non moins dignes d'attention que ceux qui ont la craie pour limite. Qui nous donnera, par exemple, l'histoire des plâtrières d'Aix, où l'on trouve, comme dans celles de Paris, des reptiles et des poissons d'eau douce, et probablement aussi des quadrupèdes terrestres, tandis qu'il

15

n'y a rien de semblable dans près de deux cents lieues de pays intermédiaire?

Cette longue série de collines sableuses, appuyées sur les deux pentes de l'Appennin dans presque toute la longueur de l'Italie, et renfermant partout des coquilles parfaitement conservées, souvent encore colorées et nacrées, et dont plusieurs ressemblent à celles de nos mers, seroit aussi bien importante à connoître; il faudroit en suivre toutes les couches, déterminer les fossiles de chacune, les comparer à ceux des autres couches récentes, de celles de nos environs par exemple; en lier la série d'une part avec les terrains plus solides et plus anciens, de l'autre avec les alluvions récentes du Pô, de l'Arno, et de leurs affluens; fixer leurs rapports avec les innombrables masses de produits volcaniques qui s'interposent entre elles; examiner enfin la situation mutuelle des diverses sortes de coquilles, et de ces ossemens d'éléphans, de rhinocéros, d'hippopotames, de baleines, de cachalots, de dauphins, dont beaucoup de ces collines abondent. Je n'ai de ces collines basses de l'Apennin que la connoissance superficielle qu'a pu m'en donner un voyage fait pour d'autres objets; mais je suis persuadé qu'elles recèlent le vrai secret des dernières opérations de la mer.

Combien n'est-il pas d'autres couches, même célèbres par leurs fossiles, que l'on ne sait point encore lier à la série générale, et dont l'ancienneté relative est par conséquent encore indéterminée? Les schistes cuivreux de Thuringe sont, dit-on, pleins de poissons d'eau douce,

et surpassent en ancienneté la plupart des bancs secondaires ; mais quelle est la vraie position des schistes
fétides d'Œningen que l'on dit aussi pleins de poissons
d'eau doucé ; de ceux de Vérone, évidemment remplis
de poissons de mer, mais de poissons très-mal nommés
par les naturalistes qui les ont décrits ; des schistes noirs
de Glaris ; des schistes blancs d'Aichstedt, remplis encore de poissons, d'écrevisses, et d'autres animaux marins différens des coquilles ? Je ne trouve nulle réponse
distincte à ces questions dans les livres de nos géologistes. On ne nous dit pas davantage pourquoi il se
trouve des coquilles partout, et des poissons en un petit
nombre de lieux seulement.

Il me semble qu'une histoire suivie de dépôts si singuliers vaudroit bien tant de conjectures contradictoires
sur la première origine des globes, et sur des phénomènes que l'on avoue ne pouvoir ressembler en rien à
ceux de notre physique actuelle, qui n'y trouvent par
conséquent ni matériaux, ni pierre de touche. Plusieurs
de nos géologistes ressemblent à ces historiens qui ne
s'intéressent dans l'histoire de France qu'à ce qui s'est
passé avant Jules-César ; il faut bien que leur imagination supplée aux monumens ; et chacun d'eux fait son
roman à sa manière. Que seroit-ce si ces historiens
n'étoient aidés dans leurs combinaisons par la connoissance des faits postérieurs ? Or nos géologistes négligent
précisément ces faits postérieurs qui pourroient au moins
réfléchir quelque lueur vers la nuit des temps précédens.
Qu'il seroit beau cependant d'avoir les productions

organisées de la nature dans leur ordre chronologique,
comme on a les principales substances minérales ! La
science de l'organisation elle-même y gagneroit; les
développemens de la vie, la succession de ses formes,
la détermination précise de celles qui ont paru les premières, la naissance simultanée de certaines espèces,
leur destruction graduelle, nous instruiroient peut-être
autant sur l'essence de l'organisme, que toutes les expé-
riences que nous pouvons tenter sur les espèces vivantes.
Et l'homme, à qui il n'a été accordé qu'un instant sur
la terre, auroit la gloire de refaire l'histoire des milliers
de siècles qui ont précédé son existence, et des milliers
d'êtres qui n'ont pas été ses contemporains !

FIN DU DISCOURS PRÉLIMINAIRE.

EXTRAIT

Des Recherches de M. DE PRONY, sur le Système hydraulique de l'Italie.

Déplacement de la partie du rivage de l'Adriatique occupée par les bouches du Pó.

LA partie du rivage de l'Adriatique comprise entre les extrémités méridionales du lac ou des lagunes de *Comachio* et des lagunes de Venise, a subi, depuis les temps antiques, des changemens considérables, attestés par les témoignages des auteurs les plus dignes de foi, et que l'état actuel du sol, dans les pays situés près de ce rivage, ne permet pas de révoquer en doute ; mais il est impossible de donner, sur les progrès successifs de ces changemens, des détails exacts, et surtout des mesures précises pour des époques antérieures au douzième siècle de notre ère.

On est cependant assuré que la ville de *Hatria*, actuellement *Adria*, étoit autrefois sur les bords de la mer, et voilà un point fixe et connu du rivage primitif, dont la plus courte distance au rivage actuel, pris à l'embouchure de l'Adige, est de 25000 mètres (1). Les habitans de cette ville ont, sur son antiquité, des prétentions exagérées en bien des points, mais on ne peut nier qu'elle ne soit une des plus anciennes de l'Italie ; elle a donné son nom à la mer qui baigna ses murs. On a reconnu, par quelques fouilles faites dans son intérieur et dans ses environs, l'existence d'une couche de terre parsemée de débris de poteries étrusques, sans mélange d'aucun ouvrage de fabrique romaine ; l'étrusque et le romain se trouvent mêlés dans une couche supérieure, sur laquelle on a découvert les vestiges d'un théâtre ; l'une et l'autre couche sont fort abaissées au-dessous du sol actuel ; et j'ai vu à Adria des collections curieuses, où les monumens qu'elles renferment sont classés et séparés. S. A. I. le prince Vice-roi, à qui je fis observer, il y a quelques années, combien il seroit intéressant pour l'histoire et la géologie de s'occuper en grand du travail des fouilles d'Adria, et de déterminer les hauteurs par rapport à la mer, tant du sol

(1) On verra bientôt que la pointe du promontoire d'alluvions, formé par le Pó, est plus avancé dans la mer de 10,000 mètres environ que l'embouchure de l'Adige.

primitif que des couches successives d'alluvions, goûta fort mes idées à cet égard ; j'ignore si mes propositions ont eu quelque suite.

En suivant le rivage, à partir d'*Hatria*, qui étoit située dans le fond d'un petit golfe, on trouvoit, au sud, un rameau de l'*Athesis* (l'Adige), et des *fosses philistines*, dont la trace répond à celle que pourroient avoir le Mincio et le Tartaro réunis, si le Pô couloit encore au sud de Ferrare ; puis venoit le *Delta Venetum*, qui paroît avoir occupé la place où se trouve le lac ou la lagune de Commachio. Ce Delta étoit traversé par sept bouches de l'*Eridanus*, autrement *Vadis*, *Padus* ou *Podincus*, qui avoit sur sa rive gauche, au point de diramation de ces bouches, la ville de *Trigoboli*, dont la position doit être peu éloignée de celle de Ferrare. Sept lacs renfermés dans le Delta prenoient le nom de *Septem Maria*, et *Hatria* est quelquefois appelée *Urbs Septem Marium*.

En remontant le rivage du côté du nord, à partir d'*Hatria*, on trouvoit l'embouchure principale de l'*Athesis*, appelée aussi *Fossa Philistina*, puis l'*Estuarium Altini*, mer intérieure, séparée de la grande par une ligne d'îlots, au milieu de laquelle se trouvoit un petit archipel, d'autres îlots appelés *Rialtum* ; c'est sur ce petit archipel qu'est maintenant située Venise ; l'*Estuarium Altini* est la lagune de Venise qui ne communique plus avec la mer que par cinq passes, les îlots ayant été réunis pour former une digue continue.

A l'est des lagunes et au nord de la ville d'*Este*, se trouvent les monts *Euganiens*, formant, au milieu d'une vaste plaine d'alluvions, un groupe isolé et remarquable de pitons, dans les environs duquel on place le lieu de la fameuse chute de Phaéton. Quelques auteurs prétendent que des masses énormes de matières enflammées, lancées par des explosions volcaniques dans les bouches de l'Eridan, ont donné lieu à cette fable ; il est bien vrai qu'on trouve aux environs de Padoue et de Vérone beaucoup de produits volcaniques.

Les renseignemens que j'ai recueillis sur le gisement de la côte de l'Adriatique aux bouches du Pô, commencent, au douzième siècle, à avoir quelque précision ; à cette époque toutes les eaux du Pô couloient au sud de Ferrare, dans le *Pô di Volano* et *Pô di Primaro*, diramations qui embrassoient l'espace occupé par la *lagune de Commachio*. Les deux bouches dans lesquelles le Pô a ensuite fait une irruption, au nord de Ferrare, se nommoient, l'une, fiume *di Corbola*, ou *di Langola*, ou *del*

Mazzorino; l'autre, fiume *Toi*. La première, qui étoit la plus septentrionale, recevoit, près de la mer, le *Tartaro* ou canal *Bianco*; la seconde
étoit grossie à Ariano par une dérivation du Pô, appelée fiume *Goro*.

Le rivage de la mer étoit dirigé sensiblement du sud au nord, à une
distance de 10 ou 11000 mètres du méridien d'Adria : il passoit au point
où se trouve maintenant l'angle occidental de l'enceinte de la *Mesola* : et
Loreo, au nord de la *Mesola*, n'en étoit distant que d'environ 2000
mètres.

Vers le milieu du douzième siècle les grandes eaux du Pô passèrent au
travers des digues qui les soutenoient du côté de leur rive gauche, près de
la petite ville de *Ficarolo*, située à 19000 mètres au nord-ouest de Ferrare, se répandirent dans la partie septentrionale du territoire de Ferrare
et dans la polésine de Rovigo, et coulèrent dans les deux canaux ci-dessus
mentionnés de Mazzorno et de Toi. Il paroît bien constaté que le travail
des hommes a beaucoup contribué à cette diversion des eaux du Pô; les
historiens qui ont parlé de ce fait remarquable ne diffèrent entre eux que
par quelques détails. La tendance du fleuve à suivre les nouvelles routes
qu'on lui avoit tracées devenant de jour en jour plus énergique, ses deux
branches du *Volano* et du *Primaró* s'appauvrirent rapidement, et furent,
en moins d'un siècle, réduites à peu près à l'état où elles sont aujourd'hui.
Le régime du fleuve s'établissoit entre l'embouchure de l'Adige et le point
appelé aujourd'hui *Porto di Goro*; les deux canaux dont il s'étoit d'abord
emparé étant devenus insuffisans, il s'en creusa de nouveaux; et au commencement du dix-septième siècle sa bouche principale, appelée *Sbocco
di Tramontana*, se trouvant très-rapprochée de l'embouchure de l'Adige,
ce voisinage alarma les Vénitiens, qui creusèrent, en 1604, le nouveau
lit appelé *Taglio di Porto Viro* ou *Po delle Fornaci*, au moyen duquel
la *Bocca Maestra* se trouva écartée de l'Adige du côté du midi.

Pendant les quatre siècles écoulés depuis la fin du douzième jusqu'à la
fin du seizième, les alluvions du Pô ont gagné sur la mer une étendue
considérable; la bouche du nord, celle qui s'étoit emparée du canal de
Mazzorno, et formoit le *Ramo di Tramontaña*, étoit, en 1600, éloignée
de 20000 mètres du méridien d'*Adria*; et la bouche du sud, celle qui
avoit envahi le canal Toi, étoit à la même époque à 17000 mètres de ce
méridien; ainsi le rivage se trouvoit reculé de 9 ou 10000 mètres au nord,
et 6 ou 7000 mètres au midi. Entre les deux bouches dont je viens de

parler, se trouvoit une anse ou partie du rivage moins avancée, qu'on appeloit *Sacca di Gora*.

Les grands travaux de diguement du fleuve, et une partie considérable des défrichemens des revers méridionaux des Alpes, ont eu lieu dans cet intervalle du treizième au dix-septième siècle.

Le *Taglio de Porto Viro* détermina la marche des alluvions dans l'axe du vaste promontoire que forment actuellement les bouches du Pô. A mesure que les issues à la mer s'éloignoient, la quantité annuelle de dépôts s'accroissoit dans une proportion effrayante, tant par la diminution de la pente des eaux (suite nécessaire de l'allongement du lit), que par l'emprisonnement de ces eaux entre des digues, et par la facilité que les défrichemens donnoient aux torrens affluens pour entraîner dans la plaine le sol des montagnes. Bientôt l'anse de *Sacca di Goro* fut comblée, et les deux promontoires formés par les deux premières bouches se réunirent en un seul, dont la pointe actuelle se trouve à 32 ou 33000 mètres du méridien d'Adria ; en sorte que, pendant deux siècles, les bouches du Pô ont gagné environ 14000 mètres sur la mer.

Il résulte des faits dont je viens de donner un exposé rapide, 1°. qu'à des époques antiques dont la date précise ne peut pas être assignée, la mer Adriatique baignoit les murs d'Adria.

2°. Qu'au douzième siècle, avant qu'on eût ouvert à Ficarolo une route aux eaux du Pô sur leur rive gauche, le rivage de la mer s'étoit éloigné d'Adria de 9 à 10000 mètres.

3°. Que les pointes des promontoires formés par les deux principales bouches du Pô se trouvoient, en l'an 1600, avant le *Taglio de Porto Viro*, à une distance moyenne de 18500 mètres d'Adria, ce qui, depuis l'an 1200, donne une marche d'alluvions de 25 mètres par an.

5°. Que la pointe du promontoire unique, formé par les bouches actuelles, est éloignée de 32 ou 33000 mètres du méridien d'Adria ; d'où on conclut une marche moyenne des alluvions d'environ 70 mètres par an pendant ces deux derniers siècles, marche qui, rapportée à des époques peu éloignées, se trouveroit être beaucoup plus rapide.

DE PRONY.

MÉMOIRE

Sur l'Ibis des anciens Egyptiens.

Tout le monde a entendu parler de l'ibis, de cet oiseau
à qui les anciens Egyptiens rendoient un culte religieux,
qu'ils élevoient dans l'enceinte de leurs temples, qu'ils laissoient errer librement dans leurs villes, dont le meurtrier
même involontaire étoit puni de mort (1), qu'ils embaumoient avec autant de soin que leurs propres parens; de
cet oiseau auquel ils attribuoient une pureté virginale, un
attachement inviolable à leur pays dont il étoit l'emblême, attachement tel qu'il se laissoit périr de faim quand
on vouloit le transporter ailleurs; de cet oiseau qui avoit
assez d'instinct pour connoître le cours et le décours de la
lune, et pour régler dessus la quantité de sa nourriture
journalière et le développement de ses petits, qui arrêtoit
aux frontières de l'Egypte les serpens qui auroient porté la
destruction dans cette terre sacrée, (2) et qui leur inspiroit
tant de frayeur, qu'ils en redoutoient jusqu'aux plumes (3);

---

(1) Herod. l. 2.
(2) Ælian. liv. II , c. 35 et 38.
(3) *Ib.* lib. I, c. 38.

1

de cet oiseau enfin dont les Dieux auroient pris la figure s'ils eussent été forcés d'en adopter une mortelle, et dans lequel Mercure s'étoit réellement transformé lorsqu'il voulut parcourir la terre et enseigner aux hommes les sciences et les arts.

Aucun autre animal n'auroit dû être aussi facile à reconnoître que celui-là, car il n'en est aucun autre dont les anciens nous aient laissé à-la-fois, comme de l'ibis, d'excellentes descriptions, des figures exactes et même coloriées, et le corps lui-même soigneusement conservé avec ses plumes, sous la triple enveloppe d'un bitume préservateur, de linges épais et serrés, et de vases solides et bien mastiqués.

Et cependant de tous les auteurs modernes qui ont parlé de l'ibis, il n'y a que le seul Bruce, ce voyageur plus célèbre par son courage que par la justesse de ses notions en histoire naturelle, qui ne se soit pas mépris sur la véritable espèce de cet oiseau, et ses idées à cet égard, quelque exactes qu'elles fussent, n'ont pas même été adoptées par les naturalistes.

Après plusieurs changemens d'opinion touchant l'ibis, on paroît s'accorder aujourd'hui à donner ce nom à un oiseau originaire d'Afrique, à-peu-près de la taille de la cigogne, au plumage blanc, avec les pennes des ailes noires, perché sur de longues jambes rouges, armé d'un bec long, arqué, tranchant par ses bords, arrondi à sa base, échancré à sa pointe, d'un jaune pâle, et dont la face est revêtue d'une peau rouge et sans plumes, qui ne s'étend pas au-delà des yeux.

Tel est l'ibis de Perrault (1), l'ibis blanc de Brisson (2), l'ibis blanc d'Egypte de Buffon (3), et le tantalus ibis de Linné, dans sa douzième édition ; tel est l'oiseau qui porte dans les galeries du Muséum le nom d'ibis égyptien, et qui y est rapproché avec raison du curicaca de Margrave, ou tantalus loculator de Linné ; car ils ont tous deux le bec arqué, fort, tranchant et échancré.

C'est encore à ce même oiseau que M. Blumenbach, tout en avouant qu'il est aujourd'hui très-rare, au moins dans la Basse-Egypte, assure que les Egyptiens rendoient les honneurs divins (4) ; et cependant M. Blumenbach a eu occasion d'examiner des ossemens de véritable ibis, dans une momie qu'il ouvrit à Londres (5).

J'ai partagé l'erreur des hommes célèbres que je viens de nommer, jusqu'au moment où j'ai pu examiner par moi-même quelques momies d'ibis.

Ce plaisir me fut procuré, pour la première fois, par M. Fourcroy auquel M. Grobert, colonel d'artillerie revenant d'Egypte, a donné deux de ces momies, tirées l'une et l'autre des puits de Saccara ; en les développant avec soin,

(1) Description d'un ibis blanc et de deux cigognes. Acad. des sc. de Paris, tom. III, p. III, pag. 61 de l'éd. in-4.° de 1734, pl. 13, f. 1. Le bec est représenté tronqué par le bout ; mais c'est une faute du dessinateur.

(2) Numenius sordide albo rufescens, capite anteriore nudo rubro ; lateribus rubro purpureo et carneo colore maculatis, remigibus majoribus nigris, rectricibus sordide albo rufescentibus, rostro in exortu dilute luteo, in extremitate aurantio, pedibus griseis.... Ibis candida, Briss, Orn. t. V, p. 349.

(3) Planches enluminées, n.° 389. Hist. des oiseaux, t. VIII, in-4.°, p. 14, pl. I. Cette dernière figure est une copie de celle de Perrault, avec la même faute.

(4) Handbuch der naturgeschichte, p. 203 de l'édition de 1799.

(5) Transact. phil. pour 1794.

nous aperçûmes que les os de l'oiseau embaumé étoient bien plus petits que ceux du *tantalus ibis* des naturalistes ; qu'ils n'étoient que de la taille de ceux du courlis ; que son bec ressembloit à celui de ce dernier, à la longueur près qui étoit un peu moindre, et point du tout à celui du tantalus ; enfin, que son plumage étoit blanc, avec les pennes des ailes marquées de noir, comme l'ont dit les anciens.

Nous nous convainquîmes donc que l'oiseau que les anciens Egyptiens embaumoient, n'étoit point du tout notre tantalus ibis ; qu'il étoit plus petit, et qu'il falloit le chercher dans le genre des courlis.

Nous vîmes, après quelques recherches, que les momies d'ibis, ouvertes avant nous par différens naturalistes, étoient semblables aux nôtres. Buffon dit expressément qu'il en a examiné plusieurs, que les oiseaux qu'elles contenoient avoient le bec et la taille des courlis ; et cependant il a suivi aveuglément Perrault, en prenant le tantalus d'Afrique pour l'ibis.

Une de ces momies, ouvertes par Buffon, existe encore au Muséum ; elle est semblable à celles que nous avons vues.

Le docteur Shaw, dans le supplément de son voyage, éd. angl. in-fol., Oxf. 1746, pl. V, et p. 64-66, décrit et figure avec soin les os d'une pareille momie ; le bec, dit-il, étoit long de six pouces anglais, semblable à celui du courlis, etc. En un mot, sa description s'accorde entièrement avec la nôtre.

Caylus, recueil d'antiquités, tome VI, pl. XI, fig 1, représente une momie d'ibis dont la hauteur, avec ses bandelettes, n'est que d'un pied 7 pouces 4 lignes, quoiqu'il dise expressément que l'oiseau y étoit posé sur ses pieds, la tête droite, et qu'il n'a eu dans son embaumement aucune partie repliée.

Hasselquist, qui a pris pour l'ibis un petit héron blanc et noir, donne comme sa principale raison, que la taille de cet oiseau, *qui est celle d'une corneille*, correspond très-bien à la grandeur des momies d'ibis (1) : comment donc Linné peut-il donner le nom d'ibis à un oiseau grand comme une cigogne? comment sur-tout peut-il regarder cet oiseau comme le même que l'*ardea ibis* d'Hasselquist qui, outre sa petitesse, avoit un bec droit? Et comment cette dernière erreur de synonymie a-t-elle pu se conserver jusqu'à ce jour dans le *systema naturæ*?

Peu de temps après cet examen fait chez M. Fourcroy, M. Olivier eut la complaisance de nous faire voir des os qu'il avoit retirés de deux momies d'ibis, et d'en ouvrir avec nous deux autres ; ces os se trouvèrent semblables à ceux des momies du colonel Grobert : une des quatre seulement étoit plus petite ; mais il étoit facile de juger par les épiphyses, qu'elle provenoit d'un jeune individu.

La seule figure de bec d'ibis embaumé qui ne s'accordoit pas entièrement avec les objets que nous avions sous les yeux, étoit celle d'Edwards, pl. CV ; elle est d'un neuvième plus grande, et cependant nous ne doutons pas de sa fidélité, car M. Olivier nous montra aussi un bec d'un huitième ou d'un neuvième plus long que les autres, comme 180 à

---

(1) Hasselquist iter palestinum, p. 249. Magnitudo gallinæ, seu cornicis, et p. 250, vasa quæ in sepulchris inveniuntur, cum avibus conditis, hujus sunt magnitudinis.

165, également retiré d'une momie. *Voy.* pl. III, fig. 2. Ce bec
montre seulement qu'il y avoit parmi les ibis des individus
plus grands que les autres, mais il ne prouve rien en faveur
du *tantalus*, car il n'a point du tout la forme du bec de celui-
ci, il ressemble entièrement au bec d'un courlis; et d'ailleurs
le bec du tantalus surpasse d'un tiers celui de nos plus
grands ibis embaumés, et de deux cinquièmes celui des
plus petits.

Enfin nos naturalistes revinrent de l'expédition d'Egypte
avec une riche moisson d'objets tant anciens que récens;
mon savant ami M. Geoffroy, s'étoit en particulier occupé avec le plus grand soin de recueillir les momies de
toutes les espèces, et en avoit rapporté un grand nombre
de celles d'ibis, tant de Saccara que de Thèbes.

Les premières étoient dans le même état que celles rapportées par M. Grobert; c'est-à-dire que leurs os avoient
éprouvé une sorte de demi-combustion, et étoient sans consistance; ils se brisoient au moindre contact, et il étoit
très-difficile d'en obtenir d'entiers, encore plus de les rat-
tacher pour en faire un squelette.

Les os de celles de Thèbes étoient beaucoup mieux conservés, soit à cause de la plus grande chaleur du climat,
soit à cause des soins plus efficaces employés à leur pré-
paration; et M. Geoffroy en ayant sacrifié quelques-unes,
M. Rousseau, mon aide, parvint, à force de patience,
d'adresse et de procédés ingénieux et délicats, à en refaire
un squelette entier, en en dépouillant tous les os, et en
les rattachant avec du fil d'archal très-fin. Ce squelette est
déposé dans les galeries anatomiques du Muséum dont il

fait l'un des plus beaux ornemens, et nous en donnons la figure planche I.

On voit que cette momie a dû venir d'un oiseau tenu en domesticité dans les temples, car son humérus gauche a été cassé et ressoudé; il est probable qu'un oiseau sauvage dont l'aile se seroit cassée, eût péri avant de guérir; faute de pouvoir poursuivre sa proie, ou de pouvoir échapper à ses ennemis.

Ce squelette nous mit en état de déterminer, sans aucune équivoque, les caractères et les proportions de l'oiseau; nous vîmes clairement que c'étoit dans tous les points un véritable courlis, un peu plus grand que celui d'Europe, mais dont le bec étoit plus gros et plus court. Voici une table comparative des dimensions de ces deux oiseaux, prise, pour l'ibis, du squelette de la momie de Thèbes, et pour le courlis, d'un squelette qui existoit auparavant dans nos galeries anatomiques. Nous y avons joint celles des parties des ibis de Saccara, que nous avons pu obtenir entières.

PARTIES.	SQUELETTE d'Ibis de Thèbes.	SQUELETTE de Courlis.	IBIS DE SACCARA.	
			Le plus grand	Le plus petit.
Tête et bec ensemble.	0,210	0,215	——	——
Tête seule	0,047	0,040	——	——
Les 14 vertèbres du col ensemble	0,192	0,150	——	——
Le dos	0,080	0,056	——	——
Le sacrum	0,087	0,070	——	——
Le coccyx	0,037	0,035	——	——
Le fémur	0,078	0,060	——	——
Le tibia	0,150	0,112	——	0,095
Le tarse.	0,102	0,090	——	——
Le doigt du milieu	0,097	0,070	——	——
Le sternum.	0,092	0,099	——	——
La clavicule.	0,055	0,041	——	0,04
L'humérus	0,133	0,106	0,124	——
L'avant-bras	0,153	0,117	0,144	0,114
La main.	0,125	0,103	——	——

On voit par cette table que l'animal de Thèbes étoit plus grand que notre courlis; que l'un des ibis de Saccara tenoit le milieu entre celui de Thèbes et notre courlis; et que l'autre étoit plus petit que ce dernier. On y voit aussi que les différentes parties du corps de l'ibis n'observent point entre elles les mêmes proportions que celles du courlis; le bec du premier, par exemple, est notablement plus court, quoique toutes les autres parties soient plus longues, etc. Cependant ces différences de proportion ne vont point au-delà de ce qui peut distinguer des espèces du même genre : les formes et les caractères que l'on peut considérer comme génériques, sont absolument les mêmes.

Il falloit donc chercher le véritable ibis, non plus parmi ces tantalus à haute taille et à bec tranchant, mais parmi les *courlis*; et notez que par le nom de *courlis*, nous entendons, non pas ce genre artificiel, formé par Latham et Gmelin, de tous les échâssiers à bec courbé en en bas et à tête nue, que leur bec soit arrondi ou tranchant, mais bien un genre naturel que nous appellerons *numenius*, et qui comprendra tous les échâssiers à becs courbés en en bas, mousses et arrondis, que leur tête soit nue ou revêtue de plumes. C'est le genre *courlis* tel que l'a conçu Buffon.

Un coup-d'œil sur la collection des oiseaux que M. Lacépède a disposée dans un si bel ordre au Muséum d'histoire naturelle, nous fit reconnoître une espèce qui n'est encore ni nommée, ni décrite dans les auteurs systématiques, excepté peut-être Latham, et qui satisfait seule à tout ce que les anciens, les monumens et les momies nous indiquent comme caractères de l'ibis.

Nous en donnons ici la figure, pl. II ; c'est un oiseau de la taille du courlis ; son bec est semblable à celui du courlis, mais un peu plus court et plus gros à proportion, de couleur noire ; sa tête et les deux tiers supérieurs du col sont dénués de plumes, et la peau en est noire. Le plumagè du corps, des ailes et de la queue est blanc sale, à l'exception des bouts des grandes pennes de l'aile qui sont noirs, les quatre dernières pennes secondaires ont les barbes singulièrement longues, effilées, et retombent par-dessus les bouts des ailes lorsque celles-ci sont pliées ; leur couleur est un beau noir avec des reflets violets. Les pieds sont noirs et semblables à ceux du courlis ; il y a une teinte roussâtre sous l'aile vers la racine de la cuisse, et aux grandes couvertures antérieures.

L'individu que nous avons observé vient de la collection du stathouder, et on ignore son pays natal. Feu M. Desmoulins, aide-naturaliste au Muséum, qui en avoit vu deux autres, assuroit qu'ils venoient du Sénégal : l'un d'eux doit même avoir été rapporté par M. Geoffroy de Villeneuve ; mais nous verrons plus bas que Bruce et Savigny ont aussi trouvé cette espèce en abondance en Egypte, et j'imagine que les modernes ne prendront pas au pied de la lettre l'assertion des anciens, que l'ibis ne quittoit jamais ce pays sans périr (1).

Cette assertion seroit d'ailleurs aussi contraire au tantalus ibis qu'à notre courlis ; car les individus qu'on en a en Europe, viennent du Sénégal. C'est de-là que M. Geoffroy de Villeneuve a rapporté celui du Muséum d'histoire naturelle ;

_____

(1) Ælian lib. II, c. 38.

il est même beaucoup plus rare en Egypte que notre courlis, puisque depuis Perrault, personne ne dit l'y avoir vu ou l'en avoir reçu.

Feu Macé a envoyé du Bengale au Muséum plusieurs individus d'une espèce très-voisine de celle-ci qui a le bec un peu plus long et moins arqué, dont la première penne seulement a un peu de noir aux deux bords de sa pointe, et dont les pennes secondaires sont aussi un peu effilées et légèrement teintes de noirâtre. Nous en parlons ici comme d'une espèce très-voisine de la nôtre.

Le même Macé nous a aussi adressé un *tantalus* très-semblable à celui que les naturalistes ont regardé comme l'ibis, mais dont les petites couvertures des ailes et une large bande au bas de la poitrine, sont noires et maillées de blanc. Les dernières pennes secondaires sont alongées et teintes de rose. On sait que dans le *tantalus ibis* ordinaire, les petites couvertures des ailes sont maillées de lilas, et que le dessous du corps est tout blanc. Nous donnons ici une table des parties de ces quatre animaux qu'on peut mesurer exactement dans des individus empaillés; qu'on les compare avec celles des squelettes d'ibis momifiés, et l'on jugera s'il étoit possible de croire un seul instant que ces momies vinssent des tantalus.

PARTIES DU CORPS.	*Tantalus ibis* des naturalistes.	*Tantalus de l'Inde* de Macé.	*Numenius Ibis;*, selon nous le véritable ibis des anciens.	*Numenius* de Macé.
Longueur du bec de sa commissure à sa pointe	0,210	0,265	0,125	0,148
Longueur du cou	0,280	0,270	0,176	0,195
Longueur de la partie nue de la jambe	0,130	0,150	0,041	0,055
Longueur du tarse	0,190	0,250	0,085	0,095
Longueur du doigt du milieu .	0,105	0,115	0,080	0,088

Maintenant parcourons les livres des anciens et leurs monumens; comparons ce qu'ils ont dit de l'ibis, ou les images qu'ils en ont tracées, avec l'oiseau que nous venons de décrire, nous verrons toutes les difficultés s'évanouir et tous les témoignages s'accorder avec le meilleur de tous, qui est le corps même de l'oiseau conservé dans la momie.

« Les ibis les plus communs, dit Hérodote, Euterp, n.° 76, » ont la tête et le cou nus, le plumage blanc, exceptés, la tête, » le cou, les bouts des ailes et le croupion qui sont noirs. » Leur bec et leurs pieds ressemblent à ceux des autres ibis. » Et il avoit dit de ceux-ci : ils sont tous noirs, ont les pieds » comme la grue, et le bec crochu. »

Combien de voyageurs ne font pas aujourd'hui de si bonnes descriptions des oiseaux qu'ils observent, que celle qu'Hérodote avoit faite de l'ibis ?

Comment a-t-on pu appliquer cette description à un oiseau qui n'a de nu que la face, et qui l'a rouge, à un oiseau qui a le croupion blanc et non pas noir ?

Cependant ce dernier caractère étoit essentiel à l'ibis: Plutarque dit (de Iside et Osiride) qu'on trouvoit dans la manière dont le blanc étoit tranché avec le noir dans le plumage de cet oiseau, une figure du croissant de la lune. C'est en effet par la réunion du noir du croupion avec celui des deux bouts d'ailes que se forme, dans le blanc, une grande échancrure demi-circulaire qui donne à ce blanc la figure d'un croissant.

Il est plus difficile d'expliquer ce qu'il a voulu dire en avançant que les pieds de l'ibis forment, avec son bec, un triangle équilatéral. Mais on conçoit l'assertion d'Elien, que lorsqu'il retire sa tête et son cou dans ses plumes, il représente un peu la figure d'un cœur.(1). Il étoit à cause de cela l'emblême du cœur humain selon Horus Apoll. l. 35.

Les peintures d'Herculanum mettent fin à toute espèce de doute; les tableaux n.° 158 et 140 de l'édition de David, et tome II, p. 315, n.° LIX, et pag. 321, n.° LX de l'édition originale, qui représentent des cérémonies égyptiennes, montrent plusieurs ibis marchant sur le parvis des temples; ils sont parfaitement semblables à l'oiseau que nous avons indiqué: on y reconnoît sur-tout la noirceur caractéristique de la tête et du cou, et on voit aisément par la proportion de leur figure avec les personnages du tableau, que ce devoit être un oiseau d'un demi-mètre tout au plus, et non pas d'un mètre comme le tantalus ibis.

La mosaïque de Palestrine présente aussi dans sa partie moyenne plusieurs ibis perchés sur des bâtimens; ils ne different en rien de ceux des peintures d'Herculanum.

Une sardoine du cabinet de D. Mead, copiée par Shaw; app. tab. V, et représentant un ibis, semble être une miniature de l'oiseau que nous décrivons.

Une médaille d'Adrien, en grand bronze, représentée dans le Muséum de Farnèse, tome VI, pl. XXVIII, fig. 6, et un autre du même empereur, en argent, représentée tom. III, pl VI, fig. 9, nous donnent des figures de l'ibis, qui malgré leur petitesse ressemblent assez à notre oiseau.

Quant aux figures d'ibis sculptées sur la plinthe de la statue du Nil, au Belvédère et sur sa copie au jardin des Tuileries, elles ne sont pas assez terminées pour servir de

---

(1) Ælian. lib. X, c. 29.

preuves; mais parmi les hyéroglyphes dont l'Institut d'Egypte a fait prendre des empreintes sur les lieux, il en est plusieurs qui représentent notre oiseau sans équivoque. Nous donnons, pl. III, fig. 1, une de ces empreintes que M. Geoffroy a bien voulu nous communiquer.

Nous insistons particulièrement sur cette dernière figure; attendu que c'est la plus authentique de toutes, ayant été faite dans le temps et sur les lieux où l'ibis étoit adoré, et étant contemporaine de ses momies; tandis que celles que nous avons citées auparavant, faites en Italie, et par des artistes qui ne professoient point le culte égyptien, pouvoient être moins fidèles.

Nous devons à Bruce la justice de dire qu'il paroît avoir reconnu le véritable ibis. Son abou-hannès, tome V, p. 172 de l'édition anglaise in-4.°, comparé à l'oiseau que nous avons décrit, se trouve être si semblable, que si ce n'est pas la même espèce, c'est au moins celle que nous avons décrite comme très-voisine, et qui nous provient de Macé. Bruce dit expressément que cet oiseau lui a paru ressembler à celui que contiennent les cruches de momies; il dit de plus que cet abou-hannès ou *père-jean* est très-commun sur les bords du Nil, tandis qu'il n'y a jamais vu l'oiseau représenté par Buffon sous le nom d'ibis blanc d'Egypte.

M. Savigny, l'un des naturalistes de l'expédition d'Egypte, assure également n'avoir point trouvé le tantalus dans ce pays, mais il a pris l'oiseau dont nous avons donné la description, près du lac Menzalé dans la Basse-Egypte, et il en a rapporté la dépouille avec lui.

L'abou-hannès a été placé par Latham dans son *index ornithologicus*, sous le nom de *tantalus æthiopicus*; mais il ne parle point de la conjecture de Bruce sur son identité avec l'ibis.

Les voyageurs antérieurs et postérieurs à Bruce paroissent avoir tous été dans l'erreur.

Belon (1) a nommé *ibis noir* un oiseau qui n'est autre chose qu'un courlis noir à tête nue, et bec et pieds rouges ; ce qui ne s'accorde point avec la description d'Hérodote, qui dit que l'ibis noir est noir dans toutes ses parties.

Cet oiseau de Belon est très-commun dans les collections, et cependant comme on cherchoit aussi dans l'ibis noir un tantale à bec tranchant, les naturalistes récens ont presque tous dit que Belon seul avoit vu cet oiseau. M. Lacépède a déjà rectifié cette erreur, et il a donné le nom d'ibis noir à l'oiseau auquel il avoit été donné par Belon.

Quant à l'ibis blanc, Belon a cru que c'étoit la cigogne, en quoi il contredisoit évidemment tous les témoignages ; aussi personne n'a-t-il été de son avis en ce point, excepté les apothicaires qui ont pris la cigogne pour emblème, parce qu'ils l'ont confondue avec l'ibis auquel on attribue l'invention des clystères (2).

Prosper Alpin, qui rappelle que cette invention est due à l'ibis, ne donne aucune description de cet oiseau dans sa médecine des Egyptiens (3). Dans son Histoire naturelle d'Egypte, il n'en parle que d'après Hérodote, aux termes duquel il ajoute seulement, sans doute d'après un passage

---

(1) De la nature des oiseaux, lib. IV, ch. IX, pag. 199, de l'édition de 1555.

(2) Ælian. lib. II, cap. 35. Plut. de solert. an.　　Cic. de nat deor. lib. II, Phile de anim. prop. 16, etc.

(3) De med. Ægypt. lib. I, fol. I, vers. Edit. de Paris, 1646.

de Strabon que je rapporterai plus bas, que cet oiseau ressemble à la cicogne par la taille et la figure. Il dit avoir appris qu'il s'en trouvoit en abondance de blancs et de noirs sur les bords du Nil; mais il est clair par ses expressions même, qu'il ne croyoit point en avoir vu (1).

Shaw dit de l'ibis (2) qu'il est aujourd'hui excessivement rare, et qu'il n'en a jamais vu. Son emseesy ou oiseau de bœuf que Gmelin rapporte très-mal-à-propos au tantalus ibis, a la grandeur du courlis, le corps blanc, le bec et les pieds rouges. Il se tient dans les prairies auprès du bétail : sa chair n'est pas de bon goût, et se corrompt d'abord. (3) Il est facile de voir que ce n'est pas-là le tantalus, et encore moins l'ibis des anciens.

Hasselquist n'a connu ni l'ibis blanc, ni l'ibis noir; son *ardea ibis* est un petit héron qui a le bec droit. Linné avoit très-bien fait de le placer, dans sa dixième édition, parmi les hérons; mais il a eu tort, comme je l'ai dit, de le transporter depuis comme synonyme au genre *tantalus*.

Maillet, desc. de l'Eg., partie II, p. 23, conjecture que l'ibis pourroit être l'oiseau particulier à l'Egypte, et qu'on y nomme *Chapon de Pharaon*, et à Alep *saphan-bacha*. Il dévore les serpens : il y en a de blancs, et de blancs et noirs; et il suit pendant plus de cent lieues les caravanes qui vont du Caire à la Mecque pour se repaître des carcasses des animaux qu'on tue pendant le voyage, tandis que dans toute

---

(1) Rer Ægypt. lib. IV, cap. I, tom. I, pag. 199 de l'éd. de Leyde, 1735.

(2) Voy. trad. fr. II, p. 167.

(3) *Ib.* I, p. 330.

autre saison on n'en voit aucun sur cette route. Mais il ne
regarde point cette conjecture comme certaine ; il dit
même qu'il faut renoncer à entendre les anciens lorsqu'ils
ont parlé de manière à ne vouloir pas être entendus : il finit
par conclure que les anciens ont peut-être compris indistinctement sous le nom d'ibis , tous les oiseaux qui rendoient
à l'Egypte le service de la purger des dangereux reptiles
que ce climat produit en abondance , tels que le vautour ,
le faucon , la cigogne , l'épervier , etc.

Il avoit raison de ne point regarder son chapon de Pharaon comme l'ibis ; car quoique sa description soit très-im-
parfaite , et que Buffon ait cru y reconnoître l'ibis , il est
aisé de voir , ainsi que par ce qu'en dit Pokocke , que cet
oiseau doit être un carnivore ; et en effet , on voit par la
figure de Bruce, tome V, pag. 191 de l'édit. fr., que la
poule de Pharaon n'est autre chose que le *rachama* ou le
petit vautour blanc à ailes noires , *vultur percnopterus* ,
Linn.; oiseau très-différent de celui que nous avons prouvé
plus haut être l'ibis.

Pokocke dit qu'il paroît , par les descriptions qu'on donne
de l'ibis , et par les figures qu'il en a vues dans les temples
de la Haute-Egypte , que c'étoit une espèce de grue. J'ai
vu , ajoute-t-il , quantité de ces oiseaux dans les îles du
Nil ; ils étoient la plupart grisâtres. (Trad franç. , édit.
in-12 , tom. II, pag. 153). Ce peu de mots suffit pour prouver qu'il n'a pas connu l'ibis mieux que les autres.

Les érudits n'ont pas été plus heureux dans leurs conjectures que les voyageurs. *Middleton* rapporte à l'ibis une
figure de bronze d'un oiseau dont le bec est arqué mais
court, le cou très-long et la tête garnie d'une petite huppe,

figure qui n'eut jamais aucune ressemblance avec l'oiseau des Egyptiens. *Antiq. monum.*, tab. X, pag. 129. Cette figure n'est d'ailleurs point du tout dans le style égyptien, et Middleton lui-même convient qu'elle doit avoir été faite à Rome. Saumaise sur Solin ne dit rien qui se rapporte à la question actuelle.

L'erreur qui règne à présent touchant l'ibis blanc, a commencé par Perrault qui est même le premier qui ait décrit le *tantalus ibis* d'aujourd'hui. Cette erreur adoptée par Brisson et par Buffon, a passé dans la douzième édition de Linné, où elle s'est mêlée à celle d'Hasselquist qui avoit été insérée dans la dixième pour former avec elle un composé tout-à-fait monstrueux.

Elle étoit fondée sur l'idée bien naturelle, qu'il falloit pour dévorer les serpens un bec tranchant et plus ou moins analogue à celui de la cigogne et du héron; cette idée est même la seule bonne objection qu'on puisse faire contre l'identité de notre oiseau avec l'ibis. Comment, dira-t-on, un oiseau à bec foible, un courlis pouvoit-il dévorer ces reptiles dangereux ?

Mais outre qu'une raison de cette nature ne peut tenir contre des preuves positives, telles que des descriptions, des figures et des momies ; outre que les serpens dont les ibis délivroient l'Egypte, nous sont représentés comme très-vénimeux, mais non pas comme très-grands, je puis répondre directement que les oiseaux momifiés qui avoient un bec absolument semblable à celui de notre oiseau, étoient de vrais mangeurs de serpens, car j'ai trouvé dans une de leurs momies des débris non encore digérés de peau et

d'écailles de serpens; je les conserve dans nos galeries anatomiques. Cela détruit l'objection qu'on pourroit tirer d'un
passage de Cicéron où il donne à l'ibis un bec corné et
fort (1). N'ayant jamais été en Egypte, il se figuroit que cela
devoit être ainsi par simple analogie.

Je sais aussi que Strabon dit quelque part que l'ibis ressemble à la cigogne par la forme et par la grandeur (2), et
que cet auteur devoit bien le connoître, puisqu'il assure que
de son temps les rues et les carrefours d'Alexandrie en
étoient tellement remplis, qu'il en résultoit une grande
incommodité; mais il en aura parlé de mémoire : son témoignage ne peut être recevable lorsqu'il contrarie tous les
autres, et sur-tout lorsque l'oiseau lui-même est là pour le
démentir.

C'est ainsi que je ne m'inquiéterai guère non plus du passage où Ælien rapporte, d'après les embaumeurs égyptiens,
que les intestins de l'ibis ont 90 coudées de longueur.

On pourroit encore me faire une objection tirée des longues
plumes effilées et noires qui recouvrent le croupion de notre
oiseau, et dont on voit aussi quelques traces dans la figure de
l'abou-hannès de Bruce.

Les anciens, dira-t-on, n'en parlent point dans leurs descriptions, et leurs figures ne les expriment pas; mais j'ai

---

(1) Avis excelsa, cruribus rigidis, corneo proceroque rostro. Cic. de nat. deor.
lib. I.

(2) Strab. lib. XVII.

beaucoup mieux à cet égard qu'un témoignage écrit ou qu'une image tracée. J'ai trouvé précisément les mêmes plumes dans l'une des momies de Saccara ; je les conserve précieusement comme étant à-la-fois un monument singulier d'antiquité, et une preuve péremptoire de l'identité d'espèce. Ces plumes ayant une forme peu commune , et ne se trouvant, je crois, dans aucun autre courlis, ne laissent en effet aucune espèce de doute sur l'exactitude de mon opinion.

Je termine ce mémoire par l'exposé de ses résultats.

1.° Le *tantalus ibis* de Linné doit rester en un genre séparé avec le *tantalus loculator*. Leur caractère sera *rostrum validum arcuatum , apice utrinque emarginatum*.

2.° Les autres *tantalus* des dernieres éditions doivent former un genre avec les *courlis* ordinaires : on peut leur donner le nom de *numenius*. Leur caractère sera *rostrum teres gracile , arcuatum , apice mutico*.

3.° L'*ibis* des anciens n'est point l'ibis de Perrault et de Buffon , qui est un *tantalus*, ni l'ibis d'Hasselquist , qui est un *ardea*, ni l'ibis de Maillet, qui est un *vautour*; mais c'est un *numenius* ou *courlis* qui n'a été décrit et figuré au plus que par Bruce sous le nom *d'abou-hannès*. Je le nomme NUMENIUS IBIS *, albus , capite et collo nudis , remigum apicibus , rostro et pedibus nigris , remigibus secundariis elongatis nigro-violaceis*.

4.° Le *tantalus ibis* de Linné , dans l'état actuel de la synonymie , comprend quatre espèces de trois genres différens; savoir ,

1.° Un tantalus ; l'*ibis* de Perrault et de Buffon.

2.° Un ardea; l'*ibis* d'Hasselquist.

3.° et 4.° Deux *numenius*; l'*ibis* de Belon, et l'ox-bird de Shaw.

Qu'on juge par cet exemple et par tant d'autres, de l'état où se trouve encore cet ouvrage du *systema naturæ*, qu'il seroit si important de purger par degré des erreurs dont il fourmille, et qu'on semble en surcharger toujours d'avantage, en entassant sans choix et sans critique les espèces, les caractères et les synonymes.

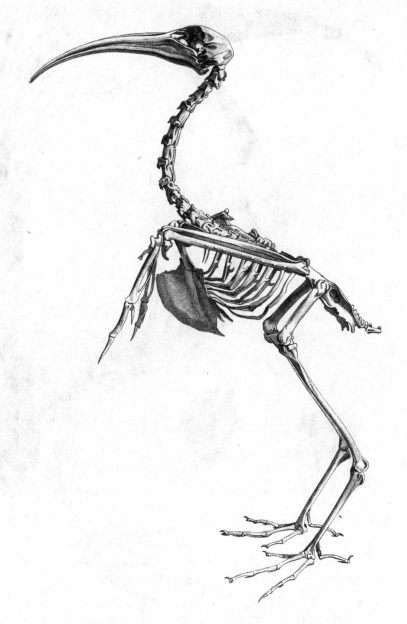

Squelette d'Ibis, tiré d'une momie de Thebes en Égypte.

Me Balzac del.

au tiers de sa grandeur.

Numenius Ibis,

Oiseau que je pense être le véritable Ibis des Egyptiens.

M.me Balzac ad nat. del.   au tiers de sa grandeur,

Figure d'Ibis, copiée sur l'un des temples de la haute Egypte.

bec tiré d'une momie d'Ibis, par M.ʳ Olivier, à moitié-grandeur.

AVERTISSEMENT.

Depuis la publication de notre premier Essai sur la
géographie minéralogique des environs de Paris, lu a
l'Institut en avril 1810, nous avons continué et multi-
plié nos observations, nous avons visité un plus grand
nombre de lieux , nous sommes retournés plusieurs fois
sur les mêmes lieux pour vérifier des observations qui
ne nous paroissoient pas suffisamment constatées ; enfin
nous avons plus que doublé notre travail, et nous y
avons ajouté des observations de nivellement qui nous
ont donné les moyens de publier les coupes qui forment
l'objet de notre troisième chapitre.

Ces nouveaux travaux nous ont mis dans le cas de
faire de nouvelles divisions et quelques changemens à
notre premier essai , enfin de mettre dans les généralités
plus de précision et plus de clarté.

Malgré ces nombreuses et scrupuleuses observations,
nous avouons qu'il reste encore beaucoup à faire pour

completter un travail tel que celui que nous avons entrepris. Il faudra encore beaucoup de temps, beaucoup
de recherches et le concours de circonstances favorables
qu'il n'est pas en notre pouvoir de faire naître, pour
donner aux détails de ce travail toute l'étendue et l'exactitude qu'on doit y désirer.

Les noms que nous avons donnés aux coquilles sont
ceux que M. De Lamarck leur a imposés en les décrivant
dans les annales du Muséum d'histoire naturelle.

Nous pouvons nous être assez souvent trompés dans
la détermination des espèces renfermées dans ces couches, surtout lorsque nous n'avons pu les voir isolées
et complettes. Ces erreurs sont encore peu importantes
dans l'état actuel de la géognosie ; mais, lorsque cette
science sera plus avancée, il sera essentiel de déterminer, aussi exactement qu'on le pourra, les espèces de
fossiles renfermées dans les couches.

Au reste, il seroit assez difficile, et souvent même
impossible, de déterminer complettement à présent toutes
les espèces de corps organisés fossiles. Il n'y a peut-être

pas la vingtième partie des coquilles fossiles qui aient été exactement décrites ; nous avons été réduits dans plusieurs cas ou à les décrire nous-même, ou à ne nommer que les genres auxquels elles appartiennent. Si nous nous sommes trouvés dans cet embarras aux environs de Paris, dont la plus grande partie des coquilles fossiles a été très-bien déterminée par M. De Lamarck, que seroit-ce donc, si nous eussions entrepris de décrire avec le même soin un autre pays secondaire ?

Il nous reste à témoigner ici notre reconnoissance à toutes les personnes qui ont bien voulu contribuer par leur zèle et leurs lumières à la perfection de notre travail, en nous donnant des secours et des renseignemens. Nous avons été puissamment aidés dans nos recherches par MM. Defrance, Girard ingénieur en chef des ponts et chaussées, Leman, Desmarest, Prévost, De Roissy, De Montlosier, Belanger architecte, Bralle ingénieur en chef des ponts et chaussées, Rondelet architecte, Héricard de Thury ingénieur en chef des mines et inspecteur-général des carrières, Mathieu secrétaire du bureau des longitudes, qui a bien voulu faire à l'Observatoire impérial les observations correspondantes nécessaires à nos nivellemens barométriques, etc.

M. De Lamétherie, qui a travaillé sur le même sujet que nous, a bien voulu aussi nous donner plusieurs avis dans son Journal de physique, et nous avons cherché à profiter de ceux qui nous ont paru bons.

TABLE DES ARTICLES.

ESSAI

ESSAI

SUR

LA GÉOGRAPHIE MINÉRALOGIQUE

DES

ENVIRONS DE PARIS,

Par MM. G. Cuvier et Alex. Brongniart.

~~~~~~~~~

CHAPITRE PREMIER.

INTRODUCTION. *Énumération et caractère des diverses sortes de terrains qui constituent le sol des environs de Paris.*

LA contrée dans laquelle cette Capitale est située est peut-être l'une des plus remarquables qui aient encore été observées, par la succession des divers terrains qui la composent, et par les restes extraordinaires d'organisations anciennes qu'elle récèle. Des milliers de coquillages marins avec lesquels alternent régulièrement des coquillages d'eau douce, en font la masse principale; des ossemens d'animaux terrestres entièrement inconnus, même par leurs genres, en remplissent certaines parties; d'autres ossemens d'espèces considérables par leur grandeur, et dont nous ne trouvons quelques congénères que dans des pays fort éloignés, sont épars dans les couches les plus superficielles; un caractère très-marqué d'une grande irruption venue du sud-est, est empreint dans les formes des caps et les directions des collines principales; en un mot, il n'est point de canton plus capable de nous instruire sur les dernières révolutions qui ont terminé la formation de nos continens.

Ce pays a cependant été fort peu étudié sous ce point de vue; et quoique depuis si long-temps il soit habité par tant d'hommes instruits, ce que l'on en a écrit se réduit à quelques essais fragmentaires, et presque tous, ou purement minéralogiques, sans aucun égard aux fossiles organisés; ou purement zoologiques, et sans égard à la position de ces fossiles.

Un mémoire de Lamanon sur les gypses et leurs ossemens fait peut-être seul exception à cette classification; et cependant nous devons reconnoître que l'excellente description de Montmartre, par M. Desmarets; les renseignemens donnés par le même savant sur le bassin de la Seine, dans l'Encyclopédie méthodique; l'essai minéralogique sur le département de Paris, par M. Gillet-Laumont; les grandes et belles recherches sur les coquilles fossiles de ses environs, par M. de Lamarck; et la description géologique de la même contrée, par M. Coupé, ont été consultés par nous avec fruit, et nous ont plusieurs fois dirigés dans nos voyages.

Nous pensons cependant que le travail, dont nous présentons ici les résultats, ne sera point sans intérêt, après tous ceux que nous venons de citer.

Par la nature de leur objet, nos courses devoient être limitées selon l'espèce du terrain, et non pas d'après les distances arbitraires; nous avons donc dû d'abord déterminer les bornes physiques du canton que nous voulions étudier.

Le bassin de la Seine est séparé, pendant un assez grand espace, de celui de la Loire, par une vaste plaine élevée, dont la plus grande partie porte vulgairement le nom de Beauce, et dont la portion moyenne et la plus sèche s'étend du nord-ouest au sud-est, sur un espace de plus de quarante lieues, depuis Courville jusqu'à Montargis.

Cette plaine s'appuie vers le nord-ouest à un pays plus élevé qu'elle, et surtout beaucoup plus coupé, dont les rivières d'Eure, d'Aure, d'Ilon, de Rille, d'Orne, de Mayenne, de Sarte, d'Huine et de Loir tirent leurs sources : ce pays dont la partie la plus élevée, qui est entre Seez et Mortagne, formoit autrefois la province du Perche et une partie de la Basse-Normandie, appartient aujourd'hui au département de l'Orne.

La ligne de séparation physique de la Beauce et du Perche passe à-peu-près par les villes de Bonnevalle, Alluye, Iliers, Courville, Pontgouin et Verneuil.

De tous les autres côtés, la plaine de Beauce domine ce qui l'entoure.

Sa chute, du côté de la Loire, ne nous intéresse pas pour notre objet.

Celle qui est du côté de là Seine se fait par deux lignes, dont l'une à l'occident regarde l'Eure, et l'autre àl'orient regarde immédiatement la Seine.

La première va de Dreux vers Mantes.

L'autre part d'auprès de Mantes, passe par Marly, Meudon, Palaiseau, Marcoussy, la Ferté-Alais, Fontainebleau, Nemours, etc.

Mais il ne faut pas se représenter ces deux lignes comme droites ou uniformes : elles sont au contraire sans cesse inégales, déchirées ; de manière que si cette vaste plaine étoit entourée d'eau, ses bords offriroient des golfes, des caps, des détroits, et seroient partout environnés d'îles et d'îlots.

Ainsi dans nos environs la longue montagne où sont les bois de Saint-Cloud, de Ville-d'Avray, de Marly et des Aluets, et qui s'étend depuis Saint-Cloud jusqu'au confluent de la rivière de Mauldre dans la Seine, feroit une île séparée du reste par le détroit où est aujourd'hui Versailles, par la petite vallée de Sèvres et par la grande vallée du parc de Versailles.

L'autre montagne, en forme de feuille de figuier, qui porte Bellevue, Meudon, les bois de Verrière, ceux de

Châville, formeroit une seconde île séparée du continent par la vallée de Bièvre et par celle des coteaux de Jouy.

Mais ensuite, depuis Saint-Cyr jusqu'à Orléans, il n'y a plus d'interruption complète, quoique les vallées où coulent les rivières de Bièvre, d'Ivette, d'Orge, d'Étampes, d'Essonne et de Loing entament profondément le continent du côté de l'est, celles de Vesgre, de Voise et d'Enre du côté de l'ouest.

La partie de la côte la plus déchirée, celle qui présenteroit le plus d'écueils et d'îlots, est celle qui porte vulgairement le nom de Gâtinois français, et surtout sa portion qui comprend la forêt de Fontainebleau.

Les pentes de cet immense plateau sont en général assez rapides, et tous les escarpemens qu'on y voit, ainsi que ceux des vallées, et les puits que l'on creuse dans le haut pays, montrent que sa nature physique est la même partout, et qu'elle est formée d'une masse prodigieuse de sable fin qui recouvre toute cette surface, passant sur tous les autres terrains ou plateaux inférieurs sur lesquels cette grande plaine domine.

Sa côte qui regarde la Seine depuis la Mauldre jusqu'à Nemours, formera donc la limite naturelle du bassin que nous avons à examiner.

De dessous ses deux extrémités, c'est-à-dire vers la Mauldre et un peu au-delà de Nemours, sortent immédiatement deux portions d'un plateau de craie qui s'étend en tout sens et à une grande distance pour former toute la Haute-Normandie, la Picardie et la Champagne.

Les bords intérieurs de cette grande ceinture, lesquels passent du côté de l'est par Montereau, Sézanne, Épernay, de celui de l'ouest, par Montfort, Mantes, Gisors, Chaumont, pour se rapprocher de Compiègne, et qui font au nord-est un angle considérable qui embrasse tout le Laonnais, complètent, avec la côte sableuse que nous venons de décrire, la limite naturelle de notre bassin.

Mais il y a cette grande différence, que le plateau sableux qui vient de la Beauce est supérieur à tous les autres, et par conséquent le plus moderne, et qu'il finit entièrement le long de la côte que nous avons marquée; tandis qu'au contraire le plateau de craie est naturellement plus ancien et inférieur à tous les autres; qu'il ne fait que cesser de paroître au dehors le long de la ligne de circuit que nous venons d'indiquer, mais que, loin d'y finir, il s'enfonce visiblement sous les supérieurs; qu'on le retrouve partout où l'on creuse ces derniers assez profondément, et que même il s'y relève dans quelques endroits, et s'y reproduit pour ainsi dire en les perçant.

On peut donc se représenter que les matériaux qui composent le bassin de Paris, dans le sens où nous le limitons, ont été déposés dans un vaste espace creux, dans une espèce de golfe dont les côtes étoient de craie.

Ce golfe faisoit peut-être un cercle entier, une espèce de grand lac; mais nous ne pouvons pas le savoir, attendu que ses bords du côté sud-ouest ont été recouverts, ainsi que les matériaux qu'ils contenoient, par le grand plateau sableux dont nous avons parlé d'abord.

Au reste ce grand plateau sableux n'est pas le seul qui ait recouvert la craie. Il y en a plusieurs en Champagne et en Picardie qui, quoique plus petits, sont de même nature, et peuvent avoir été formés en même temps. Ils sont placés comme lui immédiatement sur la craie, dans les endroits où celle-ci étoit assez haute pour ne point se laisser recouvrir par les matériaux du bassin de Paris.

Nous décrirons d'abord la craie, la plus ancienne des matières que nous ayons dans nos environs.

Nous terminerons par le plateau sableux, le plus nouveau de nos produits géologiques.

Nous traiterons entre ces deux extrêmes des matières moins étendues, mais plus variées, qui avoient rempli la grande cavité de la craie avant que le plateau de sable se déposât sur les unes comme sur l'autre.

Ces matières peuvent se diviser en deux étages.

Le premier, qui couvre la craie partout où elle n'étoit pas assez élevée, et qui a rempli tout le fond du golfe, se subdivise lui-même en deux parties égales en niveau, et placées, non pas l'une sur l'autre, mais bout à bout; savoir :

Le plateau de calcaire siliceux non coquillier;

Le plateau de calcaire grossier coquillier.

Nous connoissons assez les limites de cet étage du côté de la craie, parce que celle-ci ne le recouvre point; mais ces mêmes limites sont masquées en plusieurs endroits par le second étage et par le grand plateau sableux qui forme le troisième et qui recouvre une grande partie des deux autres.

Le second étage est formé de gypse et de marne. Il n'est pas répandu généralement, mais seulement d'espace en espace et comme par taches ; encore ces taches sont-elles très-différentes les unes des autres par leur épaisseur et par les détails de leur composition.

Ces deux étages intermédiaires, aussi bien que les deux étages extrêmes, sont recouverts, et tous les vides qu'ils ont laissés sont en partie remplis par une autre sorte de terrain, mélangé aussi de marne et de silice, et que nous appelons terrain d'eau douce, parce qu'il fourmille de coquilles d'eau douce seulement.

Telles sont les grandes masses dont notre canton se compose et qui en forment les différens étages. Mais, en subdivisant chaque étage, on peut arriver encore à plus de précision, et l'on obtient des déterminations minéralogiques plus rigoureuses, qui donnent jusqu'à onze genres distincts de couches, dont nous allons présenter d'abord l'énumération et ensuite les caractères distinctifs.

Enumération des diverses sortes de terrains ou de formations (1) *qui constituent le sol des environs de Paris.*

1. Formation de la craie.
2. — De l'argile plastique.

----

(1) Nous nous servirons souvent, pour nommer ces diverses sortes de terrain, du mot *formation* adopté par l'école de Freyberg pour désigner un ensemble de couches de même nature ou de différente nature, mais formées à la même époque.

La plupart de ces formations ont été inconnues jusqu'à présent aux

3. — Du

3. — Du calcaire grossier et de son grès marin.

4. — Du calcaire siliceux.

5. — Du gypse à ossemens et du premier terrain d'eau douce.

6. — Des marnes marines.

7. — Des grès sans coquilles et du sable.

8. — Du grès marin supérieur.

9. — Des meulières sans coquilles et du sable argileux.

10. — Du second terrain d'eau douce, comprenant les marnes et meulières à coquilles d'eau douce.

11. — Du limon d'atterrissement, tant ancien que moderne, comprenant les cailloux roulés, les poudingues, les marnes argileuses noires et les tourbes.

Pour éviter les répétitions nous ne suivrons pas exactement, dans l'exposition que nous allons faire des caractères distinctifs de ces dernières formations, l'ordre du tableau précédent. Mais nous réunirons quelquefois dans le même article et les terrains qui sont absolument semblables par leur nature minéralogique et ceux qui se suivent et sont, pour ainsi dire, dépendant les uns des autres, quoique différens par leur formation et par leur nature minéralogique.

ARTICLE PREMIER. — *De la craie.*

La craie a été considérée par plusieurs Géologistes comme d'une formation très-récente, peu distincte et peu importante. Il est résulté de cette fausse opinion qu'elle a

---

Géologistes de la célèbre école de Freyberg, du moins nous n'avons pu en reconnoître presqu'aucune dans les ouvrages qu'ils ont publiés, et que nous avons eu occasion de consulter. Cependant, comme il est possible que ces diverses formations existent ailleurs qu'aux environs de Paris, il nous a paru utile de leur donner des dénominations précises qui puissent fournir aux Géologistes le moyen de les désigner clairement s'ils les reconnoissoient ailleurs.

été mal caractérisée. Nous allons chercher à rectifier et à compléter ses caractères d'après les observations que nous avons faites sur la craie abondante aux environs de Paris, et sur celle que nous avons vue en Angleterre et dans diverses parties de la France.

Les caractères extérieurs et en petit de la craie sont les moins utiles pour sa distinction géologique. Elle est en général à grain fin, assez tendre, presque toujours blanche; mais ce caractère est plutôt trompeur que distinctif (1). Ce n'est point de la chaux carbonatée pure ; celle de Meudon contient, suivant M. Bouillon-la-Grange, environ o.11 de magnésie, et o.19 de silice, dont la plus grande partie est à l'état de sable qu'on peut en séparer par le lavage (2).

Ses caractères en grand sont, 1°. de présenter des masses considérables dont les assises sont souvent très-peu distinctes. Ces assises sont horizontales, mais ne se subdivisent guère horizontalement comme celles du calcaire grossier. 2°. Ces masses renferment presque toujours des lits interrompus ou de silex de formes irrégulières dont les surfaces adhérentes à la craie fondent, pour ainsi dire, ces deux substances l'une dans l'autre, ou de noyaux plus durs que le reste de la masse, qui ont la forme de silex et sont disposés comme eux.

La distance respective des lits de silex varie aux en-

---

(1) M. Werner paroît l'avoir jugé de même, puisqu'il donne le gris et le brun pour couleur de la craie.

(2) M. Haquet a trouvé dans la craie de Volhynie : chaux, 47; magnésie, 8; acide carbonique, 33; silice, 7; alumine, 2; fer oxidé, o.5..

virons de Paris suivant les lieux. A Meudon ils sont à
environ deux mètres l'un de l'autre, et l'espace compris
entre deux lits de silex ne renferme aucun morceau isolé
de cette pierre. A Bougival, les bancs sont plus éloignés
et les silex moins nombreux (1).

Mais ce qui caractérise essentiellement cette formation, ce sont les fossiles qu'elle renferme, fossiles
tout-à-fait différens, non-seulement par les espèces, mais
souvent par les genres de tous ceux que renferme le calcaire grossier.

Malheureusement les espèces de ces fossiles n'ont pas
été encore toutes déterminées, ce qui ne nous permet
pas de donner à la liste que nous allons en présenter,
l'exactitude desirable. Nous suivons la méthode et la
nomenclature de M. de Lamark.

Fossiles de la craie des environs de Paris.

Belemnites	Il y en a peut-être deux espèces ; elles paroissent différentes de celles du calcaire compacte.
Lenticulites rotulata.	
Lituolites nautiloidea.	
— *difformis.*	
Pinna	Il n'est pas sûr que les gros fragmens planes de 12 millimètres d'épaisseur et à texture striée, qu'on trouve dans la craie, appartiennent à ce genre de coquille. Nous avons vu chez M. Defrance des portions de charnière qui indiquent un autre genre.

_____

(1) Il paroît que dans une grande partie de la Champagne la craie ne
renferme pas de silex.

2 *

Mytilus	Très-différent de tous ceux du calcaire grossier.
Cardium ?	
Ostraea vesicularis.	
— *deltoidea.*	
Pecten	M. Defrance en a reconnu deux espèces.
Crania	Elle seroit adhérente et différente en cela des espèces connues.
Perna ?	
Terebratula	Il y en a plusieurs espèces.
Spirorbis.	
Serpula.	
Ananchites ovatus ?	L'enveloppe crustacée des oursins est changée en calcaire spathique, tandis que le milieu est converti en silex.
Spatangus Cor. anguinum Kl.	
Porpytes.	
Caryophyllia.	
Millepora	Les millepores sont souvent en l'état de fer oxidé brun.
Alcyonium.	
Des dents de squales.	

Aucune de ces espèces ne se trouve dans le calcaire grossier. Le genre bélemnite est le fossile caractéristique de la craie. Cette formation est donc parfaitement distincte de la formation du calcaire marin qui la recouvre. Il ne paroît pas qu'il y ait eu entre elles de transition insensible ; du moins dans l'espace de terrain que nous avons étudié (1).

---

(1) Tous ces caractères qui se trouvent également dans le calcaire de la montagne de Maëstricht, nous font penser que ce terrain appartient à la

On ne reconnoît point de différences aussi tranchées entre la craie et le calcaire compacte qu'elle recouvre ; et si c'étoit le lieu d'agiter ici cette question, nous rapporterions des observations qui nous portent à croire que ces deux formations sont peu différentes, et qu'elles passent de l'une à l'autre par des transitions insensibles. Il paroît certain, par exemple, que la craie d'autres pays renferme des espèces de coquilles que nous n'avons pas encore reconnues dans celle des environs de Paris. Il paroît même qu'on y rencontre des ammonites qui semblent être le fossile caractéristique du calcaire compacte.

Ces faits prouvent que la craie n'est pas, comme on l'a cru, d'une formation tout-à-fait récente. Nous allons faire voir qu'elle a été suivie de quatre à cinq formations très-distinctes, et qui indiquent un long espace de temps et de grandes révolutions entre l'époque du dépôt de ce calcaire et celle où nos continents ont reçu la forme qu'ils ont actuellement.

L'énumération que nous venons de donner des fossiles de la craie, est le résultat de nos observations, et surtout de celles de M. Defrance. Nous ferons remarquer, avec ce naturaliste, qu'on n'a encore trouvé dans la craie des environs de Paris, aucune coquille univalve à spire simple et régulière. Ainsi il n'y a aucune cérite, aucun fuseau, etc. Ce fait est d'autant plus remarquable, que nous allons rencontrer ces coquilles en grande

---

formation de la craie. M. Defrance y a reconnu absolument la même espèce de bélemnite que dans la craie de Meudon.

abondance, quelques mètres au-dessus de la craie, dans des couches également calcaires, mais d'une structure différente.

La craie forme le fond du bassin ou du golfe sur lequel se sont déposés les différentes sortes de terrains qu'on voit aux environs de Paris. Avant que cet ancien sol eût été recouvert par les matières qui composent ces terrains, sa surface devoit présenter des enfoncemens et des saillies qui y formoient des vallées, des collines ou des buttes. Ces inégalités nous sont indiquées par les îles et promontoires de craie qui percent dans quelques points les nouveaux terrains, et par les excavations qu'on a faites dans ceux-ci, et qui ont atteint la craie à des profondeurs très-variables. Ce qu'il y a de remarquable, c'est que ces inégalités ne paroissent avoir aucune correspondance avec celles de la surface actuelle du terrain qui nous occupe, comme le prouveront les détails que nous donnerons dans le second chapitre.

Art. II. — *De l'argile plastique.*

Presque toute la surface de la masse de craie est recouverte d'une couche d'argile plastique, qui a des caractères communs fort remarquables, quoiqu'elle présente dans divers points des différences sensibles.

Cette argile est onctueuse, tenace, renferme de la silice, mais très-peu de chaux; ensorte qu'elle ne fait aucune effervescence avec les acides. Elle est même absolument infusible au feu de porcelaine, lorsqu'elle ne contient point une trop grande quantité de fer.

Elle varie beaucoup en couleur ; il y en a de très-blanche (à Moret ; dans la forêt de Dreux, etc.) : de grise (à Montereau ; à Condé près d'Houdan); de jaune (à Abondant près la forêt de Dreux); de gris-ardoisé pur , de gris ardoisé mêlé de rouge , et de rouge presque pur (dans tout le sud de Paris depuis Gentilly jusqu'à Meudon).

Cette argile plastique est, selon ses diverses qualités , employée à faire de la faïence fine , ou des grès , ou des creusets et des étuis à porcelaine, ou bien enfin de la poterie rouge qui a la dureté du grès , lorsqu'on peut la cuire convenablement. Sa couleur rouge , les grains pyriteux , les portions de silex , les petits fragmens de craie et les cristaux de sélénite qu'elle renferme quelquefois , sont les seuls défauts qu'on y trouve.

Cette couche varie beaucoup d'épaisseur : dans quelques parties , elle a jusqu'à 16 mètres et plus ; dans d'autres , elle ne forme qu'un lit mince d'un ou deux décimètres.

On rencontre souvent deux bancs d'argile; le supérieur que les ouvriers appellent *fausses glaises*, est sabloneux, noirâtre, renferme quelquefois des débris de corps organisés; il est séparé de l'inférieur par un lit de sable. C'est à celui-ci seulement qu'appartiennent les caractères que nous avons donnés de l'argile plastique.

S'il se trouve réellement des fossiles marins ou terrestres dans cette argile, ils y sont extrêmement rares ; nous n'en avons point encore vu (1) dans les couches

_____

(1) On a trouvé, dans les fouilles qu'on fait actuellement (1810) à

d'argile plastique proprement dites, dans celles enfin qui sont immédiatement superposées à la craie. Nous avons cependant observé beaucoup de ces couches en place, et nous avons examiné des amas considérables de cette argile dans les nombreuses manufactures qui en font usage ; enfin les ouvriers qui l'exploitent au sud de Paris, ceux qui l'exploitent aux environs d'Houdan et de Montereau, nous ont assuré n'y avoir jamais rencontré ni coquilles, ni ossemens, ni bois, ni végétaux.

Dolomieu, qui a reconnu ce même banc d'argile entre la craie et le calcaire grossier, dans l'anse que forme la Seine, en face de Rolleboise (1), dit, à la vérité, qu'on y a trouvé des fragmens de bois bitumineux, et qu'on les avoit même pris pour de la houille ; mais il faut observer, 1°. que ces petites portions de lignite ont été trouvées dans des parties éboulées du banc qui avoient pu les envelopper à une époque postérieure au dépôt primitif de cette argile ; 2°. que les *fausses glaises* qui recouvrent quelquefois cette argile renferment souvent du bois et des coquilles fossiles.

Les lieux que nous avons cités plus haut, prouvent

Marly, au-dessous des bancs calcaires et dans les fausses glaises, un grand nombre de coquilles blanches, comprimées et très-friables. Ces coquilles sont tellement brisées qu'il n'est guère possible d'en déterminer les espèces avec certitude. On remarque que ce sont presque toutes des cithérées voisines du *citherœa nitidula*, mais plus épaisses. On y voit aussi des turritelles. Cette argile sablonneuse diffère beaucoup de l'argile plastique qui recouvre immédiatement la craie, et qu'on a trouvée en sondant. Celle-ci a plus de 10 mètres d'épaisseur ; elle est très-grasse, marbrée de rouge, elle a tous les caractères de l'argile de Vanvres, et ne renferme plus une seule coquille.

(1) *Journal des mines*, N° IX, p. 45.

que

que ce banc d'argile a une très-grande étendue, et qu'il conserve, dans toute cette étendue, ses principaux caractères de formation et de position.

Si nous comparons les descriptions que nous venons de donner des couches de craie et des couches d'argile plastique, nous remarquerons, 1°. qu'on ne trouve dans l'argile aucun des fossiles qu'on rencontre dans la craie, 2°. qu'il n'y a point de passage insensible entre la craie et l'argile, puisque les parties de la couche d'argile, les plus voisines de la craie, ne renferment pas plus de chaux que les autres parties.

Il nous semble qu'on peut conclure de ces observations, premièrement : que le liquide, qui a déposé la couche d'argile plastique, étoit très-différent de celui qui a déposé la craie, puisqu'il ne contenoit point sensiblement de chaux carbonatée, et qu'il n'y vivoit aucun des animaux qui habitoient dans les eaux qui ont déposé la craie.

Secondement : qu'il y a eu nécessairement une séparation tranchée, et peut-être même un long espace de temps, entre le dépôt de la craie et celui de l'argile, puisqu'il n'y a aucune transition entre ces deux sortes de terrain. L'espèce de brèche à fragment de craie et -pâte d'argile que nous avons remarquée à Meudon, semble même prouver que la craie étoit déjà solide, lorsque l'argile s'est déposée. Cette terre s'est insinuée entre les fragmens de craie produits à la surface du terrain crayeux, par le mouvement des eaux, ou par toute autre cause.

Les deux sortes de terrain que nous venons de décrire,

ont donc été produites dans des circonstances tout-
à-fait .différentes. Elles sont le résultat de formations des plus distinctes et des plus caractérisées qu'on
puisse trouver dans la géognosie, puisqu'elles diffèrent par la nature chimique, par le genre de stratification, et surtout par celui des fossiles qu'on 'y
rencontre.

A r t. III. — *Du calcaire grossier et de son grès coquillier marin.*

Le calcaire grossier ne recouvre pas toujours l'argile
immédiatement ; il en est souvent séparé par une couche
de sable plus ou moins épaisse. Nous ne pouvons dire si
ce sable appartient à la formation du calcaire ou à celle de
l'argile. Nous n'y avons pas trouvé de coquilles dans les endroits peu nombreux, il est vrai, où nous l'avons observé,
ce qui le rattacheroit à la formation argilleuse ; mais la
couche calcaire la plus inférieure renfermant ordinairement du sable et étant toujours remplie de coquilles, nous
ne savons pas.encore si ce sable est différent du premier ,
ou si c'est le même dépôt. Ce qui nous feroit soupçonner
qu'il est différent, c'est que le sable des argiles que nous
avons vues , est généralement assez pur , quoique coloré
en rouge ou en gris bleuâtre. Il est réfractaire et souvent
à très-gros grains.
La formation calcaire, à partir de ce sable, est composée
de couches alternatives, de calcaire grossier plus ou moins
dur, de marne argilleuse, même, d'argile feuilletée en

couches très-minces, et de marne calcaire; mais il ne faut pas croire que ces divers bancs y soient placés au hasard et sans règles : ils suivent toujours le même ordre de superposition dans l'étendue considérable de terrain que nous avons parcourue. Il y en a quelquefois plusieurs qui manquent ou qui sont très-minces ; mais celui qui étoit inférieur dans un canton, ne devient jamais supérieur dans un autre.

Cette constance dans l'ordre de superposition des couches les plus minces, et sur une étendue de 12 myriamètres au moins, est, selon nous, un des faits le plus remarquables que nous ayons constatés dans la suite de nos recherches. Il doit en résulter pour les arts et pour la géologie, des conséquences d'autant plus intéressantes, qu'elles sont plus sûres.

Le moyen que nous avons employé pour reconnoître au milieu d'un si grand nombre de lits calcaires, un lit déjà observé dans un canton très-éloigné, est pris de la nature des fossiles renfermés dans chaque couche : ces fossiles sont toujours généralement les mêmes dans les couches correspondantes, et présentent d'un système de couche à un autre système, des différences d'espèces assez notables. C'est un signe de reconnoissance qui jusqu'à présent ne nous a pas trompés.

Il ne faut pas croire cependant que la différence d'une couche à l'autre soit aussi tranchée que celle de la craie au calcaire. S'il en étoit ainsi, on auroit autant de formations particulières ; mais les fossiles caractéristiques d'une couche deviennent moins nombreux dans la couche

3 *

supérieuré, et disparoissent tout-à-fait dans les autres, ou sont remplacés peu à peu par de nouveaux fossiles qui n'avoient point encore paru.

Nous allons indiquer, en suivant cette marche, les principaux systèmes de couches qu'on peut observer dans le calcaire grossier. On trouvera dans les chapitres suivans, la description complète, lit par lit, des nombreuses carrières que nous avons examinées, et l'énumération des espèces de fossiles que nous y avons reconnues ; c'est de ces observations que nous avons tiré les résultats que nous présentons ici d'une manière générale.

Les premières couches et les plus inférieures de la formation calcaire sont le mieux caractérisées : elles sont très-sablonneuses et souvent même plus sablonneuses que calcaires. Quand elles sont solides, elles se décomposent à l'air et tombent en poussière : aussi la pierre qu'elles donnent n'est-elle susceptible d'être employée que dans quelques circonstances particulières.

Le calcaire coquillier qui la compose et même le sable qui la remplace quelquefois, renferment presque toujours de la terre verte en poudre ou en grain. Cette terre, d'après les essais que nous avons faits, est analogue par sa composition à la chlorite baldogée ou terre de Vérone, et doit sa couleur au fer. Elle ne se trouve que dans les couches inférieures : on n'en voit ni dans la craie, ni dans l'argile, ni dans les couches calcaires moyennes ou supérieures, et on peut regarder sa présence comme l'indice sûr du voisinage de l'argile plastique, et par conséquent de la craie. Mais ce qui carac-

térise encore plus particulièrement ce système de couche,
c'est la quantité prodigieuse de coquilles fossiles qu'il
renferme ; la plupart de ces coquilles s'éloignent beaucoup plus des espèces actuellement vivantes, que celles
des couches supérieures.

C'est dans cette même couche qu'on trouve des nummulites. Elles y sont ou seules ou mêlées avec des madré-
pores et quelques coquilles. Elles sont toujours les
plus inférieures, et par conséquent les premières qui
se soient déposées sur la formation de craie ; mais il n'y
en a pas partout. Nous en avons trouvé près Villers-
Cotterets, dans le vallon de Vaucienne ; à Chantilly,
à la descente de la Morlaye. Elles y sont mêlées avec
des coquilles très-bien conservées et avec de gros grains
de quartz qui font de cette pierre une sorte de pou-
dingue ; au mont Ganelon près Compiègne ; au mont
Ouin près de Gisors, etc.

Un autre caractère particulier aux coquilles de
cette couche, c'est qu'elles sont la plupart bien entières
et bien conservées, qu'elles se détachent facilement de
leur roche, et qu'enfin beaucoup d'entre elles ont conservé leur éclat nacré.

Les autres systèmes de couches sont moins distincts.

Les couches moyennes renferment encore un très-
grand nombre d'espèces de coquilles. On y remarque :
un banc tantôt tendre et ayant souvent une teinte
verdâtre, qui l'a fait nommer *banc vert* par les ouvriers ; tantôt d'un gris jaunâtre et dur. Il présente fréquemment à sa partie inférieure des empreintes brunes

de feuilles et de tiges de végétaux, mêlées avec des cerites, des ampullaires épaisses et d'autres coquilles marines. La plupart de ces empreintes de feuilles très-nettes et très-variées ne peuvent être rapportées à aucune plante marine; la couche qui les renferme se voit à Chatillon, à St.-Nom, à Saillancourt, etc. c'est-à-dire, dans une étendue de près de dix lieues. Nous en donnons les figures. (*fig*. I. A. B. etc.)

Le troisième système, où le supérieur renferme moins de coquilles que les deux précédens. On peut y reconnoître souvent, 1°. des bancs gris ou jaunâtres, tantôt tendres, tantôt très-durs et renfermant principalement des lucines des pierres, des ampullaires et surtout des cérites des pierres qui y sont quelquefois en quantité prodigieuse. La partie supérieure et moyenne de ce banc, souvent fort dure, est employée comme très-bonne pierre à bâtir, et connue sous le nom de *roche*.

Et 2°. vers le haut, un banc peu épais, mais dur, qui est remarquable par la quantité prodigieuse de petites corbules allongées et striées qu'il présente dans ses fissures horizontales. Ces corbules y sont couchées à plat et serrées les unes contre les autres. Elles sont généralement blanches.

Au-dessus des dernières couches de calcaire grossier, viennent les marnes calcaires dures, se divisant par fragmens dont les faces sont ordinairement couvertes d'un enduit jaune et de dendrites noires. Ces marnes sont séparées par des marnes calcaires tendres, par des marnes argileuses et par du sable calcaire, qui est quelquefois agglutiné, et qui renferme des silex cornés à zones horizontales. Nous rapportons à ce système la couche des carrières de Neuilly, dans laquelle on trouve des cristaux de quartz, des cristaux rhomboïdaux de chaux carbonatée inverse, et des petits cristaux cubiques de chaux fluatée (1).

Ce quatrième et dernier système renferme très-peu de coquilles fossiles, et même on n'en voit ordinairement aucune dans les couches supérieures.

On peut caractériser chacun de ces systèmes par les fossiles contenus dans la liste suivante.

PREMIER SYSTÈME. — *Couches inférieures.*

Nummulites lævigata . . . . . . — scabra . . . . — numismalis . . . . — etc.	Elles se trouvent toujours dans les parties les plus inférieures : on ne les trouve pas à Grignon ; le banc de Grignon paroît appartenir plutôt aux couches moyennes qu'aux couches inférieures.
Madrepora	Trois espèces au moins.
Astræa	Trois espèces au moins.
Caryophyllia	Trois espèces simples et une rameuse, non décrites. (fig. II. III. IV.)
Fungites (fig. v) . . . . Cerithium giganteum . . . . Lucina lamellosa	On ne trouve guère que cette espèce de cérites dans les couches réellement inférieures.
Cardium porulosum Voluta Cithara. Crassatella lamellosa. Turritella multisulcata.	
Ostrea Flabellula . . . . — Cymbula	La plupart des autres huîtres décrites par M. de Lamark appartiennent à la craie ou à la formation marine au-dessus du gypse.

(1) C'est à M. Lambotin qu'est due la découverte de cette dernière substance.

DEUXIÈME SYSTÈME. — *Couches moyennes.*

Presque toutes les coquilles du banc de Grignon appartiennent à ce système. Les fossiles les plus caractéristique paroissent être les suivans.

Cardita avicularia.
Orbitolites plana.
Turritella imbricata.
Terebellum convolutum.
Calyptræa trochiformis.
Pectunculus pulvinatus.
Citheræa nitidula.
— *elegans.*
Miliolites. . . . . Ils y sont extrêmement abondans.

Cerithium ? . . . . { Peut être quelques espèces ; mais on n'y trouve ni le *Cerithium lapidum*, ni le *Cerithium petricolum*, etc., ni les *Cerithium cinctum, plicatum*, etc. Ces derniers appartiennent à la seconde formation marine, à celle qui recouvre les gypses.

Des corps articulés semblables à des plantes, (fig. VI.)

La réunion des espèces de coquilles qu'on trouve dans ces deux premiers systèmes de couches, va à près de six cents. Elles ont été presque toutes recueillies par M. Defrance, et décrites par M. de Lamark,

TROISIÈME

TROISIÈME SYSTÈME. — *Couches supérieures.*

Les espèces y sont beaucoup moins nombreuses que dans les couches moyennes.

Miliolites . . . . Ils y sont plus rares.
Cardium Lima, ou *obliquum.*
Lucina saxorum.
Ampullaria spirata.
Cerithium tuberculatum . . . . . .
— *mutabile.* . . . . } Et presque tous les autres *cérithes*, ex-
— *lapidum.* . . . . } cepté le *giganteum.*
— *petricolum.* . . . .
Corbula anatina?
— *striata* (1).
   Les empreintes de feuilles et de *fucus.*

Les assises du second et du troisième système renferment dans quelques lieux des bancs de grès ou des masses de silex corné, remplis de coquilles marines. Les bancs calcaires sont même quelquefois entièrement remplacés par ce grès, qui est tantôt friable et d'un gris blanchâtre opaque, tantôt luisant, presque translucide, à cassure droite, et d'un gris plus ou moins foncé. Les coquilles qui s'y voient souvent en quantité prodigieuse sont blanches, calcaires et très-bien conservées, quoique minces et quoique mêlées quelquefois avec des cailloux roulés.

Le grès et le silex à coquilles marines sont tantôt

---

(1) Cette liste est loin d'être aussi complette et aussi exacte qu'elle est susceptible de le devenir; mais on ne pourra l'obtenir ainsi que par une longue suite de recherches et d'observations. Les résultats que peuvent présenter de semblables recherches sont très-importans pour la Géologie.

placés immédiatement sur les couches ou dans les couches du calcaire marin , comme à Triel , à Frêne route de Meaux ; à l'est de la Ferté-sous-Jouarre ; à St.-Jean-les-Deux-Jumeaux ; près de Louvres ; dans la forêt de Pontarmé ; à Sèvres ; à Maulle-sur-Maudre , etc.

Tantôt ils semblent remplacer entièrement la formation du calcaire , et offrent alors des bancs très-puissans, comme dans les environs de Pontoise , à Essainville et a Beauchamp près de Pierrelaie.

Parmi les coquilles très-variées que renferment ces grès , il en est plusieurs qui paroissent être de la même espèce que celles du dépôt de Grignon , d'autres en diffèrent un peu ; et, quoique cette différence soit légère , elle nous semble assez grande pour indiquer que les animaux des coquilles du grès marin et ceux des coquilles de Grignon ont vécu dans des circonstances un peu différentes.

Nous donnons dans la liste suivante les noms des espèces qui nous ont paru être le plus constamment dans ce grès, et le caractériser pour ainsi dire par leur présence.

FOSSILES.	LIEUX.
Calyptræa trochiformis?	Pierrelaie.
Oliva laumontiana.	Pierrelaie , Triel.
Ancilla canalifera	Triel.
Voluta Harpula ?	Triel.
Fusus bulbiformis ?.	Pierrelaie.
Cerithium serratum.	Pierrelaie.
— *tuberculosum*	Essainville.
— *coronatum.*	Pierrelaie.
— *lapidum.*	Pierrelaie.
— *mutabile.*	Pierrelaie.

FOSSILES.	LIEUX.
Ampullaria acuta, ou *spirata* . . .	Pierrelaie, Triel.
— *patula ?* mais très-petite . . .	Pierrelaie.
Nucula deltoidea ?	Pierrelaie.
Cardium Lima ?	Pierrelaie, Triel.
Venericardia imbricata	Pierrelaie, Triel.
Cytherea nitidula	Triel.
— *elegans ?*	Triel, Pierrelaie.
— *tellinaria*	Pierrelaie.
Venus callosa ?	Pierrelaye.
Lucina circinaria	Essainville.
— *saxorum*.	

Deux espèces d'huîtres encore indéterminées, l'une voisine de l'*ostrea deltoidea*, et l'autre de l'*ostrea cymbula*. Elles sont de Pierrelaie, et il paroît qu'elles se trouvent aussi à Triel.

On voit par cette énumération, 1°. qu'il y a beaucoup moins d'espèces dans ces grès que dans les couches de Grignon ; 2°. que ce n'est qu'avec doute que nous avons appliqué à la plupart de ces espèces les noms sous lesquels M. de Lamark a décrit celles de Grignon.

C'est dans ce grès et à Pierrelaie que MM. Gillet de Laumont et Beudan ont reconnu des coquilles de terre et d'eau douce (des limnées et des cyclostomes bien caractérisés) mêlées avec les coquilles marines nommées ci-dessus. Nous reviendrons sur ce fait remarquable dans le second chapitre (1) ; mais nous devons déjà faire observer,

---

(1) Nous ne donnerons point d'énumération particulière des lieux où se présente ce grès, nous les avons cités presque tous dans cet article. Nous décrirons ses gissemens les plus remarquables en décrivant les collines calcaires ou les collines gypseuses dans lesquelles il se trouve.

4 *

1º. que les grès de Pierrelaie sont placés immédiatement au-dessous du calcaire d'eau douce ; 2º. qu'ils renferment des cailloux roulés qui indiquent un rivage, ou au moins un fond peu éloigné des côtes.

Il résulte des observations que nous venons de rapporter, 1º. que les fossiles du calcaire grossier ont été déposés lentement et dans une mer tranquille, puisque ces fossiles s'y trouvent par couches régulières ; qu'ils ne sont point mêlés, et que la plupart y sont dans un état de conservation parfaite, quelque délicate que soit leur structure, puisque les pointes même des coquilles épineuses sont très-souvent entières ; 2º. que ces fossiles sont entièrement différens de ceux de la craie ; 3º. qu'à mesure que les couches de cette formation se déposoient, les espèces ont changé, qu'il y en a plusieurs qui ont disparu, tandis qu'il en a paru de nouvelles, ce qui suppose une assez longue suite de générations d'animaux marins ; enfin, que le nombre des espèces de coquilles a toujours été en diminuant, jusqu'au moment où elles ont totalement disparu. Les eaux qui déposoient ces couches, ou n'ont plus renfermé de coquilles, ou ont perdu la propriété de les conserver.

Certainement les choses se passoient dans ces mers bien autrement qu'elles ne se passent dans nos mers actuelles : dans celles-ci il paroît qu'il ne se forme plus de couches solides ; les espèces de coquilles y sont toujours les mêmes dans les mêmes parages. Par exemple, depuis que l'on pêche des huîtres sur la côte de Cancale, des Avicules à perles dans le golfe Persique, etc. on ne voit pas que ces coquilles aient disparu pour être remplacées par d'autres espèces (1).

Art. IV. — *Du calcaire siliceux.*

La formation dont nous allons parler est dans une situation géologique parallèle, pour ainsi dire, à celle du calcaire marin. Elle n'est située ni au-dessous d'elle, ni au-dessus, mais à côté, et semble en tenir la place dans l'immense étendue de terrain qu'elle recouvre à l'est et au sud-est de Paris.

Ce terrain est placé immédiatement au-dessus des argiles plastiques. Il est formé d'assises distinctes, de calcaire tantôt tendre et blanc, tantôt gris et compact, et à grain très-fin, pénétré de silex qui s'y est infiltré dans tous les sens et dans tous les points. Comme il est souvent caverneux, ce silex, en s'infiltrant dans ces cavités, en a tapissé les parois de stalactites mamelonées, diversement colorées, ou de cristaux de quartz très-courts et presque sans prisme, mais nets et limpides. Cette disposition est très-remarquable à Champigny. Ce calcaire compacte, ainsi pénétré de silex, donne, par la cuisson, une chaux d'une très-bonne qualité.

---

(1) L'un de nous a fait quelques recherches sur la connoissance qu'on peut acquérir de la nature de certains fonds de mer dans les temps historiques les plus reculés. Ces recherches, qu'on ne peut faire connoître ici, paroissent prouver que depuis environ 2000 ans le fond de ces mers n'a point changé, qu'il n'a été recouvert par aucune couche, et que les espèces de coquilles qu'on y pêchoit alors, y vivent et s'y pêchent encore aujourd'hui.

Mais le caractère distinctif de cette formation singu-
lière, de cette formation que personne n'avoit remarquée
avant nous, quoiqu'elle couvre une étendue de terrain
considérable, c'est de ne renfermer aucun fossile ni
marin, ni fluviatile; du moins nous n'avons pu en découvrir aucun dans le grand nombre de places où nous
l'avons examinée avec la plus scrupuleuse attention.

C'est dans ce terrain que se trouve une des sortes de
pierres connues sous le nom de meulières, et qui semblent avoir été la carcasse siliceuse du calcaire siliceux.
Le silex dépouillé de sa partie calcaire par une cause
inconnue, a dû laisser et laisse en effet des masses
poreuses, mais dures, dont les cavités renferment encore
de la marne argileuse et qui ne présentent aucune trace
de stratification; nous avons fait de véritables meulières
artificielles en jetant du calcaire siliceux dans de l'acide
nitrique. Il ne faut pas cependant confondre ces meulières
avec celles dont il va être question dans le huitième
article. Nous ferons connoître dans la seconde partie
les divers cantons qui sont formés de ce calcaire. Nous
terminerons son histoire générale en disant qu'il est souvent à nu à la surface du sol, mais que souvent aussi il
est recouvert de marnes argileuses, de grès sans coquilles,
et enfin de terrain d'eau douce. Telle est la structure du
sol de la forêt de Fontainebleau.

ART. V et VI. — *Du gypse, de la première formation*
d'eau douce et des marnes marines.

Le terrain dont nous allons tracer l'histoire est un des
exemples le plus clairs de ce que l'on doit entendre par
formation. On va y voir des couches très-différentes les
unes des autres par leur nature chimique, mais évidemment formées ensemble.

Le terrain que nous nommons gypseux n'est pas seulement composé de gypse, il consiste en couches alternatives de gypse et de marne argileuse et calcaire. Ces
couches ont suivi un ordre de superposition qui a été
toujours le même dans la grande bande gypseuse que
nous avons étudiée, depuis Meaux jusqu'à Triel et Grisy.
Quelques couches manquent dans certains cantons;
mais celles qui restent sont toujours dans la même position respective.

Le gypse est placé immédiatement au-dessus du calcaire
marin, et il n'est pas possible de douter de cette superposition. La position des carrières de gypse de Clamart,
de Meudon, de Ville-d'Avray, au-dessus du calcaire
grossier qu'on exploite aux mêmes lieux; celle des carrières de la montagne de Triel, dont la superposition
est encore plus évidente; un puits creusé dans le jardin
de M. Lopès, à Fontenay-aux-Roses, et qui a traversé
d'abord le gypse et ensuite le calcaire; enfin l'inspection
que nous avons faite par nous-mêmes des couches que
traversent les puits des carrières à pierre qui sont situées

au pied de la butte de Bagneux, sont des preuves plus que suffisantes de la position du gypse sur le calcaire.

Les collines ou buttes gypseuses ont un aspect particulier qui les fait reconnoître de loin ; comme elles sont toujours placées sur le calcaire, elles forment sur les collines les plus hautes, comme une seconde colline allongée ou conique très distincte.

Nous ferons connoître les détails de cette formation, en prenant pour exemples les montagnes qui présentent l'ensemble de couches le plus complet ; et quoique Montmartre ait été déjà bien visité, c'est encore le meilleur et le plus intéressant exemple que nous puissions choisir.

On reconnoît, tant à Montmartre que dans les collines qui semblent en faire la suite, trois masses de gypse. La plus inférieure est composée de couches alternatives et peu épaisses de gypse souvent séléniteux (1), de marnes calcaires solides et de marnes argileuses très-feuilletées. C'est dans les premières que se voient principalement les gros cristaux de gypse jaunâtre lenticulaire, et c'est dans les dernières que se trouve le silex ménilite. Il paroît que les parties inférieures de cette masse ont été déposées tantôt à nu sur le sable calcaire marin coquillier, et alors elles renferment des coquilles marines, comme l'ont reconnu à Montmartre MM. Desmarest, Coupé, etc. (2),

---

(1) C'est-à-dire mêlé de cristaux de gypse d'une forme déterminable.

(2) Voyez dans les chapitres suivans, à l'article de Montmartre, les détails relatifs à ces coquilles.

tantôt

tantôt sur un fond de marne blanche, renfermant une grande quantité de coquilles d'eau douce, et qui avoit d'abord recouvert le sol marin. Cette seconde circonstance nous semble prouvée par deux observations faites, l'une à Belleville par M. Héricart de Thury, et l'autre par nous à la rue de Rochechouart. En creusant des puits dans ces deux endroits on traverse les dernières couches de la basse masse, et on trouve dans les parties inférieures de cette masse un banc puissant de cette marne blanche d'eau douce, dont nous venons de parler. Au-dessous de ce banc on arrive aux premières assises de la formation de calcaire marin (1).

La seconde masse, ou la masse intermédiaire, ne diffère de la précédente, que parce que les bancs gypseux sont plus épais, que les couches marneuses y sont moins multipliées. On doit remarquer parmi ces marnes celle qui est argileuse, compacte, gris-marbré, et qui sert de pierre à détacher. C'est principalement dans cette masse qu'on a trouvé les poissons fossiles. On n'y connoît point d'ailleurs d'autres fossiles. Mais on commence à y trouver la strontiane sulfatée; elle est en rognons épars à la partie inférieure de la marne marbrée.

La masse superficielle, que les ouvriers nomment la première, est à tous égards la plus remarquable et la plus importante; elle est d'ailleurs beaucoup plus puis-

_____

(1) On donnera les détails des couches qu'a traversé le puits de la rue de Rochechouart, dans le second chapitre, art. 3.

sante que les autres, puisqu'elle a dans quelques endroits jusqu'à 20 mètres d'épaisseur; elle n'est altérée que par un petit nombre de couches marneuses; et dans quelques endroits, comme à Dammartin, à Montmorency, elle est située presque immédiatement au-dessous de la terre végétale.

Les bancs de gypse les plus inférieurs de cette première masse renferment des silex qui semblent se fondre dans la matière gypseuse et en être pénétrés. Les bancs intermédiaires se divisent naturellement en gros prismes à plusieurs pans. M. Desmarest les a fort bien décrits et figurés; on les nomme les *hauts pilliers*; enfin les bancs les plus supérieurs, appelés *chiens*, sont pénétrés de marne : ils sont peu puissans, et alternent avec des couches de marne. Il y en a ordinairement cinq qui se continuent à de grandes distances.

Mais ces faits déjà connus ne sont pas les plus importans; nous n'en parlons que pour les rappeler et mettre de l'ensemble dans notre travail. Les fossiles que renferme cette masse et ceux que contient la marne qui le recouvre, présentent des observations d'un tout autre intérêt.

C'est dans cette première masse qu'on trouve journellement des squelettes et des ossemens épars d'oiseaux et de quadrupèdes inconnus. Au nord de Paris, ils sont dans la masse gypseuse même : ils y ont conservé de la solidité, et ne sont entourés que d'une couche très-mince de marne calcaire; mais dans les carrières du midi ils

sont souvent dans la marne qui sépare les bancs gypseux ; ils ont alors une grande friabilité. Nous ne
parlerons pas de la manière dont ils sont situés dans
la masse, sur leur état de conservation, sur leurs espèces, etc. ; ces objets ont été suffisamment développés
dans les Mémoires de l'un de nous. On a aussi trouvé
dans cette masse des os de tortue et des squelettes de
poisson.

Mais ce qui est bien plus remarquable et beaucoup
plus important par les conséquences qui en résultent,
c'est qu'on y trouve, quoique très - rarement, des coquilles d'eau douce. Au reste une seule suffit pour démontrer la vérité de l'opinion de Lamanon et de quelques autres naturalistes qui pensent que les gypses de
Montmartre et des autres collines du bassin de Paris se
sont cristallisés dans des lacs d'eau douce. Nous allons
rapporter dans l'instant de nouveaux faits confirmatifs
de cette opinion.

Enfin cette masse supérieure est essentiellement caractérisée par la présence des squelettes de mammifères.
Ces ossemens fossiles servent à la faire reconnoître lorsqu'elle est isolée; car nous n'avons jamais pu en trouver,
ni constater qu'on en ait trouvé dans les masses inférieures.

Au-dessus du gypse sont placés de puissans bancs de
marne tantôt calcaire, tantôt argileuse.

C'est dans les lits inférieurs, et dans une marne calcaire
blanche et friable, qu'on a rencontré à diverses reprises
des troncs de palmier pétrifiés en silex. Ils étoient

5 *

couchés et d'un volume considérable. C'est dans ce même système de couche qu'on a trouvé dans presque toutes les carrières de la butte Chaumont et même dans les carrières de l'est de Montmartre, des coquilles du genre des limnées et des planorbes qui diffèrent à peine des espèces qui vivent dans nos marres. Ces fossiles prouvent que ces marnes sont de formation d'eau douce, comme les gypses qui sont au-dessous.

Les gypses, les bancs de marne qui les séparent, et celles qui les recouvrent jusqu'à la marne blanche que nous venons de décrire inclusivement, constituent la première ou la plus ancienne formation d'eau douce des environs de Paris. On voit que c'est dans la marne calcaire blanche que se trouvent principalement les coquilles d'eau douce qui caractérisent cette formation. On ne connoît d'ailleurs, dans cette première formation d'eau douce, ni meulière ni d'autres silex que les menilites et que les silex cornés des dernières assises de gypse de la haute masse.

Au-dessus de ces marnes blanches se voient encore des bancs très-nombreux et souvent puissans de marnes argileuses ou calcaires. On n'y a encore découvert aucun fossile; nous ne pouvons donc dire à quelle formation elles appartiennent.

On trouve ensuite un banc d'une marne jaunâtre feuilletée qui renferme vers sa partie inférieure des rognons de strontiane sulfatée terreuse, et un peu au-dessus, un lit mince de petites coquilles bivalves qui sont couchées et serrées les unes contre les autres. Nous rapportons ces coquilles au genre cythérée (1). Ce lit, qui semble avoir bien peu d'importance, est remarquable, premièrement par sa grande étendue ; nous l'avons observé sur un espace de plus de dix lieues de long, sur plus de quatre de large, toujours dans la même place et de la même épaisseur. Il est si mince, qu'il faut savoir exactement où on doit le chercher pour le trouver. Secondement, parce qu'il sert de limite à la formation d'eau douce, et qu'il indique le commencement d'une nouvelle formation marine.

En effet, toutes les coquilles qu'on rencontre au-dessus de celles-ci sont marines. Ce banc de marne jaune feuilletée a environ un mètre d'épaisseur, et contient souvent entre ses feuillets supérieurs des cythérées d'une autre espèce, des cérites, des spirobes et des os de poissons.

On trouve d'abord, et immédiatement après, et toujours en montant, un banc puissant et constant de marne argileuse verdâtre qui, par son épaisseur, sa couleur et sa continuité, se fait reconnoître de loin. Il sert de guide pour arriver aux coquilles bivalves, puisque c'est au-dessous de lui qu'on les trouve. Il ne renferme d'ailleurs aucun fossile, mais seulement des géodes argilo-calcaires et des rognons de strontiane sulfatée. Cette marne est employée dans la fabrication de la faïence grossière.

Les quatre ou cinq bancs de marne qui suivent les

---

(1) Nous déduirons dans le second chapitre les raisons qui nous ont dirigés dans la détermination de ces coquilles fossiles.

marnes vertes sont peu épais, et ne paroissent pas non
plus contenir de fossiles ; mais ces lits sont immédiatement recouverts d'une couche de marne argileuse jaune
qui est pétrie de débris de coquillages marins dont les
espèces appartiennent aux genres cérites, trochus,
mactres, vénus, cardium, etc. On y rencontre aussi des
fragmens de palais d'une Raie qui paroît être analogue à
la Raie-aigle et des portions d'aiguillon de la queue d'une
Raie voisine de la pastenague.

Les couches de marne qui suivent celle-ci présentent
presque toutes des coquilles fossiles marines, mais seulement des bivalves ; et les dernières couches, celles qui
sont immédiatement au-dessous du sable argileux, renferment deux bancs d'huîtres assez distincts. Le premier
et le plus inférieur est composé de grandes huîtres très-
épaisses : quelques-unes ont plus d'un décimètre de longueur. Vient ensuite une couche de marne blanchâtre
sans coquilles, puis un second banc d'huîtres très-puissant, mais subdivisé en plusieurs lits. Ces huîtres sont
brunes, beaucoup plus petites et beaucoup plus minces
que les précédentes. Ces derniers bancs d'huîtres sont
d'une grande constance, et nous ne les avons peut-être
pas vu manquer deux fois dans les nombreuses collines
de gypse que nous avons examinées. Il nous paroît presque sûr que ces huîtres ont vécu dans le lieu où on les
trouve aujourd'hui ; car elles sont collées les unes aux
autres comme dans la mer, la plupart sont bien entières
et si on les extrait avec soin on remarque que beaucoup
d'entre elles ont leurs deux valves. Enfin M. Defrance a

trouvé près de Roquencourt, à la hauteur de la formation des marnes gypseuses marines, des morceaux arrondis de calcaire marneux coquillier, percés de pholades, et portant encore les huîtres qui y étoient attachées (1). La formation gypseuse est souvent terminée par une masse plus ou moins épaisse de sable argileux qui ne renferme aucune coquille.

Telles sont les couches qui composent généralement la formation gypseuse. Nous étions tentés de la diviser en deux, et de séparer l'histoire des marnes marines du sommet, de celle du gypse et des marnes d'eau douce du fond; mais les couches sont tellement semblables les unes aux autres, elles s'accompagnent si constamment, que nous avons cru devoir nous contenter d'indiquer cette division. Nous réunissons dans le tableau suivant les espèces de fossiles qui appartiennent au gypse et à la formation marine qui le surmonte.

---

(1) Il paroît que la présence des huîtres dans les marnes gypseuses ne s'observe pas seulement à Montmartre. Les marnes qui recouvrent le gypse des environs d'Oxfort renferment aussi de grandes huîtres couvertes de cristaux de sélénite.

Fossiles du gypse et des marnes marines qui le recouvrent.

FORMATION D'EAU DOUCE.

MASSE GYPSEUSE.

MAMMIFÈRES . . . .
{
Paleotherium magnum.
— medium.
— crassum.
— curtum.
— minus.
Anoplotherium commune.
— secundarium.
— medium.
— minus.
— minimum.
Un pachyderme voisin des cochons.
Canis parisiensis.
Didelphis parisiensis.
Viverra parisiensis.
}

OISEAUX. . . . . . . Oiseaux, 3 à 4 espèces.

REPTILES . . . . . . Trionix parisiensis et une autre Tortue.

Une espèce de Saurien, qui paroît un Crocodile.

POISSONS . . . . . Poissons, 3 à 4 espèces.

MOLLUSQUES . . . . Cyclostoma mumia . . . { L'individu que nous possédons est noir.

MARNES BLANCHES
SUPÉRIEURES. . . . .
{
Palmier.
Débris de poissons.
Limnées.
Planorbes.
}

MARNES

FORMATION MARINE.

MARNES JAUNES
FEUILLETÉES ....

Cythérées bombées, n° 1,
(fig. 7. A. B.) . . .
Spirorbes (fig. 7. S.) . .
Os de poisson . . . . .
Cerithium plicatum . . .
Spirorbes . . . . . .
Cythérées planes, n° 2,
(fig. 8.) . . . . .
Os de poisson . . . .

On ne trouve ordinairement que les moules intérieurs et extérieurs de ces coquilles, le test a presqu'entièrement disparu, ou s'est réduit en un calcaire blanc pulvérulent.

MARNES VERTES.. Point de fossiles.

MARNES JAUNES
MÊLÉES DE MARNES
FEUILLETÉES BRUNES.

Aiguillons et palais de raie.
Ampullaria patula ? . . .
Cerithium plicatum. . .
— cinetum . . . . .
Cytherea elegans. . . .
— semisulcata ? ? . . .
Cardium obliquum . . .
Nucula margaritacea . . . .

Presque toutes ces coquilles sont écrasées et difficiles à reconnoître.
Les deux cérites de la formation marine qui recouvre le gypse, paroissent ne se trouver que dans cette formation : nous ne les avons pas encore vues dans le calcaire de la formation marine inférieure.

MARNES CALCAIRES
A GRANDES HUITRES . . .

Ostrea Hippopus. . . .
— Pseudochama . . .
— longirostris . . . .
— canalis. . . . . .

MARNES CALCAIRES
A PETITES HUITRES . . . .

— Cochlearia . . . .
— Cyathula. . . . .
— spatulata. . . . .
— Linguatula. . . .
Balanes. . . . . .
Pattes de crabes. . . .

Les deux bancs d'huitres sont souvent séparés par des marnes sans coquilles; mais nous ne pouvons pas encore dire exactement quelles sont les espèces qui appartiennent à chaque banc, et si même elles ne s'y trouvent pas indistinctement; nous pouvons toutefois avancer que les huitres des marnes gypseuses ne se trouvent point dans le calcaire inférieur, et qu'elles sont généralement bien plus semblables aux huitres de nos côtes que celles du calcaire grossier.

6

Il nous reste à dire quelques mots sur les principales différences qu'offrent les collines qui appartiennent à cette formation. Les collines gypseuses forment comme une espèce de longue et large bande qui se dirige du sud-est au nord-ouest, sur une largeur de six lieues environ. Il paroît que dans cette zone il n'y a que les collines du centre qui présentent distinctement les trois masses de gypse. Celles des bords, telles que les plâtrières de Clamart, Bagneux, Antoni, le Mont-Valérien, Grisy, etc., et celles des extrémités, telles que les plâtrières de Chelles et de Triel ne possèdent qu'une masse. Cette masse nous paroît être analogue à celle que les carriers nomment la première, c'est-à-dire la plus superficielle, puisqu'on y trouve les os fossiles de mammifères qui la caractérisent, et qu'on ne rencontre pas dans ses marnes ces gros et nombreux cristaux de gypse lenticulaire qu'on observe dans les marnes de la seconde et de la troisième masse.

Quelquefois les marnes du dessus manquent presque entièrement; quelquefois c'est le gypse lui-même qui manque totalement ou qui est réduit à un lit mince. Dans le dernier cas, la formation est représentée par les marnes vertes accompagnées de strontiane. Les formations gypseuses du parc de Versailles, près de Saint-Cyr, celles de Viroflay, sont dans la premier .cas; celles de Meudon, de Ville-d'Avray, sont dans le second cas.

Nous devons rappeler ici ce que l'un de nous a dit ailleurs (1), c'est que le terrain gypseux des environs

_____

(1) Brongniart, *Traité élémentaire de minéralogie*, t. I, p. 177.

de Paris ne peut se rapporter exactement à aucune des formations décrites par M. Werner ou par ses disciples. Nous en avons alors déduit les raisons qu'il est inutile de répéter.

ART. VII. — *Du sable et des grès sans coquilles.*

Le grès sans coquille est une des dernières formations. Il recouvre constamment les autres, et n'est ordinairement recouvert que par les meulières sans coquilles, et par la formation du terrain d'eau douce (1). Ses bancs sont souvent très-épais et entremêlés de bancs de sable de même nature que lui. Le sable qui supporte les bancs supérieurs, a été quelquefois entraîné par les eaux ; les bancs se sont alors rompus et ont roulé sur les flancs des collines qu'ils formoient : tels sont les grès de la forêt de Fontainebleau, ceux de Palaiseau, etc.

Non-seulement ce grès et ce sable ne contiennent point de fossiles, mais ils sont souvent très-purs et fournissent des sables estimés dans les arts, et qu'on va recueillir à Etampes, à Fontainebleau, à la butte d'Aumont, et dans ce cas ils donnent naissance aux grès solides. Ils sont cependant quelquefois ou altérés par un mélange d'argile, ou colorés par des oxides de fer ; tels sont la plupart des sables des hauteurs de Montmorency, de Meudon, du Plessis-Piquet, de Fontenay-aux-Roses, etc.

_____

(1) Il paroît cependant, comme nous allons le dire dans l'article suivant, qu'il a été recouvert dans quelques lieux par une formation marine de grès ou ou de calcaire.

6 *

ou imprégnés de chaux carbonatée qui les a pénétrés par infiltration lorsqu'ils sont recouverts du terrain calcaire d'eau douce ; tel est le cas des grès de plusieurs parties de la forêt de Fontainebleau.

ART. VIII. *Des sables et des grès marins supérieurs.*

Ce grès, ou plutôt cette dernière formation marine de nos cantons est placée au-dessus des gypses, des marnes marines, et même au-dessus des sables et des grès sans coquilles. Il varie de couleur, de solidité, et même de nature ; tantôt c'est un grès pur, mais friable et rougeâtre (Montmartre) ; tantôt c'est un grès rouge et argileux (Romainville) ; tantôt c'est un grès gris (Levignan) ; enfin il est quelquefois remplacé par une couche mince de calcaire sableux, rempli de coquilles, qui recouvre de grandes masses de grès gris dur et sans aucune coquille (Nanteuil-le-Haudouin).

Ce grès renferme des coquilles marines d'espèces assez variées et assez semblables à celles des bancs inférieurs du calcaire ; quelquefois le test de la coquille a entièrement disparu, et il n'en reste plus que le moule (Montmartre, Romainville).

Ce qui nous fait dire que cette dernière formation marine est non-seulement supérieure à celle du gypse, mais encore aux bancs étendus et souvent très-puissans de grès et de sable sans coquilles. C'est premièrement sa position bien évidente au-dessus des masses de grès de Nanteuil-le-Haudouin, et en second lieu la masse considérable de sable rougeâtre dénué de tout fossile, sur laquelle elle est placé à Montmartre, à Romainville, à Sanois, etc.

Les coquilles que renferme ce grès sont quelquefois différentes de celles qu'on trouve dans la formation marine inférieure, et se rapprochent davantage de celles des marnes calcaires qui surmontent le gypse, ainsi que le fait voir la liste suivante.

Coquilles de la formation marine la plus supérieure.

Oliva mitreola.	Nanteuil-le-Haudouin.
Fusus? voisin du *longævus.* . . .	Romainville.
Cerithium cristatum	Montmartre, Romainville.
— *lamellosum*	Levignan.
— *mutabile?* • . . . . • .	Montmartre.
Solarium? Lam. pl. VIII, fig. VII . .	Montmartre.
Melania costellata?	Montmartre.
Melania?	Nanteuil-le-Haudouin.
Pectunculus pulvinatus	Montmartre.
Crassatella compressa?	Montmartre.
Donax retusa? •	Montmartre.
Citherea nitidula.	Montmartre.
— *lævigata.*	Montmartre.
— *elegans?*	Montmartre, Nanteuil-le-Haudouin.
Corbula rugosa	Montmartre.
Ostrea flabellula	Montmartre.

Il y a donc aux environs de Paris trois sortes de grès, quelquefois très-semblables entre eux par leurs caractères minéralogiques, mais très-différens par leur position ou par leurs caractères géologiques. Le premier, le plus inférieur, fait partie des couches de la formation du calcaire marin grossier, et renferme généralement les mêmes espèces de coquilles que ce calcaire. Le second surmonte la formation gypseuse et même la formation de marne marine qui le recouvre, c'est le plus étendu; il est quelquefois entièrement superficiel, et ne renferme aucune coquille. Le troisième n'est recouvert que par la dernière formation d'eau douce, et suit immédiatement le second. Il est beaucoup plus rare que les deux autres, et renferme comme le premier un grand nombre de coquilles marines.

En observant cette dernière formation marine, placée dans une position si différente des autres, on ne peut s'empêcher de réfléchir aux singulières circonstances qui ont dû présider à la formation des couches que nous venons d'examiner. En reprenant ces couches depuis la craie, on se représente d'abord une mer qui dépose sur son fond une masse immense de craie et des mollusques d'espèces particulières. Cette précipitation de craie et des coquilles qui l'accompagnent cesse tout-à-coup; des couches d'une toute autre nature lui succèdent, et il ne se dépose d'abord que de l'argile et du sable: mais bientôt une autre mer où la même produisant de nouveaux habitans, nourrit une prodigieuse quantité de mollusques testacés, tous différens de ceux de la craie; elle forme sur son fond des bancs puissans, composés en grande partie des enveloppes testacées de ces mollusques. Peu à peu cette production de coquilles diminue et cesse aussi tout-à-fait; la mer se retire et le sol se couvre d'eau douce; il se forme des couches alternatives de gypse et de marne qui enveloppent et les débris des animaux que nourrissoient ces lacs, et les ossemens de ceux qui vivoient sur leurs bords.

La mer revient; elle nourrit d'abord quelques espèces de coquilles bivalves et de coquilles turbinées. Ces coquilles disparoissent et sont remplacées par des huîtres. Il se passe ensuite un intervalle de temps pendant lequel il se dépose une grande masse de sable. On doit croire ou qu'il ne vivoit alors aucun corps organisé dans cette mer, ou que leurs dépouilles ont été complètement détruites; car on n'en voit aucun débris dans ce sable; mais les productions variées de la seconde mer inférieure reparoissent, et on retrouve au sommet de Montmartre, de Romainville, de la colline de Nanteuille-Haudouin, etc. les mêmes coquilles qu'on a trouvées dans les couches moyennes du calcaire grossier.

Enfin la mer se retire entièrement pour la seconde fois; des lacs ou des mares d'eau douce la remplacent et couvrent des débris de leurs habitans presque tous les sommets des côteaux et les surfaces même de quelques-unes des plaines qui les séparent.

Art. IX. — *Formation des meulières sans coquilles.*

Quoiqu'il y ait quelquefois très-peu de différence entre la nature des couches qui constituent cette formation et celles de la septième, il y a dans la plupart des cas des différences trop nombreuses et trop importantes pour qu'on puisse les regarder comme les mêmes.

Ces deux formations se trouvent tantôt réunies dans

ce même lieu, et tantôt séparées. Dans le premier cas, qui n'est pas le plus fréquent, les meulières sont supérieures aux sables qui renferment les grès. Cette superportion est très-distincte sur les talus qui bordent la grande route de Chartres, à la descente du bois de Sainte-Apolline au village de Pontchartrain.

La formation des meulières consiste en sable argilo-ferrugineux, en marne argilleuse verdâtre, rougeâtre, ou même blanche, et en meulière proprement dite. Ces trois substances ne paroissent suivre aucun ordre dans leur superposition ; la meulière est tantôt dessus, tantôt dessous et tantôt au milieu, ou du sable ou de la marne argileuse.

La meulière est, comme on sait, un silex criblé d'une multitude de cavités irrégulières, garnies de filets siliceux, disposés à peu-près comme le tissu réticulaire des os, et tapissées d'un enduit d'ocre rouge. Ces cavités sont souvent remplies de marne argilleuse ou de sable argilleux. Elles ne communiquent point entre elles.

La plupart des meulières des environs de Paris ont une teinte rougeâtre, rosâtre et jaunâtre, quelques-unes, et ce sont les plus rares et les plus estimées, sont blanchâtres, avec une nuance bleuâtre.

Nous ne connoissons dans les meulières dont il est ici question, ni infiltration siliceuse mamelonée à la manière des calcédoines, ni cristallisation de quartz, et ce caractère nous paroît assez bon pour les faire distinguer hors de place des meulières du calcaire siliceux. Elles sont cependant quelquefois comme ces dernières, presque compactes.

Lorsqu'on

Lorsqu'on choisit dans une masse de meulière une partie compacte et exempte de terres étrangères mêlangées, on reconnoît par l'analyse qu'elle est presque entièrement composée de silice (1).

Mais un autre caractère géologique des meulières proprement dites, c'est l'absence de tout corps organisé animal ou végétal, marin ou d'eau douce. Nous n'en avons jamais vu aucun; Guettard et M. Coquebert-Montbret, dans les descriptions qu'ils ont données, le premier, des meulières d'Houlbec, et le second, de celles des Molières, font la même observation, ce qui doit inspirer beaucoup de confiance dans la généralité de ce caractère, quoiqu'il soit négatif.

La formation des meulières repose assez souvent sur un banc de marne argileuse, qui paroît appartenir à la formation du gypse; dans quelques endroits elle est séparée par un banc plus ou moins puissant de sable ou de grés sans coquilles.

Elle n'est quelquefois recouverte que par la terre végétale, mais souvent on trouve encore au-dessus d'elle tantôt la formation d'eau douce qui consiste, comme on va le voir, en marne calcaire et en silex très-semblable par son aspect et par ses usages aux meulières que nous décrivons, tantôt on trouve le terrain d'attérissement ancien, consistant en cailloux roulés dans un sable à gros grains, comme à Houlbec, près de Pacy-sur-Eure.

_____

(1) Hecht. Journ. des Min. n° 22, page 333.

ART. X. — *De la seconde formation des terrains d'eau douce.*

Nous avons déjà parlé, art. V, d'un terrain qui a été certainement formé dans l'eau douce, puisque presque tous les fossiles qu'il renferme appartiennent à des animaux analogues à ceux qui vivent actuellement dans les lacs. Ce terrain assez profond, composé de gypse et de marne, est séparé par une puissante formation marine, d'un autre terrain d'eau douce qui est superficiel, et que nous allons décrire dans cet article.

Le second terrain d'eau douce est composé aux environs de Paris de deux sortes de pierre, de silex et de calcaire.

Tantôt ces deux pierres se présentent indépendamment l'une de l'autre, tantôt elles sont mêlées et comme pétries ensemble.

Le calcaire d'eau douce à peu près pur, est le plus commun ; le mélange de silex et de calcaire vient ensuite ; les grandes masses de silex d'eau douce sont les plus rares.

Ce silex est tantôt du silex pyromaque pur et transparent (Triel) ; tantôt un silex opaque, quelquefois à cassure résineuse (Saint-Ouen, le Bourget), quelquefois à cassure largement conchoïde et terne, semblable à celle du jaspe (Triel) ; tantôt enfin c'est un silex carié qui a tous les caractères de la meulière proprement dite, mais qui est généralement plus compacte que la meulière sans coquilles (forêt de Montmorency, Saint-Cyr, etc.).

Quoique les caractères extérieurs du calcaire d'eau douce soient peu tranchés, ils sont cependant assez remarquables, lorsqu'ils existent. Il suffit souvent d'avoir acquis l'habitude de voir ce calcaire pour en reconnoître des fragmens présentés isolément, et privés des coquilles qui le caractérisent essentiellement.

Tout celui que nous connoissons aux environs de Paris est blanc ou d'un gris jaunâtre, il est tantôt tendre et friable comme de la marne et de la craie, tantôt compacte, solide, à grain fin et à cassure conchoïde ; quoique dans ce dernier cas il soit assez dur, il se brise facilement et éclate en fragmens à bords aigus à la manière du silex, en sorte qu'il ne peut pas se laisser tailler.

Nous ne parlons ici que du calcaire des environs de Paris ; car à une plus grande distance on trouve du calcaire très-compacte d'un gris brun qui se laisse très-bien tailler et polir, malgré les infiltrations spathiques qui l'ont pénétré et qui n'ont pas entièrement rempli les cavités : le calcaire de Mont-Abusar, près d'Orléans, qui renferme des os de Paleotherium, appartient à la formation d'eau douce ; le marbre de Château-Landon, qui est en bancs extrêmement puissans. renfermant des lymnées et des planorbes, et présentant tous les caractères attribués au calcaire d'eau douce, doit aussi être rapporté à cette formation.

Que ce calcaire soit marneux ou qu'il soit compacte, il fait voir très-souvent des cavités cylindriques irrégulières et à peu près parallèles, quoique sinueuses. On prendra une idée exacte de ces cavités, en se représentant

7 *

celles que devroient laisser dans une vase épaisse et tranquille des bulles de gaz qui monteroient pendant un certain temps de son fond vers sa surface : les parois de ces cavités sont souvent colorées en vert pâle.

Enfin le terrain d'eau douce est quelquefois composé de calcaire et de silex mêlés ensemble ; ce dernier est carié, caverneux, et ses cellules irrégulières sont remplies de la marne calcaire qui l'enveloppe (plaine de Trappe, Charenton).

Le calcaire d'eau douce, quelque dur qu'il paroisse au moment où on le retire de la carrière, a souvent la propriété de se désaggréger par l'influence de l'air et de l'eau ; de là vient l'emploi considérable qu'on en fait comme marne d'engrais dans la plaine de Trappe, près Versailles, dans celle de Gonesse et dans toute la Beauce.

Mais ce qui caractérise essentiellement cette formation, c'est la présence des coquilles d'eau douce et des coquilles terrestres presque toutes semblables pour les genres à celles que nous trouvons dans nos marais ; ces coquilles sont des limnées, des planorbes, des coquilles turbinées, voisines des cérites, des cyclostomes, des hélices, etc. On y trouve aussi ces petits corps ronds et cannelés que M. de Lamark a nommés *gyrogonite*: on n'en connoît plus l'analogue vivant, mais leur position nous indique que le corps organisé dont ils faisoient partie devoit vivre dans l'eau douce. Il est assez remarquable qu'on ne trouve point de bivalves dans ce terrain.

La plupart des coquilles renfermées dans ce terrain

ayant été décrites spécialement par l'un de nous (1),
nous renverrons aux descriptions et aux figures qu'il
en a données, et nous emploierons les noms qu'il leur
a imposés, comme nous avons employé ceux de M. de
Lamark à l'égard des coquilles marines.

Les fossiles qui appartiennent particulièrement au
terrain d'eau douce supérieur, sont les suivans:

> *Cyclostoma elegans antiquum.*
> *Potamides Lamarkii.*
> *Planorbis rotundatus.*
> — *Cornu.*
> — *prevostinus.*
> *Limneus corneus.*
> — *Fabulum.*
> — *ventricosus.*
> — *inflatus.*
> *Bulimus pygmeus.*
> — *Terebra.*
> *Pupa Defrancii.*
> *Helix Lemani.*
> — *desmarestina.*
> Des bois dicotylédons pétrifiés en silex.
> Des tiges de graminées d'*arundo*, ou de *tipha*.
> Des tiges articulées ressemblant à des épis, etc.
> Des graines ovoïdes pédiculées.
> Des graines cylindroïdes cannelées.
> Des corps oliveïformes à surface cannelée irrégulièrement (2).

On ne trouve généralement d'autres coquilles que des
coquilles d'eau douce et des coquilles terrestres dans ce
terrain lorsqu'il est d'ailleurs assez éloigné du terrain

---

(1) M. Brongniart, *Annales du Muséum*, tom. XV, page 357.
(2) Voyez les descriptions et les figures de tous ces corps dans le Mémoire
cité plus haut. *Ann. du Mus.*, tom. XV, page 381.

marin pour qu'il n'ait pu exister aucun mélange acciden-
tel des deux sortes de productions. Quelque abondantes
que soient ces coquilles, elles appartiennent toutes,
comme dans nos marais actuels, à un petit nombre de
genres et d'espèces ; dans quelque lieu et sous quelque
étendue de terrain qu'on les observe, on n'y voit jamais
cette multitude de genres et d'espèces différentes qui
caractérisent les productions de la mer.

On a trouvé près de Pontoise un grès marin qui renferme dans ses bancs supérieurs des coquilles évidemment d'eau douce mêlées avec des coquilles marines.
Lorsque nous décrirons le lieu où s'est présenté ce singulier mélange, nous essaierons d'en apprécier la cause
et l'importance.

La seconde formation d'eau douce recouvre ordinairement toutes les autres, elle se trouve dans toutes
les situations, mais cependant plutôt vers le sommet
des collines et sur les grands plateaux que dans le fond
des vallées ; quand elle existe dans ces derniers lieux, elle
a été ordinairement recouverte par le sol d'attérissement
qui constitue la dernière formation. Dans les plaines
hautes et dans les vallées elle est ordinairement composée de calcaire ou marneux ou compacte, avec des
noyaux siliceux (la Beauce, Trappe, le Ménil-Aubry,
Melun, Fontainebleau) ; mais sur les sommets, en
forme de plateaux, qui terminent les collines gypseuses,
on ne trouve souvent que le silex et la meulière d'eau
douce (Triel, Montmorency, Sanois, etc.).

On remarque que la meulière d'eau douce forme un

banc peu épais placé presque immédiatement au-dessous de la terre végétale, et que ce banc est séparé du sable sans coquilles qui le porte par une couche mince de marne argileuse.

Nous rapportons à cette formation les sables des hauteurs qui renferment des bois et des parties de végétaux changées en silex; nous avons été portés à faire cette réunion en observant, au sommet des collines de Longjumeau, des sables qui renferment des bois et des végétaux silicifiés, mêlés avec des silex remplis de limnées, de planorbes, de potamides, etc.

Le terrain d'eau douce est extrêmement répandu, non-seulement aux environs de Paris jusqu'à trente lieues au sud, mais on le trouve encore dans d'autres parties de la France, l'un de nous l'a reconnu dernièrement dans le Cantal et dans le département du Puy-de-Dôme (1); il nous paroît assez étonnant d'après cela que si peu de Naturalistes y aient fait attention, nous ne connoissons que M. Coupé qui en ait fait une mention expresse (2).

La grande étendue de ce terrain aux environs de Paris, sa présence dans beaucoup d'autres lieux doit nécessai-

---

(1) Voyez les descriptions de ces terrains par M. Brongniart, *Annales du Muséum*, tom. XV, page 388.

(2) Bruguière avoit reconnu que les coquilles qu'on trouve si abondamment dans les meulières de la forêt de Montmorency étoient des coquilles d'eau douce.

Nous n'avons trouvé aucune observation dans les Minéralogistes étrangers qui puisse nous faire croire que cette formation qui n'est ni accidentelle, ni locale, ait été connue des Géologues de l'école de Freyberg.

rement faire admettre l'existence de grands amas d'eau
douce dans l'ancien état de la Terre ; quand même nous
n'aurions plus d'exemples de ces amas, il ne nous sem-
bleroit pas plus difficile de croire qu'ils ont dû nécessairement exister, que d'admettre la présence de la mer
sur le sol qui constitue actuellement notre continent,
et que tant d'autres phénomènes géologiques inexpli-
cables et cependant incontestables ; mais dans ce cas-ci
nous avons encore sous nos yeux des exemples de lacs
d'eau douce dont l'étendue en longueur égale presque
celle de la France du nord au sud, et dont la largeur est
immense. Il suffit de jeter les yeux sur une carte de
l'Amérique septentrionale, pour être frappé de la grandeur des lacs Supérieur, Michighan, Huron, Erié et
Ontario ; on voit que si les eaux douces actuelles avoient
la propriété de déposer des couches solides sur leur fond,
et que ces lacs vinssent à s'écouler, ils laisseroient un
terrain d'une étendue bien plus considérable que tous
ceux dont nous avons parlé ; ce terrain seroit composé
non-seulement des coquilles d'eau douce que nous connoissons, mais peut-être aussi de biens d'autres productions dont nous n'avons aucune idée, et qui peuvent
vivre dans le fond inconnu de masses d'eau douce aussi
considérables.

Non-seulement la présence de ce terrain suppose des
lacs immenses d'eau douce, mais il suppose encore dans
ces eaux des propriétés que nous ne retrouvons plus
dans celles de nos marais, de nos étangs et de nos lacs
qui ne déposent que du limon friable. On n'a remarqué
dans

dans aucune d'elles la faculté que possédoient les
eaux douces de l'ancien monde de former des dépôts
épais de calcaire jaunâtre et dur, de marnes blanches et
de silex souvent très-homogènes, enveloppant tous les
débris des corps organisés qui vivoient dans ces eaux,
et les ramenant même à la nature siliceuse et calcaire
de leur enveloppe.

ART. XI. — *Du limon d'atterrissement.*

NE sachant comment désigner cette formation, nous lui
avons donné le nom de *limon*, qui indique un mélange
de matières déposées par les eaux douces. En effet, le
limon d'atterrissement est composé de sable de toutes
les couleurs, de marne, d'argile, ou même du mélange
de ces trois matières imprégnées de carbone, ce qui lui
donne un aspect brun et même noir. Il contient des
cailloux roulés ; mais ce qui le caractérise plus particulièrement, ce sont les débris des grands corps organisés qu'on y observe. C'est dans cette formation qu'on
trouve de gros troncs d'arbres, des ossemens d'éléphans,
de bœufs, d'élans et d'autres grands mammifères.

C'est aussi à cette formation qu'appartiennent les
dépôts de cailloux roulés du fond des vallées, et ceux
de quelques plateaux, tels que le bois de Boulogne,
la plaine de Nanterre à Chatou, certaines parties de
la forêt de Saint-Germain, etc. Ces terrains, quoique
sablonneux, ne peuvent point être confondus avec le
sable des hauteurs. Ils s'en distinguent par leur position
plus basse, quoique d'une formation postérieure à celui-

ci , par les cailloux roulés qu'ils renferment , par les blocs
de quartz , de grès , de silex cariés qui y sont dispersés, etc.

Le limon d'atterrissement a été déposé sur le fond des
vallées et des bassins qui ont été creusés dans les terrains
que nous venons de décrire. Il ne se trouve pas seulement
dans le fond des vallées actuellement existantes , il a couvert des vallées ou des excavations qui depuis ont été remplies. On peut observer cette disposition dans la tranchée
profonde qu'on a faite près de Sévran pour y faire passer
le canal de l'Ourque. Cette tranchée a fait voir la coupe
d'une ancienne cavité remplie des matières qui composent
le limon d'atterrissement , et c'est dans cette espèce de
fond de marais qu'on a trouvé des os d'éléphans et de
gros troncs d'arbres.

C'est à l'existence de ces débris de corps organisés qui
ne sont pas encore entièrement décomposés , qu'on doit
attribuer les émanations dangereuses et souvent pestilen-
tielles qui se dégagent de ces terres lorsqu'on les remue
pour la première fois après cette longue suite de siècles
qui s'est écoulée depuis leur dépôt ; car il en est de cette
formation qui paroît si moderne , comme de toutes celles
que nous venons d'examiner. Quoique très-moderne en
comparaison des autres , elle est encore antérieure aux
temps historiques , et on peut dire que le limon de l'ancien monde ne ressemble en rien à celui du monde actuel ,
puisque les bois et les animaux qu'on y trouve sont
entièrement différens , non seulement des animaux des
contrées où on les trouve déposés , mais encore de tous
ceux qu'on connoît jusqu'à présent.

DEUXIÈME CHAPITRE.

PREUVES ET DÉVELOPPEMENS. — *Description des diverses sortes de terrains qui constituent le sol des environs de Paris.*

Nous venons de faire connoître, dans la première partie de ce Mémoire, les caractères et l'ordre de superposition des différentes sortes de roches qui composent le terrain dont nous avons entrepris la description ; nous en avons exposé les caractères distinctifs et les principales propriétés, nous avons fait voir l'ordre dans lequel elles ont été placées les unes par rapport aux autres ; nous avons enfin indiqué quels sont les fossiles caractéristiques qu'elles renferment, et nous nous sommes contentés de donner quelques exemples pris des lieux où elles se montrent le plus facilement.

L'objet de cette seconde partie est de faire connoître, par une description détaillée, la position géographique des diverses sortes de roches ou de formations que nous avons déterminées, et les particularités qu'elles offrent dans les lieux où nous les avons étudiées. Nous combinerons donc ici l'ordre de superposition avec l'ordre géographique.

Nous diviserons en trois régions principales le terrain que nous allons décrire. Celle du nord de la Seine, celle qui est située entre la Seine et la Marne, et celle du midi de la Seine. Nous irons généralement de l'est à l'ouest.

8 *

1re ET 2e FORMATIONS. — *Craie et argile plastique.*

La craie étant la formation la plus ancienne, et par conséquent la plus inférieure de toutes celles qui constituent le sol du bassin de Paris, est aussi celle qui se montre le plus rarement à nu. Nous ferons mention non seulement des lieux où on la voit à la surface du terrain, mais encore de ceux où on l'a reconnue par des fouilles plus ou moins profondes.

La craie paroissant former les parois de l'espèce de bassin dans lequel tous les autres terrains ont été déposés, notre but principal a été de déterminer les bords de ce bassin tant au nord qu'au midi. Nous en avons déjà indiqué les limites dans le premier chapitre, il nous reste à les décrire dans celui-ci avec plus d'exactitude.

On a déjà vu que les bords septentrionaux de ce bassin étoient assez faciles à suivre. La première partie visible de cette espèce de ceinture de craie, en partant du point le plus voisin de la rive septentrionale de la Seine à l'est de Paris, commence à Montreau, et se continue sans interruption sensible jusqu'à la Roche-Guyon, sur le bord de la Seine au N. O. de Paris.

Elle passe derrière Provins, devant Sésanne, derrière Montmirail, devant Epernay, à Fimes, derrière Laon, près Compiégne au nord de cette ville, près de Beauvais et à Gisors. Au reste, la carte que nous présentons donnera les bords de cette ceinture plus exactement que la plus longue description.

Nous pouvons d'autant mieux regarder la ligne que

nous venons de suivre comme les bords du bassin de craie, qu'en sortant de cette bordure pour s'éloigner de Paris, on se trouve dans presque toutes les directions sur des plateaux ou dans des plaines de craie d'une étendue très-considérable. Au-delà de ces limites, la craie ne s'enfonce que rarement, et qu'à très-peu de profondeur sous les autres terrains. Elle se montre, comme on le sait, absolument à nu à la surface du sol dans la Champagne. Elle imprime à ce sol une telle stérilité qu'on y voit des plaines immenses non seulement privées de culture, mais encore arides et absolument dénuées de végétation, excepté dans quelques parties très-circonscrites où des masses de calcaire grossier forment comme des espèces d'îles ou d'oasis au milieu de ces déserts. Il est telle partie de ces plaines de craie qui, depuis des siècles, n'a peut-être été visitée par aucun être vivant; nul motif ne peut les y amener, aucun végétal n'y appelle les animaux; par conséquent ni la culture ni la chasse ne peuvent y attirer les hommes.

On fera remarquer à cette occasion que l'argile et la craie pures sont les deux seules sortes de terrains qui soient absolument impropres à la végétation; plusieurs espèces de plantes peuvent être cultivées dans les sables les plus arides si on parvient à les fixer; mais nous ne connoissons jusqu'à présent aucun moyen de défricher en grand ni l'argile ni la craie. Heureusement cette sorte de terrain ne se montre pas fréquemment aussi à découvert que dans les lieux que nous venons de citer, elle est ordinairement recouverte d'argile, de silex, de sable ou de calcaire grossier qui , par leur mélange en diverses proportions , forment des terres propres aux différens genres de culture.

La craie s'élève près de Montreau , sur la rive droite de la Seine , en coteaux de 30 à 40 mètres de hauteur. Elle porte une couche d'argile , dont l'épaisseur est variable. Cette argile appartient, comme nous l'avons dit, à la même formation que celle de Vanvres, d'Arcueil, etc.; mais elle est plus pure, et sur-tout beaucoup plus blanche ; et comme elle conserve sa couleur à un feu modéré, elle est très-propre à la fabrication de la faïence fine. C'est aussi de ces carrières que les manufactures de faïence fine de Paris et de ses environs à plus de dix lieues à la ronde tirent leur argile.

La craie de Champagne commence près de Sésanne, aux marais de Saint-Gond, où elle est encore recouverte d'argile. A Lanoue et à Changnion , elle paroît immédiatement au-dessous d'un tuf calcaire (1).

Tout le coteau de Marigny, en face de Compiégne, et depuis Clairoy au N. E. (2) jusqu'à Rivecourt au S. O., est de craie. Cette craie renferme peu de silex.

La craie ne paroît pas à nu sur la rive gauche de l'Oise , mais elle y est à très-peu de profondeur ; le sable calcaire qui se trouve sous tous les bancs de pierre calcaire en est l'indice certain. On sait d'ailleurs que tous les puits de Compiégne sont creusés dans la craie.

_____

(1) Les terrains de craie indiqués à l'est de Fimes, d'Epernay et de Sésanne ont été placés d'après les Mémoires de Guettard, et sont hors de notre carte.

(2) Hors de la carte.

Nous avons retrouvé la craie prés de Beaumont-sur-Oise, de Chambly à Gisors et à la côte de la Houssoye, sur la route de Beauvais à Gisors. On monte près de ce lieu sur un plateau qui présente la craie presque à nu dans une grande étendue, depuis Puiseux au N. O. jusqu'à Belle-Eglise au S. E. Ce plateau se prolonge ainsi jusqu'à Gisors. Toutes les collines qui entourent cette ville font voir la craie dans leurs escarpemens, et nous l'avons reconnue, soit par nous-mêmes, soit par des personnes dont les rapports méritent toute confiance, le long des bords de l'Epte jusqu'à Saint-Clair. La craie qui est au N. E. de Gisors étant très-relevée forme un plateau qui n'est recouvert que par de la terre végétale d'un rouge de rouille, et mêlée de silex. Celle qui est au S. O. et au S. de cette ville étant moins relevée est revêtue d'argile plastique et de bancs de calcaire grossier.

La craie se montre encore à l'Ouest et au N. O. de Beauvais, au-delà de Saint-Paul ; elle se prolonge sans aucun doute du côté de Saveignies, comme le prouvent les silex épars dans les champs ; mais elle est cachée par les couches épaisses d'argile plastique, tantôt presque pure, tantôt mêlée de sable, qu'on trouve abondamment dans ces cantons, et qu'on exploite depuis long-temps aux environs de Saint-Paul, du Bequet, de l'Héraulle (1), etc., pour la fabrication des grès de Saveignies et autres lieux.

Nous avons donné Mantes comme l'extrémité occi-

---

(1) Plus loin, au N. O. de Saveignies, c'est hors des limites de notre carte.

dentale de la ceinture de craie qui entoure Paris au nord de la Seine. En effet, presque tous les escarpemens des collines qui entourent cette ville sur l'une et l'autre rives, présentent la craie surmontée souvent de calcaire grossier, comme on le verra à l'article de cette formation. Nous n'énumérerons pas les points où la craie se présente, la carte le fait voir suffisamment (1). On remarque que cette disposition se continue ainsi jusqu'à la Roche-Guyon.

Il y a souvent de l'argile entre la craie et le calcaire grossier, comme Dolomieu l'a observé sur la rive droite de la Seine, dans l'angle rentrant que fait la Seine en face de Rolleboise. A la Roche-Guyon la craie est à nu, et elle se continue presque toujours ainsi jusqu'à Rouen. C'est ici que nous la quittons, parce que nous regardons ce point comme le bord du bassin de Paris, puisqu'au-delà on ne trouve plus les gypses qui se sont déposés dans ce bassin particulier.

La ceinture de craie du midi de la Seine est beaucoup moins distincte, et laisse de grandes lacunes. Nous en avons donné les raisons dans le premier chapitre. Nous allons cependant essayer de la suivre en allant de l'ouest à l'est.

On la retrouve sur la rive gauche de la Seine en face de Mantes, dans la vallée où est placé Mantes-la-Ville ; on peut la suivre jusqu'à Vers ; mais elle ne tarde pas à disparoître sous le calcaire siliceux qui se montre dans

_____

(1) Nous tenons de M. de Roissy les renseignemens sur Mantes.

ce

ce lieu pour ne plus la retrouver qu'à Houdan. On la voit à nu à la sortie de cette ville du côté de Dreux (1). Tous les coteaux élevés qui entourent cette dernière ville, offrent sur leur flanc la craie entrecoupée de bancs interrompus de silex. Tout le plateau compris entre Dreux et Houdan est de craie. La forêt de Dreux, le plateau d'Abondant qui se continue en une plaine immense, et parfaitement plane, sont de craie recouverte par l'argile plastique, le sable, et un agglomerat de silex dans une argile maigre, sablonneuse et rouge. Nous sommes descendus dans un puits creusé pour exploiter l'argile plastique, et nous avons reconnu la succession de couches suivante :

1. Agglomerat composé de fragmens de silex empâtés dans une terre argilo-sablonneuse, d'autant plus rouge qu'on s'approche davantage de la surface du sol.

2. Sable blanc ou gris, ou même verdâtre, selon les lieux où l'on creuse, composé de grains de quartz assez gros, d'un peu de mica, le tout foiblement agglutiné par un peu d'argile.

3. Argile plastique blanche, très-homogène, très-tenace, avec de grandes marbrures d'argile jaune de même nature. Elle renferme quelquefois des fragmens de craie.

4. Silex en fragmens et craie.

Ces couches n'ont aucune régularité dans leur épaisseur. On trouve dans la même plaine, et dans des points peu distans l'un de l'autre, l'argile, tantôt à 5 mètres, tantôt à 20 mètres et plus. Le banc d'argile varie lui-même d'épaisseur; et ces différences sont si subites, qu'il disparoît quelquefois presque entièrement dans les petites

_____

(1) Ces lieux sont hors des limites de notre carte.

galeries de 2 ou 5 mètres que les ouvriers percent au
fond des puits. La coupe que nous donnons peut servir à
expliquer comment on peut concevoir la disposition de ce
terrain et l'incertitude où est constamment le tireur d'argile
de trouver cette matière au fond du puits qu'il creuse.

L'argile plastique se voit encore au sud d'Houdan, dans
la vallée où se trouve le village de Condé. C'est au-
dessous du sol même d'attérissement, qui constitue le fond
de la vallée, que se montre l'argile; elle est grise; ses
premières couches renferment souvent des cristaux de
sélénite. Quoique nous ayions tout lieu de soupçonner
que c'est encore ici l'argile plastique qui recouvre la
craie, quoique les silex qu'on trouve sur la terre des environs indiquent que cette matière ne peut être éloignée,
cependant nous n'avons pu avoir aucune certitude sur
sa présence, et l'argile de Condé, mêlée de sélénite, a
une apparence très-différente de celle d'Abondant. Il ne
faut pas cependant la rapporter aux marnes du gypse.

En allant plus au sud, on entre dans les plaines sablonneuses de la Beauce; ces masses de sable couvrent la
craie, et les cachent dans une grande étendue. Il faut
aller assez loin, et toujours vers le sud, passer la Loire
et les plaines de la Sologne pour la retrouver près de
Salbris. Elle n'est pas encore ici précisément à la surface
du sol, mais on la rencontre à si peu de profondeur
qu'on doit ne faire aucune attention à la petite couche
de sable et de terre de bruyère qui la recouvre. Quoique
nous ne l'ayions vue que dans une très-petite étendue,
elle y est bien caractérisé par les silex blonds, et sur-

tout par les oursins qu'ils contiennent, et qui la distinguent essentiellement des marnes blanches avec lesquelles on pourroit quelquefois la confondre, lorsqu'on
ne la voit point en grande masse. On peut dire qu'une
fois retrouvée dans ce lieu, on ne la perd plus jusqu'à
Montereau, qui a été le point d'où nous sommes partis
pour tracer la ceinture de craie du bassin de Paris.

Nous l'avons suivie sans interruption depuis Neuvy,
sur la rive droite de la Loire, jusqu'à Nemours (1). Ici
elle se relève, et forme, sur le bord oriental de la route
de Montargis à Nemours, des collines assez élevées, et
souvent escarpées; on la voit encore près de Nanteau, à
l'est, et du côté de Montereau, où on l'emploie pour
marner les vignes. Cette craie est assez dure dans quelques endroits, et ses silex sont blonds; mais elle reprend
ailleurs sa mollesse et ses silex noirs.

Nous venons de faire connoître les points principaux
de la ceinture de craie qui entoure le bassin de Paris. La
carte fera voir les autres.

Au-delà de cette ligne, tout est craie dans une grande
étendue; mais, quelque large que soit cette étendue, on
peut cependant la comparer à un anneau ou à une ceinture qui s'enfonce encore sous le calcaire grossier qu'on
voit reparoître au-delà, comme à Caen, à Bar-sur-Aube,
à Dijon, etc.

Une disposition assez remarquable tend à prouver que
le terrain qui vient d'être décrit est en effet le bord d'une

_____

(1) Au sud-est et hors de la carte.

9 *

espèce de bassin ou de golfe ; ce sont les cailloux roulés, souvent réunis en poudings très-durs, qu'on remarque sur plusieurs points de ce rebord , comme on les trouve sur les grèves des golfes encore occupés par la mer.

On les voit très-bien et en bancs immenses près de Nemours, et précisément entre la craie et le terrain de calcaire siliceux qui la suit.

On les revoit à Moret, près la pyramide ; ils y forment encore de très-beaux poudings.

Le terrain que l'on parcourt en allant de Beaumont-sur-Oise à Yvri-le-Temple, est entièrement composé de cailloux roulés répandus plus ou moins abondamment dans une terre argilo-sablonneuse rouge qui recouvre la craie. C'est encore ici un des bords du bassin de craie.

On les retrouve du côté de Mantes, entre Triel et cette ville, dans un vallon qui est nommé sur les cartes *la Vallée des Cailloux.*

Du côé d'Houdan, ils sont amoncelés sur le bord des champs en tas immenses : enfin la partie des plaines de la Sologne, que nous avons visitée, depuis Orléans jusqu'à Salbris, est composée d'un sable siliceux, brunâtre, mêlé d'une grande quantité de cailloux roulés de plusieurs espèces. Ici ce ne sont plus seulement des silex , il y a aussi des jaspes et des quartz de diverses couleurs. On remarquera que ce sol de rivage recouvre la craie presque immédiatement , comme on peut l'observer avant d'arriver à Salbris, etc. , et qu'il est bien différent des sables du pays Chartrain, de la Beauce , etc. qui ne contiennent aucun caillou roulé.

Le fond de ce bassin de craie n'étoit pas partout uni; il avoit, dans divers points, des protubérances qui percent les terrains dont il a été recouvert depuis, et qui forment, au milieu de ces terrains, comme des espèces d'îles de craie.

Le point le plus voisin de Paris où il se montre ainsi, c'est Meudon. La craie n'arrive pas tout-à-fait jusqu'à la surface du sol, mais elle n'est recouverte dans quelques endroits que d'une couche mince d'argile plastique. La partie supérieure de cette masse est comme brisée, et présente une espèce de brèche, dont les fragmens sont de craie et les intervalles d'argile. La partie la plus élevée de la masse de craie se voit au-dessus de la verrerie de Sèvres. Elle est à 15 mètres environ au-dessus de la Seine. Cette disposition relève toutes les couches qui la surmontent, et semble en même temps en diminuer l'épaisseur. On peut suivre ce promontoire de craie depuis la montée des Moulineaux, au bas de Meudon, jusqu'aux bases de la butte de Bellevue et dans Sèvres même; les caves et les fondations de toutes les maisons bâties sur le chemin de Bellevue sont creusées dans la craie. Dans le parc de Saint-Cloud, les fondations du pavillon d'Italie sont placées sur ce terrain. Elle est dans cette étendue recouverte d'argile plastique, et surmontée de calcaire grossier.

La craie se relève également à Bougival près Marly, elle est presque à nu dans quelques points, n'étant recouverte que par des pierres calcaires d'un grain assez fin, mais en fragmens plus ou moins gros et disséminés dans

un sable marneux, qui est presque pur vers le sommet
de cette colline.

Au milieu de ces fragmens, on trouve des géodes
d'un calcaire blanc-jaunâtre, compacte, à grain fin, avec
des lames spathiques et de petites cavités tapissées de
très-petits cristaux de chaux carbonatée. La pâte de
ces géodes renferme une multitude de coquilles qui
appartiennent à la formation du calcaire.

Parmi ces géodes, nous en avons trouvé une qui présentoit une vaste cavité tapissée de cristaux limpides, allon-
gés et aigus, ayant plus de deux centimètres de longueur.

La division mécanique seule nous a appris que ces
cristaux appartenoient à l'espèce de la strontiane sulfatée,
et un examen plus attentif de leur forme nous a fait connoître qu'ils constituoient une variété nouvelle. M. Haüy,
auquel nous l'avons communiquée, l'a nommée *strontiane sulfatée apotome*.

Ces cristaux offrent des prismes rhomboïdaux à quatre
pans, dont les angles sont les mêmes que ceux du prisme
des variétés unitaire, émoussée, etc., c'est-à-dire 77
degrés 2′ et 102 degrés 58′. Ils sont terminés par des pyramides à quatre faces et très-aiguës. L'angle d'incidence
des faces de chaque pyramide sur les pans adjacens est
de 161 degrés 16′. Les faces sont produites par un décrois-
sement par deux rangées à gauche et à droite de l'angle E
de la molécule soustractive. C'est une loi qui n'avoit
pas encore été reconnue dans les variétés de strontiane
sulfatée étudiées jusqu'à ce jour. Son signe sera $\acute{E}\,E^{n}\,{}^{2}E$.

Les cristaux des trontiane, observés jusqu'à présent aux

environs de Paris, sont extrêmement petits, et tapissent les parois de quelques-unes des géodes de strontianc qu'on trouve dans les marnes vertes de la formation gypseuse ; mais on n'en avoit point encore vu d'aussi volumineux et d'aussi nets.

En suivant cette ligne on voit encore la craie à Chavenay au N. O. de Versailles, à Mareil, à Maule et tout le long de la Mauldre presque jusqu'à la Seine. Elle se présente toujours de la même manière, mais nous n'avons pas retrouvé dans ces derniers lieux l'argile plastique qui la recouvre ordinairement.

Il paroît qu'elle s'enfonce davantage vers le nord de la ligne que nous venons de suivre, cependant on la retrouve encore à peu de profondeur au sud d'Auteuil, dans la plaine du point du jour (1). En perçant un terrain composé de sable rougeâtre et de cailloux roulés et qui a environ 5 mètres d'épaisseur, on trouve la craie immédiatement au-dessous sans qu'on puisse apercevoir aucun indice, ni de l'argile plastique, ni du calcaire marin qui la recouvre dans d'autres lieux.

Près de Ruel, il faut creuser plus profondément ; on y a percé des puits, dans l'espérance, fondée sur des prestiges rabdomanciques, de trouver de la houille. Ces puits, qui ont été jusqu'à 125 mètres au-dessous du niveau de la Seine, n'ont servi qu'à nous faire connoître que la craie existe sous ce sol d'attérissement et qu'elle y a une épaisseur considérable.

(1) M. Coupé en avoit fait mention. *Journal de Physique*, tome LXI, page 368.

Les autres points où se montre la craie sont trop peu importans ou trop rapprochés des limites du bassin pour que nous en fassions une mention particulière ; la carte les fera suffisamment connoître.

Quant à l'argile plastique, elle ne se fait voir nulle part à la surface du sol , mais on l'exploite dans tous les lieux où elle offre des couches peu profondes , pures et continues. Nous avons désigné presque tous ces lieux dans le premier chapitre ; nous n'y reviendrons dans celui-ci que pour en citer un ou où elle présente un fait qui nous paroît particulier.

C'est à Marly que nous avons fait cette observation. On y creuse dans ce moment (1810) des puits destinés à l'établissement d'une nouvelle machine hydraulique. Ces excavations nous ont offert des coupes de terrain régulières, nombreuses et profondes, et de précieux moyens d'étendre et de vérifier nos observations (1). Le fond du terrain est de la craie; on voit, au-dessus du premier réservoir et immédiatement au-dessus de la craie, l'argile plastique, le sable et le calcaire marin sableux à chlorite granulée qui la recouvrent constamment. Cette argile très-grasse ne paroît renfermer aucune coquille , du moins nous n'en avons vu aucune dans ce point; mais au fond du second puits, à 40 mètres de profondeur, on a trouvé une argile brune , sablonneuse , très-pyriteuse, qui contient une très-grande quantité de

---

(1) M. Bralle, ingénieur en chef des Ponts et Chaussées, et M. Rabeilleau, inspecteur des travaux, ont pris à nos recherches beaucoup d'intérêt, et nous ont donné avec beaucoup d'empressement toutes les facilités et les renseignemens que nous avons pu désirer.

coquilles

coquilles bivalves et quelques coquilles turbinées. Toutes les coquilles que nous avons recueillies sont trop brisées pour que nous ayions pu les déterminer avec exactitude ; elles paroissent cependant appartenir au genre cythérée et ressemblent beaucoup au *Citherea nitidula*. Nous avons dit, *page* 15, que ce premier banc d'argile étoit toujours impur, sablonneux, même marneux, et séparé de la vraie argile plastique sans coquilles par un lit de sable.

3e FORMATION. — *Calcaire marin.*

La formation du calcaire marin est beaucoup plus répandue aux environs de Paris, et partout beaucoup plus variée que celle de la craie. Elle présente, dans l'intérieur du vaste bassin de craie, dons nous venons d'indiquer les bords, un grand plateau sillonné par des vallons, et dont la superficie est, tantôt à nu et tantôt recouverte par des masses de gypse, ou par des nappes de sable.

La plus grande partie de ce plateau est placée sur le côté septentrional de la Seine, depuis l'Epte jusqu'à la Marne. Ce n'est pas qu'on ne trouve du calcaire marin au-delà de l'Epte ; mais nous n'en faisons pas mention, parce que cette rivière forme de ce côté les limites du terrein que nous avons étudié particulièrement. D'ailleurs, le calcaire ne se montre plus au-delà de cette ligne, que par lambeaux appliqués sur la craie, dont la masse très-relevée devient alors le terrein dominant. Ce que nous disons sur cette limite du calcaire doit s'appliquer à toute la ligne de circonscription que nous avons établie pour la partie septentrionale de la Seine et de la Marne.

Cette partie du plateau est sillonnée par deux vallées principales; celle de l'Oise et celle de l'Ourq. Dans la partie où nous les examinons, elles se dirigent toutes deux du N. E. au S. O.

Il ne paroît, entre Seine et Marne, que de très-petites parties de ce plateau, encore ne les voit-on qu'au confluent de ces deux rivières et sur la rive gauche de la Marne.

Sur le côté méridional de la Seine, le plateau calcaire ne présente qu'une zone qui n'a guère plus de 12,000 mètres de large, en partant des angles saillans de cette rivière. On peut voir que cette zone semble border la Seine, et qu'elle part de Meulan pour se terminer à Choisy.

On remarque, au milieu du grand plateau septentrional, une plaine à peu près elliptique, dont le grand diamètre s'étend depuis Frepillon près l'Oise, et en face de Pontoise, jusqu'à Claye près de la Marne : sa plus grande largeur est entre Louvres et le pied de Montmartre; le calcaire marin proprement dit ne se montre dans aucune partie de cette grande plaine : nous ne pouvons même pas dire s'il existe dessous ou s'il manque tout-à-fait : tout ce que nous savons, c'est qu'en creusant le Canal de l'Ourq dans la plaine de Saint-Denis, M. Girard a fait sonder partout à plusieurs mètres sans trouver de pierre calcaire, quoique la formation marine se fasse voir dans quelques cantons à très-peu de profondeur.

Ce n'est pas ici le lieu de décrire la nature de cette plaine, il nous suffit de faire remarquer que cette espèce de grande lacune, placée au milieu de notre plateau calcaire, est composée de terrain d'eau douce.

Ce que nous venons de dire, et mieux encore l'inspection de la carte, suffit pour donner une idée générale de la disposition géographique du calcaire marin aux environs de Paris. Nous allons reprendre cette formation, et faire connoître ce qu'elle offre de plus intéressant en suivant une marche analogue à celle que nous avons adoptée dans la description des terrains crayeux.

Nous subdiviserons ce grand plateau en plusieurs petits plateaux, auxquels nous donnerons même des noms particulièrs. Mais nous devons prévenir que cette division est purement artificielle, et n'a d'autre objet que de rendre nos descriptions plus méthodiques et plus claires.

§. I. *Plateau de la Ferté-sous-Jouarre.*

Ce plateau calcaire, situé le plus à l'est de nos limites, est compris entre la vallée de la Marne et celle de l'Ourq. Il ne se montre guère que dans les escarpemens, il est recouvert dans les plaines basses par des terrains d'alluvions, et, sur les sommets des collines, il est caché ou par la formation gypseuse, ou par la formation des meulières, ou enfin par la formation d'eau douce.

Ce plateau calcaire est généralement mince et n'offre que dans un petit nombre de points des couches épaisses et exploitables. Il paroît que les meilleures pierres de taille sont prises dans les carrières de Changy. Nous n'avons pas visité ces carrières; mais nous avons vu, près de Trilport, les pierres qu'on en tire; elles sont très-coquillières, et appartiennent aux bancs intermédiaires, voisins de celui qu'on nomme roche, ou peut-être à ce banc même.

Les autres carrières exploitées sont: 1°. *celles de Varrède*, près Poincy, sur les bords de la Marne; la masse des bancs est de 7 à 8 mètres; les bancs inférieurs tendres et friables sont abandonnés, comme ils le sont presque toujours; 2°. *celle de Reselle*; 3°. *celle de Germiny-l'Évesque*, sur la Marne; la tour de Saint-Pharon, à Meaux, en est construite; 4°. enfin, *celle de Monthenard*, près Trilbardou. (1).

Sur les bords de ce plateau, à l'est et à l'ouest, la masse calcaire est encore plus mince, et les bancs de vrai calcaire marin coquillier qui restent pour caractériser la formation, sont mêlés de bancs de marnes calcaires, et même de marne argileuse. On y remarque aussi des lits et des rognons en masses puissantes de grès à coquilles marines et absolument semblables à celui de Triel. Nous avons observé cette disposition en sortant de la Ferté-sous-Jouarre, du côté de Tarteret, pour monter sur le plateau de meulière.

_____

(1) Nous tenons ces renseignemens de M. Barigny, architecte de la cathédrale de Meaux.

§ II. *Plateau de Meaux.*

C'est celui qui est au-dessus de Meaux, au nord et à l'est de cette ville; il paroît avoir une structure analogue à celle du précédent, et en être même une continuation. Nous avons pu l'observer assez exactement, au moyen de la tranchée creusée, entre Fresne et Vilaine, pour le passage du canal de l'Ourq. Dans ce lieu, la formation du calcaire marin n'est représentée que par des lits, très-étendus, de grès gris coquillier, et par des couches minces de calcaire coquillier, situées au-dessous du grès; les coquilles y sont d'un blanc perlé, mais tellement brisées, qu'il n'est pas possible de les reconnoître. Ces masses ou bancs, de grès interrompus, sont quelquefois placés dans une couche épaisse d'un sable argilo-calcaire, au milieu de laquelle courent des lits minces de calcaire solide et fin, et qui reposent sur des lits de marne calcaire sableuse et de marne argileuse.

§ III. *Plateau de Crépy.*

En remontant vers le nord du côté de Villers-Cotteret, nous ne connoissons point de carrière de pierre calcaire avant Vaucienne : c'est-à-dire que, jusque là, la formation calcaire est trop recouverte, ou trop mince, pour mériter d'être exploitée.

En suivant la route de Paris à Villers-Cotteret, et immédiatement à la sortie de Nanteuil-le-Haudouin, on trouve, au-dessus d'une masse très-épaisse de grès dur sans coquilles, une couche mince d'un décimètre d'un

calcaire sableux, renfermant dans sa moitié supérieure
des coquilles marines très-variées. Le sol au-dessus de
cette couche est de calcaire d'eau douce (1). On retrouve
près de Levignan ces mêmes coquilles marines, et notamment des cérites au milieu du terreau végétal qui
recouvre les grès. Il paroît que cette couche marine,
située immédiatement au-dessus des grès sans coquilles,
appartient à la seconde formation des grès marins, décrite dans le premier chapitre, § VIII.

Après avoir traversé Gondreville et des collines de
grès assez élevées, et au moment de descendre dans la
vallée de Vaucienne, on trouve encore sur le sommet de
la colline des grès en blocs peu volumineux, qui sont
coquilliers; ils renferment principalement des cérites,
mais on doit remarquer que nous n'avons pu apercevoir
aucune coquille dans les bancs du grès inférieur à celui
qui est coquillier; c'est une preuve que le grès supérieur
appartient à la seconde formation marine, car on sait
que ce grès marin repose constamment sur un banc plus
ou moins épais de sable ou de grès sans coquilles, qui
constitue la septième formation.

En descendant dans la vallée on arrive au calcaire en
gros bancs qui compose le sol à une grande profondeur

---

(1) Nous y avons reconnu les espèces suivantes qui marquent le rappro-
chement des deux terrains :

  Oliva Mitreola.

  Cerithium lamellosum.

  Bulimus, ou *melania?* le même qu'à Pierrelaie, et qu'à Ezainville
     près d'Écouen.

  Citherea elegans.

et sur une grande étendue. On en voit très-loin la coupe sur les bords escarpés de la vallée où coule la petite rivière d'Autonne, qui se jette dans l'Oise: comme la route creusée dans ces coteaux a coupé les bancs, il est facile d'en remarquer la succession et de voir qu'ils suivent l'ordre que nous avons indiqué dans le premier chapitre (1).

Il paroît que le sable verdâtre se trouve sous le calcaire tout le long de la vallée de l'Autonne jusqu'à Verberie, où nous l'avons retrouvé en allant à Compiégne. La pré-

---

(1) On remarque en allant de haut en bas la succession de bancs suivante :

1°. Calcaire coquillier, dur, renfermant :

 Des *Miliolites.*
 Turritella imbricata.
 Pectunculus.
 Citherea elegans.
 Cardium obliquum.
 Orbitolites plana, etc.

2°. Calcaire composé d'un si grand nombre de coquilles qu'il ne paroît pas y avoir de pâte. Il est peu dur, et quelques-unes des coquilles y ont conservé leur nacre. Nous y avons déterminé les espèces suivantes :

 Voluta cithara.
 Ampullaria patula.
 Turritella multisulcata.
 Cardium porulosum.
 Citherea nitidula,
 Lucina lamellosa, etc.

3°. Calcaire composé de nummulites, réunies assez solidement, et renfermant de la chlorite en grains.

4°. Bancs composés de sable à gros grains, et même de petits cailloux roulés de *nummulites lævigata* et des mêmes espèces que celles du n°. 2, et en outre de caryophillites simples et coniques de la première grandeur, etc.

5°. Banc de sable verdâtre assez fin.

sence de ce sable et des nummulites nous faisoit soupçonner que la craie ne devoit pas être loin, et en effet
elle se rencontre à une petite profondeur dans toutes les
parties un peu élevées de la plaine sur laquelle est situé
le bord occidental de la forêt de Compiégne. Le calcaire
compose toutes les hauteurs qui environnent cette forêt,
à l'exception de la côte de Marigny où la craie est à nu,
c'est-à-dire sans le chapeau de calcaire qui la recouvre
souvent.

Le mont Ganelon, au N. de Compiégne, et sur la rive
droite de l'Oise, quoiqu'à la suite de la côte de Marigny,
et à peu près de la même élévation qu'elle, en est cependant séparé par un vallon; il est entièrement calcaire,
et présente dans ses couches une disposition semblable
à celle des couches de Vaucienne; sa base consiste en
un banc de sable très-épais, mêlé de rognons de marne
comme à Verberie, et interrompu par des lits de *nummulites lævigata*. Lam. Il renferme dans sa partie moyenne
de la chlorite.

Plus haut on trouve toujours les nummulites, mais en
bancs mêlés d'autres coquilles qui ont conservé la plupart leur couleur nacrée (1). Ce banc très-dur est exploité en moellon, dont la surface noircit à l'air d'une
manière assez remarquable. Enfin, en examinant un petit
mamelon qui paroît plus élevé que le reste de la mon-

_____

(1) Ces coquilles sont tellement brisées et engagées dans la pierre, qui est
généralement fort dure, que nous n'avons guère pu y reconnoître que des
anomies.

tagne,

tagne, on le trouve composé de calcaire grossier ordinaire, renfermant des *cardium obliquum*, etc.

§ IV. *Plateau de Senlis.*

Le grand plateau calcaire qui porte Pont-Ste-Maxence, Creil, Senlis, la forêt de Chantilly, la forêt de Hallatte, etc. ne présente rien de particulier. Nous ferons seulement remarquer, 1°. que les lits moyens qui donnent la belle pierre de Sainte-Maxence, sont plus épais dans ce lieu que dans ceux dont nous avons fait mention; 2°. qu'on trouve le grès marin du calcaire dans la forêt de Pontarmé, sur le bord du plateau; 3° que sur le bord méridional de ce plateau on retrouve, comme sur son bord septentrional, l'espèce de poudding qui forme ses couches intérieures, et qui est composé de sable quartzeux à gros grains, de coquilles nacrées et de nummulites (1): on voit principalement ce poudding en sortant de la forêt de Chantilly, du côté de la Morlaye, et au-dessous est une masse considérable de sable renfermant, comme à Vaucienne et à Verberie, de la chlorite.

---

(1) Nos échantillons renferment les espèces suivantes:

Nummulites laevigata ?

Venus texta.

Lucina lamellosa.

Caryophillite simple conique de 2 centimètres de longueur; c'est la grande espèce des environs de Paris, fig. 1.

Cardium obliquum.

— *calcitrapoides.*

etc., etc.

Quoique, par la disposition du terrain, ce plateau semble être terminé par la vallée où coule la Thève, et dont la largeur s'étend depuis la Morlaye jusqu'à Chaumontel, on retrouve cependant absolument les mêmes couches calcaires dans le cap qui porte Luzarche. Ce n'est pas précisément à Luzarche que nous nous sommes assurés de cette structure, mais à la montée qui est au sud du petit vallon de Chauvigny.

L'isthme calcaire qui porte Luzarche, et qui s'étend vers l'Oise, est un appendice du petit plateau qui s'étend à l'est jusqu'à Louvres, et qui s'y termine. Il n'est lui-même qu'une dépendance du grand plateau que nous venons de décrire, quoiqu'il en paroisse assez distinctement séparé par la vallée de la Thève, et par l'alluvion étendue qui en a nivelé le sol.

On trouve sur ce petit plateau le grès gris à coquilles marines, dans lequel on voit des empreintes du *cerithium serratum*, etc., et un calcaire sableux, friable, qui semble renfermer au premier aspect presque autant de coquilles que celui de Grignon. Le grès est situé près de Louvres, et visible dans le vallon qui est à l'ouest de ce bourg. Le calcaire se trouve à Guespelle, presque à la surface du sol ; il renferme un grand nombre d'espèces qui sont presque toutes semblables à celles qu'on trouve à Grignon. Cependant on doit remarquer qu'on trouve à Guespelle beaucoup de cérites, et peu d'orbitolites ; que ce lieu manque de la plupart des espèces communes dans les couches inférieures du calcaire ; qu'il n'y a point de chlorite ; et qu'enfin cette couche a, par la présence de son sable siliceux et par la nature des espèces de coquilles qu'il renferme, encore plus de rapport avec la couche de Pierrelaie, c'est-à-dire avec les assises supérieures du calcaire marin, qu'avec celles de Grignon qui appartiennent aux couches moyennes et inférieures. Cette analogie est telle, que l'énumération que nous avons donnée des coquilles de Pierrelaie, chap. I, art. III, peut convenir parfaitement à celles de Guespelle.

La formation calcaire de ce petit plateau est généralement mince, aussi n'exploite-t-on des pierres à bâtir que près de Louvres; dans ce lieu où la formation est plus épaisse, on trouve les marnes calcaires qui la recouvrent ordinairement, et les géodes de marne dure, infiltrée de calcaire, qu'elles renferment souvent. Ici et près de Luzarche, la formation est entière; mais de Guespelle jusqu'aux alluvions de la Thève, les couches intermédiaires manquent. Ce qui paroît le prouver, c'est qu'il n'y a plus d'exploitation; les pierres à bâtir viennent de Comelle et de Montgresin, de l'autre côté de la Thève. Or, on sait, d'après ce que nous avons dit, que les pierres employées à bâtir appartiennent aux couches intermédiaires de la formation.

§ V. *Plateau d'entre Seine et Oise.*

Nous placerons une extrémité de ce plateau à Beaumont-sur-Oise, et l'autre à Argenteuil. Il forme une bande presque demi-circulaire, qui borde à l'ouest le bassin de terrain d'eau douce dont nous avons parlé plus haut. Nous avons cherché à saisir le point de contact

11 *

de ces deux terrains, et nous les avons examinés avec attention : 1°. du côté de la pointe occidentale de la longue colline gypseuse et sablonneuse de Montmorency, c'est-à-dire en allant de Frepillon à Méry et à Villiers-Adam ; 2°. de Moisselles à Beaumont-sur-Oise.

Dans le premier lieu, nous n'avons pu saisir claire-ment la superposition de ces terrains, ni nous assurer si le calcaire marin passe sous le gypse et sous le terrain d'eau douce de ce canton , comme cela paroît probable, ou s'il se termine à la ligne où commence la vaste plaine d'eau douce de Gonesse , etc. De ce terrain , on passe sur le sol de sable et de grès des bois de Villiers-Adam , et de là sur les masses de calcaire qui bordent les deux rives de l'Oise et celles des petits vallons qui y abou-tissent. Ces bords sont presque tous escarpés , ce qui permet d'observer les couches qui composent cette for-mation. Nous n'y avons rien remarqué qui ne tende à confirmer ce que nous avons déjà dit de leur disposi-tion générale. On exploite à l'abbaye du Val de belles pierres de taille.

Il nous a été plus facile de reconnoître la position du calcaire marin sous le terrain d'eau douce de la plaine , dans le second lieu, c'est-à-dire aux approches de Beau-mont-sur-Oise.

Après Maffliers, on commence à descendre vers la vallée de l'Oise. Cette première descente déjà très-rapide fait voir la coupe de ce terrain ; on y reconnoît :

1°. Le calcaire d'eau douce en fragmens bouleversés ;

2°. Un lit mince de marne d'eau douce feuilletée , appliqué tantôt

sur un lit mince de calcaire friable, rougeâtre, renfermant un assez
grand nombre de coquilles marines mal conservées, tantôt sur le
grès même ou sur le sable;

3°. Un grès dur en assises assez épaisses, ne renfermant pas de
coquilles;

4°. Le calcaire marin dont les assises snpérieures sont dures, siliceuses,
et renferment les coquilles marines qni appartiennent à ces assises
et notamment des cérites;

A la seconde descente qui mène à Presle, on trouve
la suite des couches de la formation marine; savoir :

5°. Le calcaire marin homogène, mais tendre, en assises épaisses;

6°. Un sable calcaire jaunâtre, mêlé de chlorite, et renfermant des
rognons très-durs souvent très-gros, formant des bancs interrompus,
mais horizontaux, et composés d'un calcaire sableux à grains de
chlorite, agglutinés par un ciment spathique, et ressemblant à un
porphire à petits grains.

Ce sable calcaire, qui est la partie inférieure de la formation du calcaire grossier, est ici d'une épaisseur immense. Il forme tous les
coteaux des environs de Beaumont. La forêt de Carneille est placée
sur ce sable; on remarque partout des rognons durs, souvent en
partie composés de grains très-gros de sable quartzeux, en sorte
qu'ils passent aux pouddings à petits grains.

7°. Enfin la craie dont le voisinage étoit annoncé par ces diverses
roches, paroît dans un espace très-circonscrit à l'Est de Beaumont.
Nous n'avons vu aucun fossile dans le sable à chlorite.

Du côté de Pontoise, le calcaire exploitable finit à
Pierrelaie, comme on peut le voir sur notre carte.

A Conflans-Sainte-Honorine, la bande calcaire apparente est très-étroite, mais elle n'en est pas moins épaisse;
elle renferme des carrières nombreuses qui donnent de
très-belles pierres de taille. Cette bande s'étend depuis
Conflans jusqu'à Sartrouville, en bordant la rive droite
de la Seine de coteaux escarpés qui la serrent de très-près

dans quelques points, et qui descendent même jusque dans son lit.

Le cap qui porte Montesson, Carrière-St.-Denis, etc. est entièrement calcaire, et présente quelques particularités assez intéressantes. Nous avons suivi cette masse calcaire jusqu'au pied de la montagne gypseuse de Sanois.

Les carrières de l'extrémité de ce cap font voir dans leur partie supérieure 22 lits très-distincts de marne calcaire dans lesquelles on n'aperçoit aucune coquille fossile. Les coquilles ne commencent à paroître qu'au 23e lit, ce sont principalement des cérites et des *corbula striata* qui les accompagnent souvent.

On trouve du côté de Houille, dans les bancs calcaires qui dépendent de l'exploitation de Carrière-Saint-Denis, et au milieu des marnes supérieures, un lit de quartz blanc carié, dont les cavités sont tapissées de petits cristaux de quartz prismé bisalterne et de chaux carbonatée inverse. Ce banc ressemble entièrement à celui qu'on connoît depuis long-temps dans les carrières de Neuilly, et nous soupçonnons qu'il pourra servir à caractériser les derniers dépôts de la formation calcaire; car si on ne le retrouve pas avec la même pureté dans les carrières de Meudon, de Sèvres, de Saint-Cloud, etc., il paroît y être représenté par un lit de sable blanc, quelquefois agglutiné en une espèce de grès luisant ou de silex corné qui forme des noyaux sphéroïdaux au milieu de ce lit. Les bancs intermédiaires de Carrière-Saint-Denis sont les seuls qui soient exploités; les bancs inférieurs sont friables, et renferment, comme à l'ordinaire, de la chlorite et de grandes coquilles d'espèces très-variées.

Cette masse calcaire offre deux autres particularités ; 1°. l'escarpement du bord oriental de ce plateau fait voir, à une hauteur de plus de 25 mètres au-dessus du niveau actuel de la rivière, de larges sillons longitudinaux arrondis dans leur fond, et qui ne peuvent point être considérés comme l'effet de la décomposition d'un banc plus tendre que les autres. Ils offrent tous les caractères d'érosions produites par un ancien et puissant courant ; 2°. on voit dans toutes ces carrières des coupes de puits naturels assez exactement cylindriques, qui percent toutes les couches, et qui sont actuellement remplis d'argile ferrugineuse et de silex roulés et brisés.

Ce plateau, que nous avons comparé à un demi-cercle, porte dans son milieu une plaine assez élevée, où sont situés les bois de Pierrelaie, les villages de Margency, Soissy, Deuil, Saint-Gratien, etc. Elle est bordée au S. O. par les coteaux de Cormeil et de Sanois, et au N. E. par celui de la forêt de Montmorency. Cette plaine forme ce que l'on nomme la *vallée de Montmorency*, espèce de grande vallée, sans col, sans rivière dans son milieu, enfin très-différente des vraies vallées des pays de montagnes ; mais si elle en diffère par sa forme, elle en est aussi très-différente par sa structure géologique ; le fond et les deux extrémités de cette espèce de vallée sont d'une autre nature que ses bords. Ce sont deux collines gypseuses qui forment ceux-ci, tandis que le fond de la vallée a pour sol le terrain d'eau douce et les couches supérieures du plateau de calcaire marin que nous décrivons. En effet, de quelque point qu'on arrive dans cette vallée, soit de Louvres, soit de Pontoise, soit d'Herblay, ou de tout autre bord du plateau calcaire, il faut monter et s'élever au-dessus des dernières assises de ce plateau. Le terrain qui constitue le sol de cette vallée n'a été entamé que dans peu de points, et encore très-peu profondément. Cependant on peut en connoître les premières couches en les examinant dans les carrières de grès de Beauchamp, situées dans les bois de Pierrelaie, entre ce village et Franconville.

On remarque les couches suivantes au-dessous de la terre végétale :

1°. Fragmens de marne d'eau douce compacte et dure dans un sable calcaire. Il y a aussi des fragmens de silex corné semblable à celui qu'on voit dans les gypses ; environ . . . . 0.2 *mètres.*

2°. Sable verdâtre agglutiné, renfermant un grand nombre de petites coquilles turbinées du genre des mélanies (1) ou d'un genre très-voisin. Il est comme divisé en deux assises 0.15

3°. Sable fin, blanc, renfermant les mêmes mélanies que le banc précédent, plus des limnées et des cyclostomes très-bien conservés (2), et quelquefois un lit mince de pierre calcaire sableuse, rempli de ces petites mélanies 0.60

4°. Grès dur, même luisant, renfermant une immense quantité de coquilles marines très-bien conservées, et disposées généralement par lits horizontaux (3). On y remarque en outre, mais

---

(1) *Melania hordacea?* Lm.

(2) Ces coquilles, non marines, ont été décrites par l'un de nous. *Ann. du Mus. d'Hist. Nat.* tome XV, page 357, sous les noms suivants :

　Cyclostoma mumia. Lm.

　Limneus acuminatus. Br.

　— *Ovum.* Br.

(3) Nous avons reconnu parmi ces coquilles les espèces suivantes :

très-rarement

très-rarement, quelques limnées absolument semblables à ceux du sable précédent. Ces bancs sont quelquefois au nombre de deux, séparés par une couche de sable contenant une prodigieuse quantité de coquilles marines.

Il y a ici un fait fort singulier, et dont la première observation est due à M. Beudan. C'est le mélange réel des coquilles d'eau douce avec les coquilles marines. Nous devons faire remarquer, 1°. que ce mélange a lieu dans un sol marin, et non dans un calcaire ou silex d'eau douce, constituant ce que nous appelons proprement *terrain d'eau douce*; 2°. que ce singulier mélange s'offre dans un terrain marin meuble, et pour ainsi dire d'alluvion, placé immédiatement au-dessous du calcaire d'eau douce bien caractérisé; 3°. que nous croyons en avoir aperçu des indications dans quelques autres points des environs de Paris (1), mais qu'il n'a jamais lieu que dans les derniers lits, c'est-à-dire dans les lits les plus

---

Cerithium coronatum.
— *mutabile.*
Oliva Laumontiana.
Ampullaria spirata.
Cardium Lima.
Cytherea èlegans ?
— *tellin:ria ?*
Nucula deltoïdea ?
Venericardia imbricata.
Venus callosa.
Ostrea. Deux espèces non déterminées.

(1) Dans les couches supérieures des marnes calcaires de Meudon et de Saint-Maur; c'est encore peu clair, parce qu'on n'y voit que des coquilles *semblables à des planorbes*, mais point de limnées.

superficiels du calcaire marin, et que s'il y a réellement dans ces lits marneux des coquilles d'eau douce, elles y sont extrêmement rares, tandis que les coquilles marines, qui ne sont guère que des cérites et des *cardium obliquum*, y sont au contraire très-abondantes.

La plaine qui est au pied du penchant septentrional du coteau de Montmorency, et qui forme encore une sorte de large vallée sans eau, bordée au nord par les coteaux gypseux de Luzarche, Mareil, etc. présente une structure absolument semblable à celle de la vallée de Montmorency. On y rencontre partout à sa surface, c'est-à-dire depuis Ecouen jusqu'à la grande descente qui est presque vis-à-vis de Maflier, au-delà de Moisselles, le calcaire d'eau douce généralement blanc compacte, assez dur, quoique facilement destructible à l'air. Ce calcaire recouvre immédiatement le grès marin, souvent coquillier vers sa surface supérieure, souvent mêlé de calcaire, et quelquefois même entièrement remplacé par du calcaire marin en couches très-minces. C'est presque au pied de la butte d'Ecouen, à l'ouest, et au nord-ouest de cette butte, et surtout près d'Ezanville, que se voit le mieux la disposition du grès à coquilles marines entre le calcaire d'eau douce et le grès sans coquilles. Les coquilles que renferme ce petit banc de grès, sont presque toutes semblables pour les espèces, et même pour le mode de conservation à celles du grès de Pierrelaie, etc. On y remarque surtout en quantité prodigieuse cette petite mélanie que nous avons déjà mentionnée sous le nom de *melania hordacea*.

§ VI. *Plateau de Marine.*

CE vaste plateau est terminé au nord, à l'ouest et au sud par des collines de craie, il porte dans plusieurs endroits ou des masses de sable ou des masses de gypse, surmontées de sable et de terrain d'eau douce.

Il est assez élevé au-dessus du lit des rivières qui le bordent, telles que l'Oise, la Seine, l'Epte et le Troëne. Quand on est sur ce plateau on ne monte plus d'une manière remarquable que pour passer par dessus les collines de sable et de gypse qui le surmontent, telles que celles de Grisy, de Marine, de Sérans, du Mont-Javoux, de Triel, etc., et on ne descend que pour traverser les lits des rivières qui le sillonnent; alors on voit les couches épaisses qui composent cette puissante masse calcaire, comme à Char; ou même la craie qui la supporte, comme à Gisors, à Saint-Clair, à Magny, à Mantes et à Jusier. Au reste la carte indique très-clairement cette disposition.

Nous examinerons d'abord la partie septentrionale en suivant la route de Pontoise à Gisors, et la vallée du Troëne.

Avant de monter à Cormeille, on trouve dans une cavité creusée à la surface du plateau calcaire une couche mince de quartz caverneux semblable à celui de Neuilly et à celui que nous avons trouvé dans la plaine des Sablons et près de Houille. Nous devons faire remarquer de nouveau la régularité de ces formations jusque

12 *

dans les moindres couches ; ce quartz est très certainement le caractère des derniers lits de la formation calcaire, puisque nous l'avons vu assez constamment dans
les lieux où le voisinage du gypse semble indiquer que
cette formation est complète.

Ainsi celui qu'on trouve dans la plaine des Sablons
est au pied de Montmartre, celui d'entre Houille et carrières Saint-Denis est presque au pied de la montagne
de Sanois, celui de Neuilly est au pied du Mont-Valérien, et celui de Cormeille est aussi au pied d'une montagne gypseuse.

Près de Lattainville, un peu avant de descendre à
Gisors et d'arriver à la craie qui se montre dans la vallée
de l'Epte, on trouve des coquilles fossiles entièrement
analogues à celles de Grignon. Ce lit est, comme nous
l'avons déjà dit plusieurs fois, le caractère des couches
inférieures de la formation calcaire.

On le retrouve encore :

1°. Au Mont-Ouen, à l'est de Gisors ; il est placé sur un
lit de sable calcaire renfermant des nummulites qui sont
toujours inférieures aux coquilles de Grignon ; au-dessus
et vers le sommet de cette butte se voient des cérites ;

2°. Sur la pente méridionale de la vallée du Troëne
à Lallery et à Liancourt près Chaumont. Le banc
est ici épais et riche en espèces extrêmement variées, aussi ce lieu célèbre parmi les amateurs des coquilles fossiles mérite-t-il quelques détails.

En montant à Liancourt on trouve,

1°. Un banc de sable qui renferme une grande quantité de petites
nummulites (*nummulites lenticularia*) ;

2°. Un autre banc de sable renfermant de plus grosses nummulites (*nummulites lœvigata*) et des blocs de calcaire sablonneux rempli de chlorite ;

3°. Une couche de 2 mètres d'épaisseur environ, renfermant une immense quantité de coquilles. On y remarque plus de bivalves que d'univalves. Les coquilles qui nous ont paru particulières à ce lieu, sont: un *Cerithium*, voisin du *vertagus*.

> *Turritella terebellata*, en quantité considérable.
> Une autre turritelle voisine de l'*imbricataria*.
> *Crassatella sulcata*.
> *Venericardia planicosta*.
> Lunulites. Fig. 9.
> Turbinolite (genre formé d'une division des caryophyllites).

4°. Des bancs assez épais de calcaire tendre, et renfermant des miliolites. On le connoît sous le nom de *lambourde*.

5°. Des bancs d'un calcaire en plaques minces, et souvent brisées. Nous n'y avons pas vu de coquilles.

Cette disposition est toujours la même sur le coteau jusqu'à Gisors ; mais le lieu où les coquilles fossiles se voient le mieux, et où il est le plus facile d'obtenir ces coquilles entières, c'est sur le bord coupé à pic du chemin qui monte de la vallée pour aller gagner la grande route de Chaumont à Pontoise, au hameau de Vivray.

La partie méridionale du plateau de marine offre quelques particularités dans la disposition des couches de la formation calcaire. En sortant de Poissy, on traverse un terrain d'alluvion très-étendu, après lequel on arrive au cap méridional du plateau calcaire, d'où on extrait du moellon. En suivant la route de Paris à Triel, on trouve à droite du chemin une carrière dans laquelle M. de Roissy qui nous accompagnoit, nous fit remarquer des puits naturels semblables a ceux dont nous avons fait mention plus haut, en parlant du plateau d'entre Seine-et-Oise.

Ces puits verticaux, à parois assez unies, et comme usées par le frottement d'un torrent, ont environ cinq décimètres de diamètre ; ils sont remplis d'une argile sablonneuse et ferrugineuse et de cailloux siliceux roulés. Mais ce qu'ils offrent de plus remarquable que les premiers, c'est qu'ils ne percent pas les couches supérieures ; ils commencent tous au même niveau. On doit conclure naturellement de cette disposition que ces puits avoient été ouverts et étoient deja remplis lorsque les couches calcaires supérieures ont été déposées. Cette observation, jointe à celles que nous avons faites sur les différences qui existent constamment entre les coquilles fossiles des principaux systèmes de lits calcaires, concourt à nous prouver que les couches calcaires ont été déposées à des époques assez éloignées les unes des autres : car il paroît évident qu'il a fallu que les couches inférieures fussent toutes déposées, que les puits eussent été creusés par la cause inconnue qui les a formés et qui a dû agir pendant un certain temps pour unir leur parois comme elles le sont ; il a fallu ensuite qu'ils aient été remplis par les argiles ferrugineuses, les sables et les cailloux, avant que les couches calcaires qui les ont fermés. se soient déposées : ces opérations ont dû necessairement se succéder, et leur succession suppose un temps assez considérable. Mais nous n'avons aucune donnée qui puisse nous faire évaluer ce temps, même par approximation.

Ces puits sont d'ailleurs assez communs dans le calcaire marin. Nous ne les décrivons pas tous, parce qu'ils ne sont pas tous aussi remarquables que ceux ci : mais

il y a peu de carrières qui n'en présentent ; ils ne sont
pas toujours verticaux. Nous en connoissons un dans les
carrières de Sèvres, qui ressemble à un long canal
oblique, à parois unies, mais sillonnées par un courant ;
il est rempli de sable quartzeux. Il y en a un assez grand
nombre dans les carrières dites *du Loup*, dans la plaine
de Nanterre ; et tous sont remplis d'un mélange de cailloux siliceux et calcaires dans un sable argilo-ferrugineux.

Le long de la côte, entre Triel et Meulan, la formation calcaire est très-épaisse, et le coteau lui-même très-
élevé, présente deux sortes d'exploitations de carrières
placées immédiatement l'une au-dessus de l'autre, le calcaire en bas et le plâtre en haut. Ici la formation calcaire
présente quelques particularités que nous n'avons pas vues
ailleurs. Premièrement les couches y sont inclinées dans
quelques endroits, notamment à la sortie de Triel ; mais
cette inclinaison n'a aucune régularité. Il paroît cependant que toute la masse va un peu en montant du côté
de Meulan, et que les bancs qui sont au tiers inférieurs
de la côte, se relèvent du côté de la rivière. Ces bancs
présentent des sillons longitudinaux, arrondis dans leur
fond, et qui semblent avoir été creusés par un courant,
ils sont en tout semblables à ceux que nous avons observés près de Houille (1) ; ces érosions se représentent

_____

(1) Nous connoissons les objections faites par M. de Luc contre une origine
semblable attribuée par de Saussure à des érosions qu'il avoit remarquées
dans le Salève ; ces objections qui peuvent être fondées dans le cas rapporté
par M. de Luc, ne nous paroissent pas applicables à celui-ci.

encore sur les rochers calcaires du mamelon d'Issoud,
entre Meulan et Mantes, et se continuent jusque vis-
à-vis Rolleboise. En second lieu on remarque vers le
milieu de la formation calcaire des bancs puissans de
sable siliceux, tantôt presque pur, tantôt mêlé de calcaire, mais renfermant toujours des coquilles plus ou
moins nombreuses, et changées en calcaire blanc; elles
sont très-bien conservées, d'espèces assez variées et analogues la plupart à celles de Grignon. Ce sable est quelquefois friable, comme on l'observe immédiatement à
la sortie de Triel; mais plus souvent il est aggluliné en
grès, tantôt tendre, blanc et opaque, tantôt dur, luisant,
gris et translucide. Ces deux sortes sont mêlées dans la
même couche. On prend la plus dure pour paver la route.
Toute la côte, jusqu'aux deux tiers de sa hauteur, présente ces bancs de grès coquillier alternant avec des
marnes calcaires ou avec du calcaire assez solide, et qui
paroît moins coquillier que ce grès. Il ne faut pas confondre ce grès, 1°. avec ceux qu'on trouve près du sommet de la côte, ceux-ci recouvrent le penchant de la
colline, ils ne font point partie de la formation calcaire,
et ne renferment aucune coquille; 2°. ni avec les grès à
coquilles marines qui recouvrent quelquefois les montagnes de gypse, comme à Montmartre, etc. Les grès
coquilliers de Triel sont bien certainement au-dessous
du gypse et au milieu de la formation calcaire, et ont
les plus grands rapports de structure, de formation,
de position et même de hauteur avec ceux de Pierrelaye,
d'Ezanville, de Louvres, de Moiselles, etc.

Au

Au nord-est de Meulan, à la naissance du joli vallon de Sagy, sont les carrières célèbres de Saillancourt, exploitées pour le compte du Gouvernement et pour l'usage particulier des ponts et chaussées.

Le calcaire marin présente dans ce lieu un aspect un peu différent de celui qu'il offre dans les environs de Paris. C'est une masse sans assises distinctes, laissant voir seulement quelques lignes sinueuses à peu-près horizontales, mais dont les sinuosités ne sont pas même parallèles.

Cette masse calcaire a environ dix-huit mètres d'épaisseur depuis le point le plus élevé jusqu'au lit de sable sur lequel repose le dernier banc. Elle peut être divisée en deux parties.

La partie supérieure, nommée *décomble* par les ouvriers, a dans sa plus grande épaisseur douze mètres cinq décimètres; le calcaire qui la compose est blanc, tendre, même friable, et ne p ut guère, par ces raisons, être employé dans les constructions. Elle renferme les coquilles fossiles des couches moyennes du calcaire des environs de Paris, mais ces coquilles sont tellement brisées qu'on ne peut guère en distinguer quelques-unes que dans la partie inférieure de la masse. On y reconnoît quelques cérites, trop altérées pour qu'on puisse en déterminer les espèces, des empreintes du *Citherea nitidula*, le *Nucula margaritacea*, le *Cardita avicularia*, des *Orbitolites plana*. Les parties moyennes de cette masse supérieure présentent, comme à Châtillon, à Saint-Nom, etc. des empreintes de feuilles très-bien conservées, et de la même espèce que celles des lieux que nous venons de nommer.

On ne voit donc dans cette masse ni marnes argilleuses, ni marnes calcaires fragmentaires, ni chlorite pulvérulente, excepté dans quelques veines de sa partie inférieure, et encore y est-elle fort rare.

La partie inférieure est composée comme celle que nous venons de décrire, et peut-être même plus évidemment qu'elle, d'une masse continue de calcaire généralement jaunâtre, et formé de grains assez gros, mais solidement agglutinés.

Ces grains sont de toute nature ; on y voit un grand nombre de débris de coquilles, des coquilles entières, du sable siliceux et du sable calcaire ; ce dernier semble formé de débris de coquilles enveloppés de plusieurs couches concentriques de calcaire, et de petits corps ovoïdes, que nous n'avons pu déterminer, et qui ressemblent par leur structure à de petites dragées. On y voit aussi beaucoup de grains de chlorite. On trouve dans certaines parties de cette masse des amas de grosses coquilles, ayant quelquefois conservé leur brillant nacré, et absolument semblables à celles des assises à chlorite terreuse de Meudon, de Bougival, etc. Mais ce qu'on y trouve de plus que dans ces derniers lieux ce sont de grands oursins du genre des Cassidules (1). Les orbitolites

_____

(1) Ces oursins fortement engagés dans la pierre sont difficiles à déterminer ; mais on en voit assez pour s'assurer qu'ils sont très-différens de l'*ananchites ovatus*, et du *spatangus cor-anguinum* de la craie, puisqu'ils ont *la bouche inférieure et centrale et les ambulacres bornés*. Ils appartiennent donc même à un autre genre et nous paroissent pouvoir être rapportés aux cassidules ou aux clypeastres de M. de Lamarck.

se continuent jusque dans les derniers bancs , qui contiennent, comme fossile caractéristique, des turbinolites. (Fig. 2.)

Quoiqu'il n'y ait point d'assises réelles et distinctes , on y reconnoît cependant des lits de pierre qui diffèrent entre eux par leur couleur, par leur solidité, par la grosseur des grains qui les composent, et même par la nature des fossiles qu'ils renferment. On remarque que, quand on enlève de grandes parties de ces lits , les blocs, en se détachant, indiquent plutôt une stratification oblique qu'une stratification horizontale.

On peut reconnoître , avec les ouvriers , trois qualités de pierre différente dans cette masse inférieure.

1°. *Le banc rouge*, qui est le plus élevé et d'une couleur ocracée. Il est composé de grains très-gros, d'espèces de pisolittes, et renferme principalement des oursins méntionnés plus haut. Il ne contient que rarement des grains de chlorite. Il n'est point continu, et disparoît entièrement dans quelques endroits. Il n'est ni assez solide ni assez durable pour être employé dans les constructions.

2°. *Le banc* que nous appellerons *jaune*, c'est le plus épais. Il est jaunâtre, et généralement composé de grains assez fins et assez solidement agglutinés par un ciment spathique ; il renferme beaucoup de chlorite granulée. Son grain devient d'autant plus fin et plus serré , et ce banc est d'autant plus dur qu'on s'énfonce davantage. Sa partie supérieure est même rebutée , parce que la texture en est trop lâche.

3°. *Le banc vert*, celui-ci est le plus inférieur, le plus dur, et contient le plus de chlorite. On y a trouvé outre les fossiles cités plus haut, des glossopêtres. La couleur de ce banc , qui fait dans les constructions extérieures une disparate trop sensible avec celles des autres pierres, en réduit beaucoup l'emploi.

Au-dessous du banc vert on trouve le sable, et il n'y a pas de doute

13 *

que si on creusoit davantage, on ne trouvât bientôt l'argile plastique, puis la craie ; car l'argile se montre sur le penchant des coteaux voisins, et on voit la craie avec ses silex dans les champs entre Salliancourt et Sagy, et même à l'arrivée de Sagy du côté de Salliancourt.

La masse de calcaire marin exploitée à Salliancourt rentre donc dans les lois de superposition que nous avons reconnues au calcaire des environs de Paris. Les seules différences qu'elle offre existent dans l'épaisseur des couches inférieures plus considérable ici qu'ailleurs, et surtout dans la solidité et dans la durée à l'air des pierres de taille qu'on en extrait. Cette différence est d'autant plus remarquable, que les bancs inférieurs de la formation calcaire donnent généralement une pierre qui devient friable à l'air. Les carrières de Salliancourt présentent donc une sorte d'exception à cette règle ; mais cette exception n'est pas même complète ; car dans beaucoup de points la pierre du banc jaune est de mauvaise qualité, et dans les lieux où elle est solide et durable on peut remarquer qu'elle doit ces qualités à une infiltration spathique qui la pénètre, et qui lie entre elles ses diverses parties, infiltration que nous n'avons pas eu occasion d'observer dans les couches analogues qu'on trouve à Issy, à Meudon, à Sèvres, à Bougival, etc.

Après Meulan, le calcaire coquillier de Merry et celui qui couronne la craie au-dessus de Jusier, n'offrent rien de particulier. On doit seulement faire remarquer que les bancs inférieurs d'Issoud, qui suivent presqu'immédiatement la craie, renferment de la chlorite, et qu'à Fontenay-Saint-Père, au nord de Mantes, et sur le bord occidental du plateau, on voit le banc des coquilles analogues à celles de Grignon (1).

§. VII. *Plateau d'est et d'ouest de Paris.*

Pour terminer la description des plateaux calcaires de la rive droite de la Seine, il ne nous reste plus à parler que de deux petites bandes qui bordent la rivière à l'est et à l'ouest de Paris.

Celle de l'ouest s'étend depuis Chaillot, et même probablement depuis le lieu nommé l'*Etoile* jusqu'à Passy. La partie visible de cette colline calcaire forme une bande très-étroite. Vers le N. O. le calcaire paroît s'enfoncer sous le terrain de transport ancien qui forme le sol du bois de Boulogne et de la plaine des Sablons ; car, en creusant dans cette dernière, près la porte Maillot, on trouve au-dessous d'une couche de sable mêlée de cailloux roulés, et qui a environ quatre mètres d'épaisseur, les premières couches de la formation calcaire caractérisées, comme nous l'avons dit, par des lits de marne calcaire blanche, renfermant des petits cristaux de quartz et de calcaire spathique.

A la butte de l'Étoile on a creusé jusqu'à huit mètres pour asseoir les fondations de l'arc de triomphe qu'on y construit. On a trouvé des lits alternatifs de sable argileux, de sable calcaire et de marne calcaire sablonneuse (2), mais on n'a point atteint le calcaire en banc.

_____

(1) Nous tenons ces derniers renseignemens de M. de Roissy.

(2) *Détail des couches qui composent le sommet de la Butte de l'Etoile,* par MM. Desmarest *fils et* Leman.

mètres.

1. Calcaire blanc graveleux en différens bancs 1,30

Nous devons faire remarquer que ces bancs très-distincts s'inclinent un peu du sud au nord, et semblent par conséquent plonger sous Montmartre.

C'est à Passy qu'on voit les bancs calcaires dans leur plus grande épaisseur, ils présentent une masse de 12 à 13 mètres.

Avant d'arriver aux premiers lits de pierre calcaire, on traverse environ vingt-quatre couches, tantôt calcaires, tantôt sablonneuses; les couches supérieures renferment souvent des masses de quartz composées de cristaux lenticulaires, groupés et convergens. Ces masses, connues sous le nom *de quartz lenticulaires*, semblent avoir pris la place du gypse, qui, dans les couches inférieures des carrières de Montmartre, affecte précisément la même forme.

Ces diverses couches forment une épaisseur d'environ 7 mètres. Les bancs calcaires qu'on trouve au-dessous

	mètres.
de l'autre part	0.30
2. Marne blanc-verdâtre fissile	0.04
3. Sable calcaire verdâtre	0.52
4. Marne blanche argileuse, en deux bancs	0.30
5. Sable calcaire verdâtre	0.90
6. Sable calcaire gris, veine de sable verdâtre	1.45
7. Sable calcaire jaunâtre, avec filets de sable verdâtre .	1.40
8. Sable calcaire verdâtre	0.80
9. Quartz lenticulaire empâté de marne	0.12
10. Marne sablonneuse jaunâtre	0.50
11. Marne grise compacte	0.06
12. Quartz carié, terreux, jaunâtre	0.20
TOTAL	7.59

ne contiennent que le *cerithium lapidum* et le *lucina saxorum* Lam. ; ce qui concourt, avec l'observation précédente, à nous apprendre qu'on ne voit dans ce lieu que les couches supérieures de la formation calcaire.

On peut suivre les bancs calcaires au-delà d'Auteuil, de Passy et de Chaillot, et on les perd vis-à-vis Chaillot, à 110 et 150 mètres du bord de la Seine, et vis-à-vis Passy, à 450 mètres. Mais d'après quelques observations que les fouilles qu'on vient de faire dans les faubourgs du nord de Paris nous ont permis de recueillir, il paroît que cette formation, réduite à l'état de marne calcaire jaune, se continue sans interruption de l'ouest à l'est, et forme le premier plateau qu'on monte en sortant de Paris pour aller, soit à Montmartre, soit à Ménil-Montant ; nous regardons les marnes calcaires et gypseuses marines qu'on trouve à l'ouest de Montmartre, au-dessous de la troisième masse, qu'on revoit au N. de cette montagne dans la rue des Martyrs et à l'est près de l'hôpital Saint-Louis, comme représentant la formation marine, puisqu'on trouve dans ces trois points des coquilles marines semblables à celles qui caractérisent le calcaire grossier.

A l'est de Paris, on reconnoît à peu près la même disposition, c'est-à-dire qu'il règne sur la rive droite de la Marne et de la Seine une bande calcaire qui s'étend depuis Bercy jusqu'à Saint-Maur. Elle est étroite comme celle de Passy. Elle commence à la barrière de Reuilly ; à Bercy elle est à 200 ou 300 mètres de la Seine ; vers le nord elle plonge d'abord au-dessous du terrain de transport ancien, qui constitue le sol du bois de Vincennes, et probablement au-dessous des montagnes gypseuses de Belleville, etc. qui font suite à celles de Montmartre.

On seroit porté à croire, d'après la description précédente, que cette bande calcaire est une suite de celle de Passy, et qu'elle traverse la partie septentrionale de Paris; mais cela n'est point ainsi. Toutes les fouilles qu'on y a faites, soit pour le canal de l'Ourcq, soit pour d'autres travaux, et dont nous avons eu connoissance, nous ont appris que la partie la plus voisine de la Seine est composée d'un terrain de transport moderne, c'est-à-dire des alluvions de la Seine faites depuis la formation de nos continens dans l'état où nous les voyons; que la partie moyenne vers la porte Saint-Denis et la foire Saint-Laurent est située sur le calcaire d'eau douce, et que vers l'extrémité du faubourg, lorsqu'on creuse un peu profondément, on rencontre ou la formation gypseuse, et le gypse lui-même, ou ces marnes marines que nous venons d'indiquer, et qui représentent la formation marine; toutes nos recherches et tous les renseignemens que nous avons reçus de M. Héricart de Thury, nous portent à croire qu'il n'existe pas de vrai calcaire en bancs solides, où pierre à bâtir dans cette partie de Paris.

§ VIII. *Plateau de Maisons.*

CE plateau est très-circonscrit, car il ne tarde pas à être remplacé vers le S. E. par la formation du calcaire siliceux, c'est le seul point depuis le confluent de la Seine avec la Marne jusqu'à la hauteur de Changy, entre

Meaux

Meaux et la Ferté-sous-Jouarre, où le calcaire marin se montre, et c'est probablement aussi le seul où il existe. Ce petit plateau n'offre d'ailleurs rien de remarquable. Il porte des masses de gypse à son extrémité S. E.

RIVE GAUCHE DE LA SEINE.

§ IX. *Plateau du sud de Paris.*

Ce plateau est un des mieux connus, il fournit le plus grand nombre des pierres employées dans les constructions de Paris. Il est percé de carrières dans une multitude de points. On peut aisément déterminer ses limites. Il comprend la partie méridionale de Paris, et s'étend de l'est à l'ouest depuis Choisy jusqu'à Meudon. La rivière de Bièvre le sépare en deux parties ; celle de l'est porte la plaine d'Ivry, et celle de l'ouest forme la plaine de Montrouge et les collines de Meudon.

Dans la plaine d'Ivry, le calcaire marin se trouve presque immédiatement au-dessous de la terre végétale ; il n'est recouvert que d'un à deux mètres d'un aggloméràt composé de silex roulés et de débris de calcaire enveloppés d'un sable rougeâtre argileux. Lé calcaire marin proprement dit est précédé d'environ un mètre de marne ou de sable calcaire.

Le plateau de la plaine d'Ivry se prolonge au nord dans Paris, jusqu'à l'extrémité orientale de la rue Poliveau.

Le plateau de la plaine de Montrouge est séparé du précédent par le vallon où coule la rivière des Gobelins ;

ce vallon est creusé. assez. profondément pour couper
tous les bancs calcaires , en sorte que là rivière des
Gobelins coule sur l'argile plastique. Les bords de ce
plateau dans Paris, forment une ligne qui passe sous
l'extrémité méridionale du Museum d'Histoire Naturelle,
et suit les rues Saint-Victor , des Noyers , des Mathurins ,
de l'École de Médecine , des Quatre-Vents , de Saint-
Sulpice , du Colombier et de Sèvres jusqu'à Vaugirard.
Sur cette limite les bancs de calcaire marin , n'ont
plus aucune solidité , ils sont minces, friables et
marneux (1). C'est sous cette portion de la ville que
sont. creusées. ces fameuses carrières qui ont quelque
temps menacé la solidité des édifices qu'elles supportent.

Le bord oriental de la plaine de Montrouge présente
une disposition à peu près semblable à. celle du bord
occidental du plateau d'Ivry. Dans les deux carrières
que nous avons étudiées particulièrement, au lieu dit
la Croix penchée, près le petit Gentilly, on trouve les
premiers lits de calcaire marin coquillier, dès qu'on a
traversé environ 1 mètre de terre meuble, mélangée de
pierrailles calcaires et siliceuses. Les couches de marne
qui précèdent ordinairement le calcaire coquillier ne se
voient point ici. Il y a 15 à 17 mètres de masse ; mais
les couches inférieures, composées de calcaire sablonneux
et formant environ trois mètres, ne sont pas exploitées.

---

(1) Nous tenons la plupart de ces renseignemens de M. Héricart de Thury,
ingénieur des mines, et inspecteur-général des carrières du département de le
Seine.

C'est une règle qui n'a pas encore présenté de véritables exceptions (1).

Numéros des
couches ob-
servées en al-
lant de haut
en bas.

(1) *Détail des Carrières de Gentilly.*

N° 1. Marne calcaire avec quelques moules de coquilles bivalves indéterminables.

2 — 4. Calcaire dur, mais presque entièrement composé de cérites, et renfermant aussi quelques autres coquilles :

    Cerithium serratum,
    Fusus bulbiformis,
    Corbula (Lm.)
    Cardium Lima,
    Miliolites.

5 — 6. Calcaire friable.
    Les mêmes coquilles,
    Les *miliolites* plus abondantes.

7. Calcaire tendre, coquilles plus rares, surtout les cérites.
    Les mêmes espèces qu'aux numéros précédens.
    En outre *Corbula anatina*,
        Ampullaria acuta ?
        Cithœræa lœvigata ?

8 — 10. Calcaire tendre.
    Beaucoup de coquilles, mais tellement brisées, qu'il est presque impossible de déterminer les espèces ; presque plus de cérites.

11 — 13. Calcaire plus dur que le précédent.
    Point de cérites.
    Corbula anatina,
    Lucina saxorum.
    Une grande quantité de miliolites.

14 et 15. Calcaire tendre, coquilles non apparentes.

16 — 17. Calcaire dur, entièrement semblable aux n°° 2 — 4.

14 *

La formation calcaire paroît s'amincir sensiblement à mesure qu'elle approche du lit de la Seine. Près d'Issy

18. Calcaire tendre, coquilles non apparentes.

19 — 20. Calcaire dur, absolument semblable aux n°ˢ 2 — 4, 16 et 17.

21 — 22. Calcaire moins dur que le précédent, renfermant les mêmes fossiles que les n°ˢ 11 — 13.

Ces divers lits réunis forment une masse d'environ quatorze mètres. On remarquera que ces lits ne sont que des subdivisions de la couche puissante qui renferme les *cérites tuberculées* et les *cérites des pierres*, la seule qui soit exploitée. Les assises à coquilles variées, à chlorite granulée, etc. sont situées au-dessous; comme elles ne sont pas exploitées, nous n'avons pu les voir dans le lieu où a été prise cette description; mais en visitant les puits qu'on creuse pour l'exploitation de l'argile plastique, et qu'on ouvre précisément au fond des carrières, nous avons reconnu, en le mesurant nous-mêmes, qu'on traversoit encore 13 mètres de calcaire pour arriver à la glaise, et que les dernières assises étoient composées de sable siliceux, de calcaire jaunâtre, d'une quantité considérable de chlorite granulée d'un beau vert, et de coquilles extrèmement variées et d'un très-beau blanc.

Dans d'autres carrières situées un peu plus au S. O., les marnes qui recouvrent le calcaire marin, et qui paroissent manquer dans celle que nous venons de décrire, présentent la succession de lits suivante :

1 Marne calcaire en fragment.

2 Sable calcaire.

3 Marne calcaire dure.

4 Marne calcaire dure, avec trois petits lits de marne argileuse feuilletée.

5 Sable calcaire fin, avec rognons géodiques, blanchâtre dans sa partie supérieure.

6 Grès calcaire à cérites.

7 Grès calcaire spathique.

8 Calcaire blanc, friable, fissile, à fragmens de coquilles analogues à celles de Pierrelaie.

Nous avons rapporté cette disposition avec détail, parce qu'elle nous offre une nouvelle preuve que le grès de Pierrelaie appartient aux assises supérieures de la formation marine.

on ne traverse guère que 10 à 12 mètres de calcaire pour
arriver à la glaise. Dans la plaine de Grenelle, le calcaire
a disparu entièrement, et la craie se trouve presque
immédiatement au-dessous du sol d'attérissement qui
forme cette plaine basse. Ce sol, entièrement composé de
silex roulés dans un sable argileux, ferrugineux, est très-
épais dans quelques endroits; il a, auprès de l'École
Militaire, 6 à 7 mètres d'épaisseur.

Sur les parties inférieures des pentes des collines qui
bordent la vallée de la Seine au midi, la glaise n'est
recouverte que par des couches minces de calcaire
grossier et tendre.

En remontant vers la colline qui est située au S. E.
de Vaugirard, entre ce village et Montrouge, on trouve
des carrières ouvertes qui font connoître la disposition
des couches calcaires, dans cette partie du plateau. Il y a
d'abord dix-huit lits de marne calcaire et argileuse, qui
forment une masse d'environ 3 mètres d'épaisseur. On
voit parmi les lits supérieurs cette couche de sable
quartzeux, agglutiné, qui caractérise généralement les
premières assises de la formation calcaire; on trouve
ensuite les bancs qui renferment les lucines et les cérites
des pierres, les corbules anatines, etc. des miliolites en
quantité prodigieuse; ces bancs nous ont paru plus puissans ici qu'ailleurs. Au milieu d'eux et immédiatement au-
dessous d'un banc rouge presque uniquement composé de
cérites, se voit une couche de calcaire marneux qui présente de nombreuses empreintes de feuilles. Cette couche
très-mince de feuilles, placée entre des bancs de calcaire

marin, dont les supérieurs renferment les mêmes espèces de coquilles que les inférieurs, est un fait assez remarquable et dont nous allons retrouver bientôt de nouveaux exemples. Cette carrière nous a offert 7 mètres et demi de bancs calcaires exploités; les plus inférieurs contiennent des *cithærea nitidula*, des *cardium obliquum*, des *terebellum convolutum*, et des *orbitolites plana;* il n'y a pas de doute qu'en creusant plus profondément, on ne trouvât le calcaire sablonneux à coquilles de Grignon et à chlorite granulée ; mais comme il n'est pas susceptible d'être employé, on n'a aucune raison pour entamer ces bancs. Pour qu'on puisse les voir, il faut que quelques circonstances les mettent à découvert et c'est ce qui a lieu à peu de distance de la carrière que nous venons de détailler. En allant vers Issy on rencontre d'abord des carrières qui ressemblent à la précédente; mais derrière le parc qui dépend de la première maison de ce village du côté de Paris, il y a des escarpemens qui font voir le calcaire sablonneux à coquilles très - variées, et souvent nacrées (1), et à chlorite granulée ; ici ces bancs sont visibles, parce qu'ils sont comme relevés par l'île de craie qui se fait voir à Meudon, au milieu du bassin de calcaire grossier que nous décrivons.

On retrouve dans les carrières de Clamart la même couche mince de feuilles très bien conservées; elle est

---

(1) Il est inutile d'énumérer ici ces coquilles, elles sont absolument de même espèce que celles que nous allons citer plus bas, et que toutes celles des couches inférieures du calcaire.

située au; milieu des cérites et des lucines des pierres.

Le monticule calcaire qui porte Fleury et Meudon, quoique placé sur une protubérance de la craie et comme soulevée par celle ci, présente cependant toutes les couches de la formation calcaire, depuis les plus inférieures jusqu'aux marnes les plus superficielles ; il est facile de les suivre dans les diverses carrières placées les unes au-dessus des autres.

On peut observer presque au-dessus de la verrerie, mais un peu vers l'est, la craie, l'argile plastique ferrugineuse qui la recouvre, et les premiers bancs de sable et de calcaire sablonneux à chlorite granulée qui reposent sur l'argile. Ce banc très-épais et situé à environ quarante mètres au-dessus des moyennes eaux de la Seine au bas des moulineaux, est d'un jaune de rouille ; il est friable et renferme une grande quantité de coquilles très-variées, mais de même espèce que celles qu'on trouve à Grignon.

Nous avons compté dans cette carrière vingt bancs distincts de marne calcaire et de calcaire marin coquillier, qui forment, en y comprenant le calcaire sablonneux, une masse de 23 à 24 mètres d'épaisseur, dont on trouvera ci-dessous le détail (1). Il n'y a au-dessus que 3 mètres

_____

(1) *Carriere de Meudon, au-dessus des crayères exploitées.*

Prise à partir de l'argile plastique qui est au-dessus de la craie.

N° 1. Calcaire friable, d'un jaune d'ocre, plus dur dans certaines parties, se désagrégeant à l'air ; il est composé de calcaire à gros grains de sable, de chlorite granulée, et d'une quantité prodigieuse

au plus de marne calcaire sans coquilles, mais on doit
remarquer aussi qu'on ne trouve pas les couches sablon-

de coquilles, presque toutes analogues à celles qu'on trouve à
Grignon ; savoir,

Calyptræa trochiformis.
Terebellum convolutum.
Pyrula lævis.
Voluta harpaeformis.
Turritella imbricata.
— *sulcata.*
Cerithium giganteum.
Ampullaria patula.
Venericardia imbricata,
Lucina concentrica.
— *lamellosa.*
Cythærea nitidula.
Pectunculus pulvinatus.
Cardita avicularia.
Cardium porulosum.
Crassatella lamellosa.
Tellina patellaris.
Modiola cordata.
Mytilus rimosus.
Venus texta.
Turbinolites. (Lm.)
Pinna margaritacea.
Orbitolites plana.

mètres.

Fongite conique de 15 millimètres. 3.50

N° 2.   Banc blanc assez tendre, formé de lits séparés par de
la chaux carbonatée farineuse. Il renferme dans ses dernières
assises les mêmes espèces de coquilles que le banc n° 1 ;
mais il n'est point friable comme lui, il ne contient point
autant de sable, et ne renferme que très-peu de chlorite granulée ; il contient des miliolites en très-grande abondance.   3.10

3.   Banc tendre d'un blanc jaunâtre, renfermant des empreintes
blanchâtres rhomboïdales allongées de 15 millimètres de lon-

neuses

neuses et quartzeuses qui caractérisent les marnes superficielles.

---

gueur, ressemblant à des feuilles. On ne peut y voir aucune
nervure, et nous soupçonnons que ce sont des empreintes de   mètres.
flustres. . . . .   1·00

N° 4.   Banc tendre. Il est très-tendre, et même friable. On y voit
des *terebellum convolutum*, et des veines plus jaunes, formées d'une pâte grossière de coquilles brisées. . . . . .   0·70

5.   Calcaire plus dur, plus grossier que le précédent; encore
quelques orbitolites; beaucoup de miliolites. . . . . . .   0·40

6.   (La Roche des Carriers). Calcaire jaune dur, surtout vers
son milieu, quoiqu'à grain grossier, renfermant beaucoup
de moules de coquilles, notamment

> *Miliolites.*
> *Cardium Lima?*
> — *obliquum.*
> *Turritella imbricata.*
> *Ampullaria spirata ?,*
> *Cerithium serratum* en grande quantité. . . . . . .   1·20

Un filet de marne argileuse feuilletée le sépare du banc suivant.

7.   Calcaire dur jaunâtre très-coquillier, renfermant les mêmes
espèces de coquilles que le n° précédent, et de plus, *Lucina
saxorum.* . . . .   0·15

8.   Calcaire moins dur, très-peu coquillier, fragmens indéterminables . . . .   0·12

9.   Calcaire très-friable, se divisant en feuillets perpendiculaires, renfermant des masses dures et quelques coquilles
bivalves blanches qui paroissent être des fragmens de la
lucine des pierres. . . . .   0·60

10.   Calcaire gris assez dur, mais fragile, et même friable
dans sa partie inférieure . . . .   0·61

> Coquilles. *Cerithium serratum.*
> *Lucina saxorum.*
> *Miliolites*, etc. et autres coquilles des n°ˢ 7
> et suivans.

11.   Calcaire jaunâtre assez compacte, presque point de coquilles, des miliolites. . . . .   0·22

Ces couches se retrouvent dans des carrières plus élevées que celles-ci, et situées au-dessus des mouli-

N° 12.   Calcaire très-coquillier, presque toutes les coquilles sont des *cerithium serratum* et des *ampullaria spirata?* On y voit aussi quelques lucines des pierres, quelques *cardium lima* et des miliolites. Il est dur à sa partie inférieure, et friable à sa partie supérieure. • • • • • • • • • • • • • • • •   mètres.   0.92

13.   Calcaire à grain fin, assez compacte, argileux, et même fissile dans sa partie inférieure, ayant la cassure conchoïde dans son milieu, des fissures perpendiculaires très-nombreuses, dont les parois sont teintes en jaune d'ocre, et couvertes de dendrites. Il ne renferme que des *cerithium lapidum*, des corbules lisses, et peu de miliolites. • • • •   0.25

14.   Calcaire jaune un peu rougeâtre, dur dans sa partie supérieure, composé d'une pâte de coquilles brisées. On y trouve des cérites, des corbules et des miliolites comme dans les couches précédentes. • • • • • • • • • • •   0.30

15.   Calcaire dur très-compacte en lits minces, ondulés, renfermant quelques coquilles entières dans son épaisseur, et beaucoup de coquilles écrasées à sa face inférieure. Mêmes espèces que dans le précédent. Epaisseur variable. • • • •   0.05

16.   Calcaire dur, compacte, avec dendrites noires, ne renfermant que des cérites lisses. (*Cerithium lapidum*).

L'épaisseur de ce banc est variable, il se réduit presque à rien dans certains points, et est remplacé par de la marne blanche à retrait prismatique, qui paroît venir de la couche supérieure. •   0.15

17.   Couche de marne calcaire, composée, en allant de bas en haut, 1°. de rognons ovoïdes pesans, remplis de larges fentes dans leur milieu ; ces fentes sont quelquefois tapissées de petits cristaux blancs de chaux carbonatée ; le tout est entièrement dissoluble dans l'acide nitrique. 2°. De masses blanches comme crayeuses. 3°. D'un lit inégalement renflé de marne calcaire dure, remplis de noyaux de cérite lisse (*cerithium lapidum*), et d'un lit de marne calcaire dure, à fissures perpendiculaires, sans coquilles apparentes. • •   0.25

neaux; on y trouve même du quartz lenticulaire, comme à Passy.

Les marnes sablonneuses, calcaires et argileuses, ne

		mètres·
N° 18.	Marne calcaire assez compacte, mais fragmentaire, les fissures couvertes d'un endüit jaunâtre et de dendrites noires; coquilles très-rares, probablement cérites lisses . .	0·90
	Ce banc est divisé en quatre assises; on remarque des rognons vers la partie supérieure, il est séparé du banc suivant par une petite couche d'argile.	
19.	Marne calcaire friable, tendre, assez fissile	0·1
20.	Marne calcaire grise, friable, poreuse, renfermant très-peu de coquilles, quelques cérites et quelques bivalves indéterminables	1·0

Total des bancs calcaires renfermant des coquilles environ — 26^{mèt.}

21.	Marne sablonneuse et argileuse très-tendre	0·22
22.	Marne calcaire friable blanche, marbrée de jaune pâle, renfermant dans sa partie supérieure des parties dures cariées à cassure spathique, et dont les cavités sont tapissées de chaux carbonatée en très-petits cristaux.	
	La partie inférieure présente des veines et des petits rognons de calcaire spathique transparent	0·50
23.	Marne calcaire d'un blanc jaunâtre, homogène, tendre, surtout vers les assises inférieures	1·02
24.	Marne calcaire ferrugineuse, rubannée de jaune et de blanc, très-friable, avec des parties dures dans ses assises inférieures	0·20
25.	Calcaire dur, spathique, en rognons irréguliers.	
	Epaisseur moyenne	0·10
26.	Marne calcaire très-friable, avec quelques filets jaunâtres horizontaux.	
	Jusqu'à la terre végétale	0·80

Total de la marne calcaire sans coquilles environ . — 3^{mèt.}

15 *

forment qu'une masse de 3 mètres, on ne voit guère que 16 mètres de la masse de calcaire coquillier qu'elles recouvrent. Les bancs sablonneux inférieurs n'ont point été mis à découvert ; mais dans une autre carrière très-élevée, située précisément à l'est du château de Bellevue, on voit très-distinctement, en allant de bas en haut :

1°. Une masse de sable, d'un blanc grisâtre, veinée de jaune ;

2°. Un banc puissant de calcaire grossier, pétri de chlorite granulée d'un beau vert, et de coquilles nombreuses très - blanches.

3°. Le calcaire grossier d'un blanc jaunâtre ; il est ici très-tendre.

§ X. *Plateau du Mont - Valérien.*

La vallée de Sèvres forme sa limite à l'est, et celle de Marly sa limite à l'ouest. Le grand coteau sableux qui porte la forêt de Marly, couvre au S. O. tous les plateaux qui bordent immédiatement la rive gauche de la Seine. Le vallon de Sèvres, depuis son embouchure jusqu'à Chaville est bordé sur ses deux côtés, de carrières nombreuses ; les bancs de bonne pierre y sont plus rares que dans les carrières du plateau de Montrouge, et nous croyons pouvoir en indiquer la cause. Nous avons déjà dit que les couches calcaires les plus inférieures, celles qui se rapprochent le plus de la craie étoient presque toujours sablonneuses et même friables, d'un jaune ferrugineux, et pénétrées de chlorite ; que lorsqu'elles étoient solides dans la carrière , elles ne tardoient pas à se désaggréger à l'air et à tomber en poussière , de sorte qu'on n'exploitoit jamais ces derniers bancs , même quand ils se présentoient à fleur d terre.

La craie qui se montre au jour, et dans une position très-relevée, non seulement à Meudon, mais encore à Sèvres au pied de la colline de Bellevue, et dans le parc de Saint-Cloud au pied du pavillon d'Italie, a rehaussé tous les bancs calcaires, en sorte que la plupart des carrières, et surtout celles du bas de Sèvres, ne présentent que les bancs inférieurs du calcaire grossier, ceux qui sont les plus voisins de la craie. La roche, c'est-à-dire les bancs durs à cérites, y manquent quelquefois entièrement; et quand ils s'y trouvent, ils sont minces; ou enfin s'ils sont épais, ils donnent une pierre qui se détruit à l'air par partie, et qui est généralement de mauvaise qualité.

Sur la gauche en montant on trouve d'abord les carrières qui sont au pied du plateau de Bellevue, ensuite celles de la manufacture de porcelaine, et on en trouve ainsi de distance en distance jusqu'à Chaville.

Sur le côté gauche du vallon, nous regardons, comme la première carrière, celle qui est dans le parc de Saint-Cloud , presque en face du pavillon d'Italie; tout le bord du plateau calcaire de Saint-Cloud est ainsi percé de carrières jusqu'à Chaville.

Ces carrières que nous avons examinées avec soin et

dont on trouvera ci-desous les détails (1), offrent quelques
particularités.

_____

(1) *Carrières de Sèvres, en partant des couches visibles les plus inférieures.*
— *Seconde Carrière en montant.*

N°. 1.   Calcaire jaunâtre pointillé de blanc friable.
Miliolites et moules intérieurs de turritelles.
(Comme c'est le plus inférieur, et qu'on n'a pu le voir
en entier, il n'a pas été mesuré).

2.   Calcaire jaune tendre, séparé du précédent par une couche
d'argile très-mince, avec des moules intérieurs de coquilles
indéterminables, d'*Arca scapulina*, de tellines, de turri-   mètres.
telles, de miliolites . . . .   0·18

3.   Calcaire plus dur . . . .   0·34
Cerithium rugosum.
— thiara ?
— lamellosum.
Cardium Lima.
Miliolites.

4.   Banc tendre d'un cendré verdâtre lorsqu'il est humide,
nommé à cause de cela *banc vert*, ne renfermant que peu de
coquilles; partie inférieure plus tendre, remplies d'empreintes brunes de feuilles posées à plat. Partie supérieure
plus dure, présentant des fissures remplies de calcaire jaune
grossier . . . .   0·50

Troisième Carrière.

N°. 1.   Calcaire jaunâtre, peu dur, renfermant peu de coquilles,
mais de grandes coquilles bivalves, avec des infiltrations
siliceuses et des silex coquilliers à sa partie inférieure . .   1·50
On voit dans le calcaire, au-dessous des silex, des miliolites et des moules peu entiers de cithérées, de cérites, d'ampullaires, de cardium; mais les espèces ne sont pas déterminables.
Ces silex renferment une grande quantité de coquilles;
comme ce ne sont que des moules intérieurs, elles sont

On trouve dans les lits supérieurs de marne sans coquilles, et même dans les assises supérieures du calcaire

---

très-difficile à déterminer, nous avons cru pouvoir y reconnoître les espèces suivantes :

 Cerithium serratum.

 Ampullaria spirata ?

 Cithærea elegans ?

 Venus callosa ?

 Cardium Lima.

 Lucina saxorum.

 Miliolites.

N° 2. Calcaire marneux, très-friable, renfermant des empreintes de feuilles et quelques coquilles brisées dans sa mètres.
partie supérieure . . . . 0·40

3. Calcaire blanc assez compacte, dur, renfermant beaucoup de cérites des pierres . . . . 0·80

4. Calcaire jaunâtre tendre, renfermant des miliolites et
quelques cérites . . . . 0·40
Nous y avons vu un fragment du *Pinna margaritacea.*

5. Calcaire jaunâtre dur, renfermant des miliolites, des
cerithium serratum, des ampullaires et des cithérées ; le
tout brisé. 1·00

6. Calcaire jaunâtre très-dur ; mêmes espèces que dans le
n° précédent ; très-peu de miliolites.
Il renferme vers sa partie supérieure une zone continue
de silex, rubané de calcaire . . . . 0·50

7. Calcaire marneux tendre, avec une zone dure, et très-
fragmentaire vers son milieu . . . . 0·60

8. Banc d'argile continu, recouvert d'une couche de sable
calcaire blanc. . . . . 0·15
Dans quelques endroits, ce sable devient plus pur, et
s'agglutine même en silex corné zonaire.

9. Calcaire jaunâtre assez dur, rempli de fragmens blancs
de coquilles qui sont des *cerithium serratum*, des *corbula
striata ?* S'il y a des miliolites, ils y sont rares. . . . . . 0·60

proprement dit, des couches de sable à gros grains, souvent mêlé de calcaire ou pénétré d'infiltration calcaire ; quelquefois la matière siliceuse s'est aggrégée de manière à former des bandes de silex corné (Hornstein). Cette disposition se voit dans la carrière du parc de Saint-Cloud, dans celle de la butte de Bellevue et dans la troisième carrière du côté gauche du vallon de Sèvres ; dans cette même carrière, les bancs qui appartiennent à la famille des ampullaires, des cérites et des grandes cythérées, renferment ces mêmes coquilles dont le vide est rempli de silex noir ; lorsque ce vide a été trop grand, comme dans les cythérées, pour être rempli entièrement, les parois sont tapissées d'espèces de stalactites siliceuses, contournées comme le flos-ferri et souvent hérissées de très-petites pointes de quartz. On trouve dans ces mêmes couches des lits de silex pyromaque, comme pétris de coquilles des genres précédens ; les cavités de ces coquilles renferment de l'eau qu'on en voit sortir en cassant ces silex, long-temps même après leur extraction de la carrière ; cette eau n'a aucune saveur, et ne nous a paru avoir aucune action sur le nitrate d'argent.

Enfin, au milieu des bancs à cérites, se trouve un lit de calcaire marneux, présentant des empreintes de diverses plantes ; elles sont noires, charbonneuses, et parconsé-

---

On trouve à sa face inférieure une couche d'argile qui renferme les mêmes coquilles écrasées.

N° 10. Banc de calcaire sableux, et même un peu spathique et   mètres.
carié 0.60

quent

quent friables; ces empreintes, quoique peu reconnoissables, ne ressemblent cependant point aux empreintes de
feuilles, dont nous avons parlé précédemment. Nous
devons seulement faire remarquer à leur sujet, qu'elles
se trouvent dans les mêmes couches calcaires que celles
de Châtillon, etc., c'est-à-dire au milieu des cérites;
mais qu'au lieu d'être dans un banc de calcaire solide,
comme dans les lieux cités plus haut, elles se trouvent
dans une marne calcaire friable.

En suivant ce plateau du sud au nord, on y rencontre encore d'autres carrières qui en font voir la structure. On en trouve d'abord une derrière le palais de
Saint-Cloud et dans l'enceinte même de ce palais. Il y
en a deux autres sur la pente S. E. 1º. Une au S. E.
du Mont-Valérien du côté de Surêne et presque au pied
de ce monticule, ce qui est une nouvelle preuve de la
position du gypse sur le calcaire marin; 2º. deux autres
sur les deux côtés de la route en descendant au pont de
Neuilly. C'est dans les couches de marnes calcaires de
celles-ci qu'on a trouvé ce lit de quartz cristallisé dodé-
caèdre bisalterne, mêlé de chaux carbonatée équiaxe et
de chaux fluatée (1), dont nous avons fait mention
plusieurs fois. Nous donnons en note (2) la succession
des couches qui renferment ces quartz et la chaux fluatée.

Sur la pente nord-ouest du même plateau on re-

---

(1) C'est M. Lambotin qui a reconnu le premier la présence de la chaux
fluatée en petits cubes jaunâtres dans cette couche. Il l'a vue d'abord près du
Marché aux Chevaux, au S. E. de Paris, ensuite à Neuilly.

(2) Les carrières et escarpemens du N. et du S. de la route sont générale-

marque les grandes et belles carrières de Nanterre qui bordent les deux côtés de la grande route, à la descente du plateau ; ni ces carrières, ni celles du *loup*, qui se trouvent plus au nord et qui ont une étendue imposante, ne nous ont offert aucune particularité. On sait qu'on trouve sur les parois des fissures des carrières de Nanterre, ce calcaire cotonneux, qu'on nomme vulgairement *farine fossile*.

En suivant le bord septentrional du plateau que nous décrivons on arrive aux crayères de Bougival ; elles sont surmontées, comme celles de Meudon, de bancs de calcaire marin : les plus inférieurs de ces bancs sont friables, et remplis de chlorite ; ils contiennent en outre des coquilles marines, souvent nacrées et d'espèces très-variées semblables à celles de Grignon ; ces bancs reposent sur une couche de sable très-épaisse. Cette disposition est donc absolument semblable à celle qu'on observe à Meudon sur le bord méridional du même plateau.

---

ment semblables entre elles. Les couches supérieures qui renferment le quartz, etc. se suivent ainsi en allant de haut en bas.

N° 1. Marne calcaire en fragmens irréguliers.

2. Banc puissant de calcaire extrêmement friable, renfermant des moules de coquilles marines, assez variées, mais dans lesquelles nous n'avons pu reconnoître que le *cardium obliquum*.

3. Marne compacte fragmentaire.

4. Marne blanche friable.

5. Sable quartzeux et quartz.

6. Marne blanche avec rognons et zones horizontales, remplies ou composées de calcaire spathique et cristallisé de la variété équiaxe ? mêlé de petits cristaux de quartz bisalterne et de chaux fluatée.

7. Marne blanche friable.

§ XI. *Plateau de Saint-Germain.*

On sait qu'on monte rapidement lorsqu'on veut gagner le sommet de ce plateau à Saint-Germain même. Ses bords escarpés présentent la coupe des couches calcaires qui le composent : on voit dans ses couches inférieures les grains de chlorite et les espèces de coquilles qui annoncent le voisinage de la craie.

La colline de Lucienne appartient à ce plateau ; les fouilles qu'on vient d'y faire, depuis le pied de l'aqueduc de Marly qui est situé sur le sable de son sommet, jusqu'au premier réservoir de Marly près de sa base, font très-bien connoître la nature de cette colline et nous offrent une nouvelle confirmation des règles de superposition que nous avons reconnues ; car on a percé successivement les sables sans coquilles des hauteurs, les marnes du gypse, le calcaire marin jusqu'à l'argile plastique qui recouvre la craie, et qui a ici une épaisseur considérable. On peut en lire les détails dans la note ci-dessous (1).

_____

(1) On réunit ici les différens terrains traversés par les cinq puits qui sont situés les uns au-dessus des autres. On n'a trouvé le sable des hauteurs que dans le premier et le second puits.

N° 1. Sable jaune argileux sans coquilles.

2. Sable jaune plus argileux.

3. Sable noirâtre argileux, renfermant des silex roulés, altérés, devenus blancs et opaques.

4. Marne noirâtre argileuse, sableuse, et un peu calcaire. On a trouvé au milieu de cette couche, dans le premier puits, une côte de *Lamantin* très-bien caractérisée, changée en un silex noirâtre.

16 *

Ce plateau descend au nord en pente insensible vers la Seine, et se confond avec le terrain d'alluvion, par lequel il est en grande partie recouvert.

Nous ne connoissons l'extrémité occidentale de ce plateau, qui se prolonge jusqu'à Bouaffle, que par l'examen que nous en avons fait de la rive droite de la Seine, et par les renseignemens que nous avons reçus.

En revenant sur nos pas, nous allons reprendre le plateau calcaire qui s'étend de Versailles jusqu'à Meaulle.

N° 5.　Marne calcaire renfermant des huîtres fossiles. (*Ostrea linguatula.* LM.)

6.　Marne calcaire compacte.

7.　Marne argileuse.

8.　Marne argileuse verte, à peine effervescente.

9.　Marne calcaire très-compacte.

10.　Silex pyromaque en rognons, enveloppé de calcaire blanc crayeux, mêlé de silice.

11.　Calcaire marin, grenu, friable, sans coquilles apparentes.

12.　Calcaire marin grossier à coquilles blanches très-variées et à chlorite verte granulée, très-abondante.

13.　Argile noire sableuse, renfermant des coquilles blanches friables, qui paroissent être des cythérées nitidules et des turritelles. On y a trouvé aussi du bois charbonné, des pyrites et du bitume asphalte. Elle est quelquefois précédée de silex roulés.

14.　Argile plastique grise, marbrée de rouge, sans coquilles.

On reconnoît, du n° 1 à 3 inclusivement, la formation du sable sans coquilles. — Du n° 4 au n° 8 ou 9, la formation marine qui recouvre le gypse. Il paroît que le gypse, et par conséquent que la formation d'eau douce inférieure manque. — Du n° 9 ou 10 au n° 12 la formation de calcaire marin qui paroît être très-mince ici, parce que la craie et l'argile plastique sont très-relevées. — Les n° 13 et 14 appartiennent à la formation de sable et de l'argile plastique qui précède la craie.

§ XII. *Plateau de Villepreux.*

CE plateau semble être la partie méridionale du grand plateau calcaire qui s'étend de Sèvres à Bouaffle, et dont nous venons de décrire la partie septentrionale et les deux appendices ; sa partie moyenne est recouverte par la grande bande sablonneuse qui s'étend sans interruption de Ville-d'Avray à Aubergenville.

Il est percé de carrières, dont l'ouverture est peu élevée au-dessus du fond de la vallée ; car ce plateau calcaire, recouvert d'une masse considérable de marne argileuse et de sable, est généralement bas et ne présente que peu d'escarpemens. Il va toujours en s'abaissant vers le sud et disparoît entièrement, sous les masses de sable de la Beauce, dont la nappe immense et non interrompue commence sur le bord méridional de la grande vallée, qui s'étend depuis Versailles jusqu'à la rivière de Maudre ; aussi les carrières n'existent-elles guère que sur le bord septentrional de ce vallon.

Ce plateau calcaire nous offre sur son bord méridional, trois points intéressans : Saint-Nom, Grignon et Meaulle.

Aux environs de Saint-Nom, c'est-à-dire au pont de Noisemont près de Villepreux, d'une part, et au pont de Fontaine sur la route de Meaulle de l'autre, on retrouve le lit de calcaire qui présente des empreintes de feuilles parfaitement semblables à celles de Châtillon ; elles sont, comme celles-ci, dans une assise de calcaire dur, à grain assez fin et en plaques minces ; la partie de ces plaques qui présente les empreintes végétales , n'a peut-être pas trois centimètres d'épaisseur ; et cependant on voit combien cette couche mince avoit d'étendue. Les feuilles sont mêlées ici , comme à Chatillon, à Sèvres et à Saillancourt, avec des cérites et des lucines des pierres et placées plutôt vers la partie inférieure du banc de cérite, que vers sa partie supérieure. On reconnoît aussi fort bien , dans ces carrières, la position du banc de cérite toujours supérieur à tous les autres.

Nous avons examiné ces empreintes de feuilles , avec MM. de Jussieu, Desfontaines, Correa, Decandolle, etc. Le plus scrupuleux examen ne nous a pas permis de déterminer même les genres de plantes auxquels elles peuvent être rapportées ; quelques-unes ont de grandes analogies avec les feuilles du Nérium. Mais cet examen nous a prouvé que la plupart de ces feuilles n'avoient pu appartenir à des plantes marines proprement dites, et cependant elles se trouvent au centre des bancs de calcaire marin et au milieu des coquilles marines les mieux caractérisées. Quant à l'habitation des tiges plates, arti-culée (fig. 1 , EFG), qui se trouvent mêlées avec ces feuilles , elle est douteuse.

Le hameau de Grignon , célèbre par l'amas étonnant de coquilles fossiles que renferme son parc, est situé dans ce même vallon et vers son embouchure , entre les craies apparentes à Chavenay et celles qui forment les collines de Mareil.

Le banc coquillier se fait voir déjà près de Galluy

ensuite aux environs de Villepreux, mais il est dans ces lieux plus solide qu'à Grignon.

En examinant la couche friable qui renferme ces coquilles, on remarque aisément qu'elle appartient aux couches moyennes et inférieures du calcaire; elle offre les fossiles variés, et les sables siliceux qui s'y voient constamment.

On remarque, en allant de bas en haut, la succession suivante de couches:

N° 1.   Calcaire grossier assez solide, quoique grenu, sableux, et même friable en partie, renfermant beaucoup de coquilles et de la chlorite granulée. C'est le sol inférieur du terrain de Grignon. Il faut donner quelques coups de pioches pour le voir.

Nous y avons reconnu ce petit polypier en forme de dez à coudre que M. de Lamarck décrit sous le nom de *Lunulites*, et qu'on trouve à Lallery, près Chaumont, mais que nous n'avions pas encore vu dans la couche n° 2 de Grignon. On y trouve aussi, mais très-rarement, des portions du même *spatangus* que nous avons cité comme fort commun à Saillancourt.

2.   Calcaire jaunâtre grossier, grenu, sableux, friable, et sans aucune consistance, renfermant la quantité prodigieuse de coquilles marines fossiles, qui sont particulièrement citées à Grignon. Il ne renferme ni les nummulites, ni les turbinolites, ni les fongites, ni les *venericardia costata*, ni la chlorite des bancs inférieurs; il ne renferme point non plus les cérites des bancs supérieurs.

Les coquilles y sont pêle-mêle, quelquefois par amas ou filon; elles sont bien conservées, faciles à détacher de leur gangue; plusieurs ont conservé les points ou lignes jaunes qu'elles avoient avant d'être fossiles. On trouve beaucoup de coquilles bivalves avec leurs deux valves réunies, notamment le *crassatella sulcata*. Ces coquilles, quoique parfaitement fermées, sont remplies du même sable calcaire coquillier qui les entoure; ce qui semble prouver qu'elles sont restées long-temps ouvertes au milieu de ce sable après leur mort, en sorte que le sable calcaire qui les entouroit a pu y pénétrer, et qu'elles n'ont été fermées ensuite que par la compression des couches qui se sont déposées au-dessus d'elles. Cette disposition doit forcer aussi d'admettre dans l'eau qui les recouvroit une grande tranquillité.

Ce banc est de 5 à 6 mètres d'épaisseur. Il paroît qu'on y a trouvé des lits durs, composés d'un calcaire moins grenu, mais renfermant les mêmes coquilles, et notamment le *cardium aviculare*, et présentant les empreintes des plantes articulées dont nous donnons la figure (fig. 6). Nous n'avons pu parvenir à voir ces pierres en place.

N° 3.   Banc de calcaire tendre à grain fin, renfermant moins de coquilles que le précédent, mais offrant dans ses fissures des empreintes jaunes de feuilles, qui ressemblent à des feuilles de graminées aquatiques, ou à des feuilles de fucus. On y voit aussi des empreintes de *flustra* et de polypiers. Ces empreintes sont recouvertes des petits spirorbes qui habitent ordinairement sur ces corps, et qu'on prendroit au premier aspect pour des planorbes.

Ce banc paroît correspondre à celui qui renferme les empreintes de feuilles que nous avons reconnues et citées à Châtillon, Saint-Nom, etc.

4.   Calcaire tendre fissile, renfermant principalement la lucine des pierres.

5.   Calcaire tendre fissile, ne renfermant presque point de coquilles.

6.   Calcaire plus dur, souvent même assez dur, mais se désaggrégeant facilement, surtout vers la surface du sol, et renfermant une quantité prodigieuse de cérites de divérses espèces, et quelques autres coquilles. Savoir,

Ancilla buccinoïdes.
Voluta Cythara.
Fusus bulbiformis.
Pleurotoma lineata.
Turritella subcarinata.
Melania costellata.
Miliolites.
Phasianella turbinoides.
Cerithium lapidum.
— *cristatum.*
— *Thiara.*
— *clavatulum.*
— *lamellosum.*
— *mutabile.*
Natica cepacea.
Ampullaria acuta.

Venus

Venus Scobinella.
Cardium obliquum.
Lucina saxorum.

Vers la partie la plus supérieure de ce banc on trouve quelques individus fort rares du *cyclostoma mumia.*

On voit donc ici toujours la même succession de fossiles, et cette partie du plateau calcaire n'est remarquable que parce que les coquilles y sont réunies en bien plus grand nombre, et que les bancs qui les renferment y sont plus friables qu'ailleurs, ce qui permet d'en extraire les coquilles facilement et dans leur entier.

Nous ne donnerons aucun détail ni sur le nombre ni sur les espèces de fossiles qu'on trouve à Grignon. Nous avons dit, dans le premier chapitre, que M. Defrance y avoit compté près de six cents espèces différentes, et qu'elles avoient été décrites et figurées pour la plupart par M. de Lamarck (1). Il nous suffit de faire remarquer que toutes les coquilles de la couche de calcaire sableux, quoique bien conservées, sont pêle mêle, tandis que

_____

(1) M. de Lamarck décrit, parmi les coquilles de Grignon, qui sont toutes marines, plusieurs espèces de coquilles qui appartiennent à des genres dans lesquels on ne devroit trouver que des coquilles d'eau douce. Cette contradiction apparente vient de deux causes. 1°. Il décrit des coquilles réellement d'eau douce qui se trouvent bien à Grignon, comme le *cyclostoma mumia*, le *limneus palustris*; mais elles se trouvent à la surface du sol, et non dans le banc de coquilles proprement dit; 2°. il cite des mélanies, des planorbes, etc. qui font partie du banc de coquilles marines; mais en examinant avec quelqu'attention les espèces qu'il rapporte à ces genres, on voit qu'elles n'en ont pas les caractères, qu'elles diffèrent des coquilles d'eau douce renfermées dans ces mêmes genres, et qu'elles doivent faire, comme M. de Lamarck en convient, des genres distincts. (*Voyez* le Mémoire que l'un de nous a publié sur le terrain d'eau douce et sur la description de ses coquilles, *Annales du Muséum*, tome XV.)

les empreintes végétales et les cérites sont placées séparément et dans les couches supérieures , comme nous
venons de le dire plus haut.

Le plateau de Villepreux est terminé à l'ouest par le
vallon où coule la Maudre. Les coteaux qui bordent ce
vallon, depuis environ une lieue au-dessus de Beyne
jusqu'à son embouchure dans la Seine, sont de craie
à leur base, et de calcaire marin à leur sommet.

Cette craie est recouverte, comme partout, d'une terre
argillo-sablonneuse rougeâtre , renfermant une grande
quantité de silex. Le bois de Beyne , situé à l'ouest de
ce village , est posé sur ce terrain ; mais en sortant de
ce bois, du côté de Lamarre-Saulx-Marchais, on trouve
dans une plaine un peu inclinée vers le nord, et à
des différences de niveaux très-légères , les successions
de terrain suivantes :

1°. Dans la partie déclive un sol argilo-sablonneux
rougeâtre , mêlé de silex et de craie *sans aucune coquille*.

2°. En remontant un peu, c'est-à-dire d'un ou deux
mètres au plus, on trouve dans ce même sol une quantité prodigieuse de coquilles qui appartiennent aux
couches inférieures du calcaire grossier. Les espèces
principales , c'est-à-dire les plus abondantes , sont :

Patella spirirostris.
Ancilla canalifera.
— *buccinoïdes.*
Mitra terebellum.
Voluta muricina.
Fusus longævus.
— *bulbiformis?*
Pyrula lævigata.

Ampullaria patula.

Solarium plicatum.

Turritella sulcata.

— *imbricata*, en quantité immense.

Venericardia planicosta.

Crassatella compressa.

— *sulcata.*

Cytherea nitidula.

— *semisulcata.*

Pectunculus pulvinatus,

Trois espèces d'huîtres que nous n'avons pu déterminer.

Les coquilles, qui se trouvent dans la transition d'une formation à une autre au milieu des silex, sont pêle-mêle, et généralement brisées. Nous n'avons pu découvrir, parmi les milliers de *turritella imbricata* que nous avons vus, un seul individu entier.

3º. En remontant encore de quelques mètres, et surtout en allant vers l'ouest, on voit à une portée de fusil une petite carrière de calcaire grossier, friable, sans aucune consistance, en un mot, à l'état de sable comme celui de Grignon, ce sont les couches moyennes et supérieures du calcaire grossier. Les coquilles qu'elles renferment sont disposées comme à Grignon, également bien conservées, quoique très-fragiles ; mais l'épaisseur du tout est beaucoup moins considérable. On y reconnoît la succession suivante de lits (1).

Nº 4. (1)   Calcaire sableux, chlorite granulée et immense quantité de coquilles.

Nº 5.   Calcaire sableux, sans chlorite, moins de coquilles; une petite zone plus dure sépare ces deux lits.

Nº 6.   Calcaire sableux, et quantité prodigieuse de coquilles ; ce lit est un peu plus dur que les précédens.

Les coquilles renfermées dans ces trois lits appartiennent absolu-

---

(1) Ces numéros se rapportent, en allant de bas en haut, aux lits de la coupe figurée que nous donnons de ce lieu.

17 *

ment aux mêmes espèces que celles du lit friable de Grignon. Il est donc inutile de rapporter ici l'énumération que nous en avons faite.

N° 7.   Calcaire friable, avec des morceaux irréguliers, durs, saillans, rangés sur deux ou trois lignes horizontales parallèles, renfermant quelques coquilles mal conservées.

N° 8.   Sable siliceux et calcaire, renfermant quelques espèces de coquilles, et notamment une quantité innombrable de cérites. Les espèces de coquilles que nous avons vues dans ce banc, sont:

> *Voluta muricina*, un seul fragment.
> *Buccinum ?*
> *Pleurotoma punctatum ?*
> *Cerithium lapidum*, extrêmement abondant.
> — *angulosum ?* assez abondant.
> — *cristatum*, très-abondant.
> — *clavatulum.*
> — *mutabile.*
> — *lamellosum.*
> *Turritella subcarinata.*
> *Melania multisulcata ?* assez abondant.
> *Dentalium. . . . . . ?*
> *Ampullaria . . . . . ?*
> *Lucina saxorum*, très-commun.
> *Nucula. . . . . . . ?* la même espèce qu'on trouve dans les grès de Beauchamp, etc.
> *Corbula.*

Les cérites sont aux autres coquilles comme 100 à 1. Elles sont disposées en un lit d'un à deux décimètres d'épaisseur, horizontal et parfaitement régulier. Elles sont bien entières, mais très-fragiles.

N° 9.   Terre végétale, 5 à 6 décimètres, mêlée d'un grand nombre de cérites.

En descendant le vallon de Maudre, on trouve le bourg de Maulle. Nous avons encore visité et étudié dans ce lieu les bancs de calcaire grossier qui recouvrent la craie; et nous avons reconnu, dans la superposition de ces bancs, exactement le même ordre que dans les couches calcaires des autres collines. Ainsi les bancs les plus inférieurs sont friables comme à l'ordinaire, ils renferment de grosses coquilles fossiles et des grains de chlorite; au-dessus se trouvent des couches de pierre calcaire plus dure sans chlorite. Vers le sommet on trouve le premier grès marin; il renferme ici, dans sa partie inférieure, des concrétions siliceuses, cylindroïdes et rameuses, grosses comme des fémurs humains, presque toujours creuses, mais dont la cavité est tantôt garnie de stalactites de silex, tantôt remplie de silex noir. Ces concrétions, très-nombreuses dans cette couche sablonneuse, pourroient être des zoophites fossiles, voisins du genre des antipathes. On sait que l'axe de ces zoophites est corné et plus tendre que leur écorce : il aura laissé, en se détruisant, la cavité que l'on voit dans ces fossiles. Au-dessus, mais dans le même banc sablonneux, est un lit de coquilles entièrement silicifiées: ces coquilles ne sont pas seulement des cérites. On y trouve aussi des *cardium obliquum*, des ampullaires; des cythérées élégantes, des lucines des pierres et la plupart des autres coquilles du grès marin; nous avons observé ces diverses particularités dans les carrières à l'ouest de Maulle.

Au sud, c'est-à-dire en montant vers Saint-Jacques, on voit également du calcaire grossier placé immédiatement sur la craie. Les couches inférieures de ce calcaire sont friables, sablonneuses; mais, au lieu de chlorite granulée, elles renferment une multitude de petits grains noirs qui, séparés du calcaire par l'acide nitrique, font voir un sable quartzeux, transparent, coloré en noir par de l'oxide de fer.

A l'est de Maulle, sur le chemin des Alluets, on retrouve encore le calcaire sur la craie, mais en bancs très-minces, dont les assises inférieures contiennent beaucoup de sable et une grande quantité de coquilles analogues à celles de Grignon.

Le terrain de calcaire grossier se termine à l'ouest de notre carte, à Maulette, près d'Houdan, et il offre ici une disposition particulière et des rapports avec le terrain d'eau douce, qui méritent d'être décrits.

Après le village de la Queue, deux lieues avant d'arriver à Houdan, on traverse un cap très-avancé vers le nord-ouest du grand plateau sableux de la Beauce; lorsqu'on commence à descendre son second étage au lieu dit *le Bœuf couronné*, on voit épars dans les champs, en fragmens arrondis et en place sur le bord septentrional de la route, du calcaire blanc, compacte, très-dur, un peu sableux, renfermant des petits bulimes et présentant des empreintes de coquilles, qui paroissent être des potamides. On trouve ensuite sur un plateau inférieur très-peu élevé, qui est composé de deux sortes de terrains, le terrain d'eau douce en couche très-mince, et le terrain marin ayant également très peu d'épaisseur; cette disposition est très-apparente lorsqu'on descend ce petit plateau immédiatement avant d'arriver à Maulette. Alors la coupure du bord septentrional de la route présente les bancs suivans, en allant de haut en bas :

1°. Une couche composée de fragmens de ce même calcaire blanc, dur, et de masses ou fragmens de silex pyromaque à empreintes de cérites ou de potamides. Ces fragmens sont bouleversés et mêlés de terre végétale qui semble avoir pénétré dans leurs interstices ;

2°. Un banc régulier d'un sable calcaire, tantôt jaune, tantôt verdâtre, tantôt blanc, tantôt rougeâtre, renfermant une immense quantité de coquilles marines, dont les principales espèces sont :

Oliva laumontiana.
Marginella ovulata, rare.
Pleurotoma lineatum ?
Ancilla olivula.
— *auricula.*
Cerithium clavatulum.
— *umbrellatum.*
— *angulatum.*
— *calcitrapoïdes ?*
— *hexagonum.*
— *lapidum.*
— *plicatum ?*
— *interruptum ?*
— *Thiara.*
— *mutabile.*
Pyrula subcarinata.
— *lævigata.*
Melania lactea, en quantité considérable, et une ou deux autres espèces très-voisines.
— *hordeacea*, qui caractérise, comme nous l'avons dit, les grè. marins voisins des terrains d'eau douce.
Ampullaria depressa.
Cythærea elegans.
— *semisulcata.*
Lucina circinnaria.
— *hosdinciaca.* Men. (1).
Venus callosà.

_____

(1) Cette énumération est le résultat de nos propres observations et de celles de M. Menard-la-Groye.

A mesure qu'on descend, ce banc se montre davantage ; il renferme dans sa partie inférieure du calcaire marin très-solide en zone d'un décimètre d'épaisseur au plus. Le banc superficiel, n° 1, composé de fragmens de calcaire d'eau douce, diminue peu à peu, et disparoît presqu'entièrement.

Mais sur la partie déclive du terrain la terre végétale devient plus épaisse, et renferme une quantité innombrable de coquilles toutes bouleversées, notamment des cérites et presque toutes les coquilles du sable calcaire n° 2. On doit remarquer que ce mélange est si récent qu'on trouve avec les mêmes coquilles des coquilles terrestres, telles que des hélices et des cyclostomes élégantes qui ne sont point fossiles, mais seulement altérés par l'action du soleil et par celle des météores atmosphériques (1).

Si on veut prendre la peine de comparer cette description avec celle que nous avons donnée des points de contacts du terrain d'eau douce et du sable marin, on y verra absolument la même sorte de terrain, la même disposition de couche, et généralement les mêmes espèces de coquilles qu'à Nanteuil-le-Haudouin, qu'à Beauchamp près Pierrelaie, qu'à Ezanville près Ecouen, les mêmes cérites que dans les couches marines superficielles, et pareillement mêlées au sol cultivé, comme nous l'avons observé à Grignon, à Beyne, à Levignan, etc.

---

(1) M. Ménard de la Groye, qui a vu ce terrain avec beaucoup de soin, et qui se propose même d'en donner une description particulière, a trouvé dans cette couche de terre végétale mêlée de cérites et de coquilles terrestres non fossiles, des portions d'ossemens humains, notamment un frontal.

4e

4e FORMATION. — *Calcaire siliceux.*

Le calcaire siliceux, dont nous avons fait connoître le gisement géologique dans notre première partie, forme au sud-est de Paris un plateau immense. Il n'est interrompu par aucun autre terrain. On ne trouve aucune île de ce terrain au milieu de ceux que nous venons de décrire ; et dans tout le pays, dont il forme la base, on ne connoît aucune partie de calcaire marin ; mais on ne peut en dire autant, ni de la formation gypseuse dont les marnes le recouvrent quelquefois, ni des autres formations supérieures à celle-ci. Nous en avons conclu que le calcaire siliceux remplaçoit au S. E. de Paris la formation de calcaire marin.

Nous soupçonnons cependant que cette sorte de terrain n'est pas absolument exclue des pays formés par le calcaire marin, et qu'elle s'y montre dans quelques parties en couches extrêmement minces, recouvrant les dernières assises de ce calcaire. Nous soupçonnons par exemple que les marnes calcaires dures, souvent grises, souvent infiltrées de silice et de quartz, comme à Passy, à Neuilly, à Meudon, à Sèvres, etc., ne renfermant jamais aucune coquille, ni marine, ni fluviatile, appartiennent à la même formation que le calcaire siliceux de Champigny, etc. Il y a entre ces couches minces de marnes dures et siliceuses, et les bancs puissans de calcaire siliceux, la plus grande analogie ; leur position respective dans la série des couches est la même, puisqu'on trouve toujours ces couches au-dessous du gypse, et dans le passage du gypse au calcaire, comme à Triel, à Meudon, à Saint-Cloud, etc.

La carte que nous joignons à cette description fait connoître toute l'étendue du terrain de calcaire siliceux et ses limites exactes au N. O. On voit qu'en partant de Meaux, la vallée de la Marne forme la limite naturelle de ce terrain jusqu'au cap où est situé Amboise; qu'il n'y a qu'une seule île de calcaire siliceux sur la rive droite de cette rivière, celle qui porte Dampmart et Carnetin.

On remarque qu'il quitte la vallée de la Marne à Amboise, pour aller gagner presque en ligne droite celle de la Seine à Villeneuve-Saint-Georges; alors il la suit jusqu'à Draveil. En s'étendant sur la rive gauche de cette rivière, il prend pour limite, à l'ouest, la vallée d'Orge jusqu'à Saint-Yon, au-delà d'Arpajon. Les sables de la Beauce qui le recouvrent entièrement, empêchent de le suivre plus loin de ce côté; mais, en revenant vers le sud-est, on le conduit par-delà la forêt de Fontainebleau jusque près de Nemours. La formation de calcaire siliceux est terminée au sud par la craie qui reparoît ici, non pas que ce calcaire soit caché par la craie, puisque celle-ci lui est toujours inférieure; mais il n'existe plus. Du côté de la Beauce, au contraire, il n'est, comme nous venons de le dire, que recouvert par l'immense plateau de sable qui forme la base de ce terrain. En effet, quand on descend ce plateau du côté d'Orléans pour entrer dans la vallée de la Loire, le calcaire siliceux reparoît. La plupart des maisons de la ville d'Orléans, ses quais, etc. en sont construits. (1)

Vers l'est nous n'avons pu déterminer ses limites d'une manière aussi certaine ; elles sont et trop éloignées et trop souvent cachées par les sables. Mais il paroît qu'elles finissent, comme du côté de Nemours, aux collines de craie qui commencent à Montmirail, etc.

Il seroit fatigant et inutile de décrire successivement tous les petits plateaux renfermés dans cette grande enceinte ; ce seroit d'autant plus inutile, qu'il y a peu de terrains d'une structure plus uniforme, que celui-ci. Nous nous contenterons d'indiquer quelques-uns des points les plus remarquables parmi ceux que nous avons examinés.

La colline de Dampmart, au nord de Lagny, est le seul terrain de calcaire siliceux que nous connoissions sur la rive droite de la Marne. Ce calcaire siliceux, sans coquille, est recouvert ici de calcaire siliceux d'eau douce, et vers l'extrémité nord-ouest, cette colline porte le terrain gypseux de Carnetin.

La colline de Champigny, sur le bord de la Marne, est un des points où le calcaire siliceux puisse être le plus facilement étudié, et un de ceux où il présente ses ca-

---

(1) Dans ces cantons il est très-difficile de le distinguer du calcaire d'eau douce, lorsqu'il est en fragments isolés ; le calcaire d'eau douce des environs d'Orléans et de Nemours étant souvent en grandes masses compactes avec peu de coquilles, il n'y a que l'examen des bancs en place, et leur position respective, qui puisse permettre d'établir entre ces deux calcaires une distinction certaine.

ractères de la manière la plus évidente. Le terrain est formé, dans une grande épaisseur, de masses calcaires compactes réunies par des infiltrations de calcaire spathique, de quartz cristallisé, de calcédoine, de cacholong et de silex mameloné et coloré en rouge, en violet ou en brun. Quelques-uns de ces silex, comme l'a découvert M. Gillet-Laumont, offrent ces couches planes et parallèles de calcédoine et de sardoine que l'on recherche pour la gravure en camées; enfin on y voit tous les passages possibles du silex dur et translucide au silex blanc, opaque et friable comme de la craie. Le calcaire gris compacte et infiltré de silex, est exploité dans ce lieu pour faire de la chaux d'une très-bonne qualité. Cette exploitation ayant fait creuser et remuer dans un grand nombre de points le terrain de cette colline, nous a permis de rechercher si nous ne pourrions pas apercevoir quelques débris de coquilles fossiles, soit marines, soit fluviatiles : nous n'en avons vu aucun indice; mais le sommet de la montagne est composé de silex et de meulière renfermant des coquilles d'eau douce.

Le plateau de calcaire siliceux compris entre la rivière d'Orge et celle d'Essone, est recouvert en grande partie, et surtout du côté de la rivière d'Essone, d'une couche mince de marne verte. Cette disposition que nous avons remarquée plus particulièrement près d'Essone, est presque générale. Aussi voit-on toutes les sources de la Beauce sourdre de points assez élevés, parce que l'eau, après avoir traversé le terrain meuble ou le sable, est

arrêtée par ce lit de marne verte qui représente la formation gypseuse.

Tous les grès de la forêt de Fontainebleau sont portés
sur le sol de calcaire siliceux. Ce sol n'est point apparent dans tous les points; mais on le voit partout où
il est assez relevé pour paroître au-dessus du terrain
meuble, et partout où les escarpemens sont assez profonds pour l'entamer, comme sur la route de Nemours,
à la descente des grès, et sur toutes les pentes rapides
qui mènent dans la vallée de Loing ou dans celle de la
Seine. Les murs de Samois en sont construits, et on y
remarque des plaques de silex blanc, sans aucune cavité
et sans aucun mélange de calcaire, qui ont plus de
3 décimètres de long sur 8 à 9 centimètres d'épaisseur,
et qui, étant polies et gravées, pourroient être employées
dans les arts.

On retrouve le calcaire siliceux sur l'autre rive de la
Seine, ainsi que la carte le fait voir. Il est très-apparent
vis-à-vis l'embouchure du Loing, à Samoireau, etc.; à
Melun et à Corbeil on en fait, comme à Champigny,
de la très-bonne chaux.

Le terrain de calcaire siliceux se fait voir encore à
Montereau; mais comme la craie est ici en saillie,
elle semble avoir exhaussé ce terrain qui est très-peu
épais et placé dans une situation fort élevée.

Le calcaire siliceux est beaucoup plus rare à l'ouest de
Paris, et nous ne le connoissons que dans un seul point,
dans la vallée qui court du nord au sud, et qui va de
Mantes à Septeuil. C'est à Vers qu'on peut assigner le

commencement du terrain qui est composé de cette roche. Il paroît se terminer dans le plateau qui domine Septeuil, et c'est après Septeuil, en montant sur ce plateau, qu'on reconnoît très-distinctement la couche puissante de calcaire siliceux qui le constitue. Il est très-compacte et infiltré de silex calcédonieux; ses fissures sont quelquefois tapissées de cristaux de quartz. Enfin il ne diffère en rien de celui de Champigny, de Ville-moison, etc. etc. On doit seulement remarquer que les assises supérieures présentent beaucoup plus d'infiltrations siliceuses que les inférieures.

Nos voyages, que nous avons tracés sur la carte, font voir tous les points où nous avons observé le calcaire siliceux de nos propres yeux. Nous y avons compris, il est vrai, ceux qui ont été visités par M. Frédéric Cuvier, qui a bien voulu faire sur ce terrain un grand nombre d'excursions, pour nous aider dans nos observations. Les terrains intermédiaires ont été colorés par induction et d'après les rapports des artisans qui emploient ce calcaire dans la construction des bâtimens ou à faire de la chaux.

5ᵉ et 6ᵉ FORMATIONS. — *Gypse, première formation d'eau douce, et Marnes marines.*

Le gypse ne forme point, comme le calcaire, de vastes plateaux à peine divisés par les vallons où coulent les rivières; il est disposé en masses souvent coniques et isolées, quelquefois allongées et assez étendues, mais toujours très-bien limitées. Il seroit donc facile de décrire chaque colline, chaque montagne et chaque butte gypseuse séparément ; mais cette longue et fastidieuse énumération seroit peu utile. L'inspection de la carte donnera à cet égard toutes les connoissances nécessaires ; elle fera voir également les limites et la direction de la bande gypseuse ; et, quoique nous ayons déjà indiqué cette disposition dans le premier chapitre, nous y reviendrons lorsque nous aurons fait connoître les montagnes gypseuses qui présentent les particularités les plus intéressantes (1).

§ Ier. *Rive droite de la Marne et de la Seine.*

La colline de gypse la plus éloignée que nous ayons visitée à l'est, est celle de Limon, près de Nanteuil-sur-Marne, à l'ouest de Laferté-sous-Jouarre.

Le gypse n'est jamais recouvert par la meulière, si abondante dans ce canton ; cependant il est aisé de s'assurer que la formation de la meulière lui est postérieure, et qu'il est toujours immédiatement appliqué sur le calcaire.

De Nanteuil à Meaux on trouve les buttes de gypse

---

(1) Les Mémoires de Guettard, sur la minéralogie des environs de Paris, ont servi à nous indiquer les lieux où nous devions aller chercher le gypse ; mais nous avons vérifié par nous-même, ou par de nouveaux renseignemens pris sur les lieux, tous les points qu'il avoit indiqués. Quant aux descriptions qu'il donne, elles sont trop inexactes et trop obscures pour être de quelque utilité.

suivantes : au nord-ouest de Laferté, celle de Morentru ; plus au nord, celle de Torchamp ; encore plus au nord, et au nord-est de Cocherel, celle de Chaton.

Les collines gypseuses du nord et du nord-ouest de Meaux sont : celle de Cregy, le plâtre s'y trouve principalement vers l'ouest, du côté de Challouet ; celle de Panchard, à l'ouest de ce village ; celle du sud-ouest de Barcy ; celles de Pringy, de Monthion, du Plessis-l'Évêque ; enfin la colline assez étendue de l'est à l'ouest qui est au nord de Cuisy.

Presque toutes ces collines fournissent des marnes argileuses propres à la fabrication de la brique, de la tuile et même de la poterie. Il y a des tuileries en activité à Challouet, à Panchard, entre Montge et Cuisy, etc. etc.

En continuant vers l'ouest, on trouve la colline élevée de Dammartin, dont le sommet est composé de meulière d'eau douce et d'une couche épaisse de sable blanc qui paroît assez pur. Ces meulières et le silex à coquilles d'eau douce se trouvent dispersées dans les champs des environs. Le gypse ne s'exploite pas dans la butte même de Dammartin, mais dans une butte inférieure qui en est séparée par une petite vallée, et qui est située au sud-est. Il y forme une masse d'environ 14 mètres d'épaisseur, qui est recouverte par 5 à 6 mètres de marnes blanches, grises et vertes. Ces dernières se montrent à la surface. Nous n'avons pu découvrir ni huître, ni aucune autre coquille dans la partie que nous avons examinée. On exploite de semblables carrières à Longperrier, et surtout à Montcrepin, au nord-ouest de

Dammartin.

Dammartin. Dans ces dernières, la pierre à plâtre est presque à la surface du sol. Ces couches gypseuses renferment des ossemens fossiles ; ce qui doit faire supposer qu'elles appartiennent à la première masse, c'est-à-dire aux bancs supérieurs du gypse.

En suivant toujours la direction du nord-ouest, on trouve encore deux collines gypseuses : celle du bois de Saint-Laurent et celle du bois de Montméliant, au bas de laquelle est située Morfontaine. Les marnes argileuses qui recouvrent ce gypse sont très-propres à la fabrication des tuiles et des poteries, et on connoît le parti avantageux qu'en ont tiré MM. Piranesy pour en faire des vases d'une grande dimension, d'une belle pâte et d'une assez bonne qualité.

En redescendant au sud, la carte de Cassini indique une plâtrière près du Mesnil-Amelot et au milieu de la plaine composée de terrain d'eau douce qui sépare la chaîne de collines que nous venons de suivre, de celle que nous allons examiner, en commençant par Carnetin.

La colline qui remplit l'anse que forme la Marne à l'est de Lagny, et qui est située au nord de cette ville, est entièrement composée de calcaire siliceux dans toute sa partie méridionale. Le gypse n'est connu que du côté de Carnetin, sur le versant septentrional. Il est placé sur une couche épaisse de marne calcaire blanche remplie de gros silex blancs et opaques qui ressemblent aux ménilites par leur forme et par leur situation. Ces plâtrières se prolongent jusqu'à Anet, et sont situées à l'extrémité orientale de la longue colline gypseuse en forme d'arc de cercle, qui porte sur ses versans Saint-Marcel, Courtry, Couberon, Vaujours, Clichy, Montfermeil, Chelles, Gagny et Villemonble, et qui se termine à Rosny.

Le cap que forme la butte de Chelles est entièrement composé de gypse recouvert seulement d'un mètre de marne verte. Cette marne est surmontée d'une couche peu épaisse de sable et de meulière d'eau douce.

On peut reconnoître ici trois masses de gypse. La plus superficielle a 8 à 9 mètres d'épaisseur ; elle est séparée de la seconde par sept mètres de marne blanche. La seconde masse a 3 à 4 mètres de puissance. On y remarque quelques assises minces, mais dures, qui fournissent des dalles employées dans les constructions. Les parties supérieures de cette seconde masse donnent un plâtre de mauvaise qualité.

La troisième masse est représentée par une petite couche séparée de la précédente, et qui n'a que 4 à 5 décimètres d'épaisseur.

Du côté de Montfermeil, les marnes vertes ont plus d'épaisseur. On y fait de la tuile.

La longue colline qui s'étend de Nogent-sur-Marne à Belleville, et que nous appellerons colline de Belleville, appartient entièrement à la formation gypseuse ; elle est recouverte vers son milieu de sables rouges argilo-ferrugineux sans coquilles, surmontés de couches de sables agglutinés, ou même de grès renfermant un grand nombre d'empreintes de coquilles marines analogues à celles de Grignon. Cette disposition est surtout remarquable dans les environs de Belleville et au sud-est de Romainville. Le grès marin y forme une couche qui a plus de 4 mètres d'épaisseur.

Cette colline renferme un grand nombre de carrières qui présentent peu de différences dans la disposition et la nature de leurs bancs.

L'escarpement du cap qui s'avance entre Montreuil et Bagnolet n'est pris que dans les glaises, les bancs de plâtre de la première masse s'enfonçant sous le niveau de la partie adjacente de la plaine qui dans cet endroit est un peu relevée vers la colline, et qui s'abaisse vers le bois de Vincennes. Les marnes qui recouvrent la première masse ont une épaisseur de 17 mètres. La marne verte qui en fait partie a environ 4 mètres. On y compte quatre lits de sulfate de strontiane. On voit un cinquième lit de ce sel pierreux dans les marnes d'un blanc jaunâtre qui sont au-dessous des vertes; et peu après ce cinquième lit se rencontre la petite couche de cythérés. Elles sont ici plus rares qu'ailleurs, et mêlées de petites coquilles à spire qui paroissent appartenir au genre spirorbe. Les autres bancs de marne ne présentent d'ailleurs rien de remarquable. La première masse a neuf à dix mètres d'épaisseur.

En suivant la pente méridionale de la colline dont nous nous occupons, on trouve les carrières de Mesnil-Montant, célèbres par les cristaux de sélénite que renferment les marnes vertes, et par les silex ménilites des marnes argileuses feuilletées. Ces silex se trouvent à environ 4 décimètres au-dessus de la seconde masse, par conséquent entre la première et la seconde (1).

Enfin, à l'extrémité occidentale de cette colline sont les carrières de la butte de Chaumont.

Toutes les collines qui sont dans le même alignement que celles de Montmartre, ayant à peu de chose près la même structure que cette butte, la description détaillée que nous allons donner de Montmartre suffira pour faire connoître la suite des couches principales; mais comme c'est dans la colline de Belleville que les marnes d'eau douce renferment le plus de coquilles, nous nous arrêterons un instant sur leur description.

La butte Chaumont, qui est le cap occidental de la colline de Belleville, n'est point assez élevée pour offrir les bancs d'huîtres, de sable argileux et de grès marin qu'on observe à Montmartre. Nous avons dit qu'on trouvoit le grès marin près de Romainville : nous ne connoissons les huîtres que dans la partie de la colline qui est la plus voisine de Pantin, presque en face de l'ancienne seigneurie de ce village; on les trouve à 6 ou 7 mètres au-dessous des sables, et un peu au-dessus des marnes vertes; c'est leur position ordinaire.

Lorsque les couches de sable marin et d'huîtres n'existent pas, on voit d'abord une couche de silex d'eau douce; on trouve ensuite en descendant :

1°. Deux assises alternatives de marne calcaire assez dure et pesante.

---

(2) C'est par erreur que nous avons dit, dans notre premier Mémoire, que c'étoit dans les marnes argileuses feuilletées de la troisième masse.

2°. Une marne argileuse sans coquilles apparentes, renfermant des noyaux durs de marne calcaire.

3°. Le banc de marne argileuse verte, qui a ici environ 5 mètres de puissance ; au-dessous se trouvent les couches suivantes.

4°. Un premier banc de marnes jaunes feuilletées, qui renferme vers son tiers inférieur des os de poissons, des cythérées planes, n° 1 ; seulement des spirorbes et quelques *cerithium plicatum*.

5°. Un lit très-mince de marne argileuse mêlée de vert et de jaune, renfermant un grand nombre de coquilles écrasées dont les débris sont blancs. Quoique ces coquilles soient comme broyées, on peut encore y reconnoître des cythérées, des spirorbes, et surtout des *cerithium plicatum*.

6°. Un lit d'un à deux décimètres de marne calcaire blanchâtre, friable, sans coquilles.

7°. Un second banc de marnes jaunes feuilletées, renfermant dans sa partie inférieure un lit de cythérées bombées ; n° 2 ; point de planes, mêlé de spirorbes, d'os de poissons et de petits corps blancs ovoïdes de la grosseur d'un grain de moutarde et d'une nature indéterminée.

Des petits lits de sélénite se rencontrent au milieu de ces couches. La dernière renferme entre ses feuillets les plus inférieurs des rognons de strontiane sulfatée.

Toutes ces couches, depuis les marnes vertes, c'est-à-dire du n° 3 au n° 7 inclusivement, ont deux mètres d'épaisseur.

8°. On trouve alors les marnes d'eau douce ; elles sont blanches, avec des taches et des lits très-minces d'oxide de fer, rouge, pulvérulent. Elles renferment d'abord des débris de coquilles d'eau douce, puis des lymnées et des planorbes bien entiers. C'est surtout dans la carrière qui regarde le nord, et qui est après Pantin, que ces coquilles sont et les plus nombreuses et les mieux conservées, et c'est dans les couches les plus inférieures de la marne qu'elles sont les plus abondantes.

Ce système de banc de marnes blanches d'eau douce a de 20 à 25 décimètres d'épaisseur dans les deux carrières où nous l'avons visité; savoir, celle de Pantin et celle de la butte Chaumont derrière le *combat du taureau*.

Entre cette colline et celle de Montmartre est la plaine de Pantin, dont le fond est de gypse. Les bancs de gypse y présentent beaucoup de désordre et d'ondulations. On les attribue aux sources et cours d'eaux assez nombreux qui les ont excavés en dessous.

Immédiatement après la colline de Belleville on trouve, en allant toujours à l'ouest, la butte de Montmartre. La description générale, mais succincte, que nous en avons donnée dans le premier chapitre, comme exemple de la formation gypseuse, ne nous empêchera pas de donner ici une description détaillée d'autant plus nécessaire que cette colline, quoique visitée depuis long-temps par tant de minéralogistes, offre encore tous les jours de nouveaux sujets d'observations.

MONTMARTRE.

CETTE butte est isolée et à peu près conique, mais plus étendue de l'est à l'ouest que du nord au sud. Le terrain qui la sépare de la butte Chaumont, forme une espèce de col élevé.

Nous allons décrire successivement et avec détail les couches de sable marin, de marnes marines, de marnes et de gypse d'eau douce, et de marnes et de gypse marins qui constituent cette butte.

Nº 1.   *Sable et grès quartzeux.*

Le sable, qu'on trouve au sommet de Montmartre, est quelquefois agglutiné, et forme des grès rougeâtres, mais friables, qui ren-

ferment des moules de coquilles. La matière de la coquille n'existe
plus, et on ne voit même dans le sable aucun débris de ces coquilles.
Ce grès est composé de grains de quartz assez gros, peu arrondis,
mais point cristallisés; il ne fait aucune effervescence, et est infusible au feu de porcelaine. Les coquilles qu'il renferme sont toutes
marines, et généralement semblables à celles de Grignon; nous y
avons déterminé les espèces suivantes :

> *Cerithium mutabile.*
> — *cinctum.*
> *Solarium*, pl. 8, fig. 7. Lм.
> *Calyptræa trochiformis.*
> *Melania costellata.*
> *Pectunculus pulvinatus.*
> *Cytheræa nitidula.*
> — *lævigata.*
> — *elegans ?*
> *Crassatella compressa?*
> *Donax retusa ?*
> *Corbula rugosa.*
> *Ostrea flabellula.*
> Des empreintes qui paroissent dues à des fragmens d'oursins, etc.

Nº 2.   *Sable argileux jaunâtre.*

Il est d'un jaune sale, il ne fait point effervescence, et
n'est donc point calcaire, quoiqu'il recouvre immédiatement la marne suivante (1); mais il éprouve un commencement de vitrification au feu de porcelaine.

		mètre.
3.	*Marne calcaire blanchâtre.*	0.10

Elle est très-friable, très-calcaire; elle est presque entièrement composée de petites huîtres (*ostrea linguatula* Lм.)
brunes, et de débris de ces coquilles.

| 4 | *Marne argileuse jaunâtre* . . . . | 0.4c |

---

(1) Ces deux bancs de sable, mesurés de la porte du cimetière jusqu'au
banc d'huître, ont 28 à 30 mètres d'épaisseur.

Elle est jaune-pâle, sale et par fragment. Elle renferme moins de coquilles que la précédente et que la suivante. Ce sont des débris d'huîtres.

5.   *Marne calcaire fragmentaire* 0.20

Elle se brise facilement en petits morceaux assez solides. Elle est très-coquillière, et renferme absolument les mêmes espèces que le n° 3.

6   *Marne argileuse grise* 0.85

Elle est grise, marbrée de jaune, fragmentaire. Elle ne renferme à sa partie supérieure que quelques huîtres. (*Ostrea linguatula*). Elle est plus argileuse dans son milieu, et contient alors beaucoup plus d'huîtres. Elle devient brune et très-argileuse à sa partie inférieure ; elle fait à peine effervescence, et ne renferme plus de coquilles.

N° 7.   *Marne argileuse blanchâtre et marbrée de jaunâtre* . . .   0.65

Elle est fragmentaire à sa partie supérieure. Elle ne contient pas de coquilles, elle devient fissile et plus grise vers sa partie inférieure.

8.   *Marne calcaire blanchâtre* 0.15

Elle est friable dans quelques parties, et dure dans d'autres, au point d'acquérir la solidité et la cassure serrée de la chaux carbonatée compacte. Elle renferme des coquilles d'huîtres d'une espèce différente des précédentes ; (*Ostrea canalis* Lm.); quelques-unes ont jusqu'à 1 décim. dans leur plus grande dimension. On trouve dans le même lit des débris de crabes et des débris de balanes.

Les couches de 2 à 8 inclusivement paroissent appartenir à un même système qui seroit caractérisé par la présence habituelle des huîtres et par l'absence des univalves.

Marne argileuse brune, jaune, verdâtre, fragmentaire.   0.15

Elle ne renferme point de coquilles, et est pénétrée de sélénite ; elle fait un peu effervescence.

10.   *Marne argileuse sablonneuse* 0.20

Elle est assez dure et d'un gris jaunâtre ; elle fait une vive effervescence avec l'acide nitrique ; elle contient des moules de coquilles bivalves, indéterminables.

11.   *Marne argileuse jaune* . . . : 0.50

Ce banc est pétri de débris de coquilles ; et, quoique ces coquilles soient presque toutes écrasées, nous avons pu y reconnoître les genres et les espèces suivantes :

Nerita espèce lisse mais indéterminable.
Ampullaria patula ? très-petite.

> *Trochus.*
> *Cerithium plicatum.*
> *Cythærea elegans.*
> — voisine du *semisulcata* ; mais plus épaisse et d'une autre forme.
> *Cardium obliquum ?*
> *Erycina.*
> *Nucula margaritacea.*
> *Pecten.*

Cette marne est plus fragmentaire que fissile ; les coquilles y sont toutes disposées sur le plat.

On y trouve aussi des fragmens de palais d'une raie analogue à la *raie aigle*, et nous avons recueilli un fragment d'aiguillon d'une raie voisine de la *pastenague*.

N° 12.   *Marne argileuse très-feuilletée, à feuillets ondulés.*

D'un violet noirâtre lorsqu'elle est humide. Elle se gonfle et se ramollit dans l'eau, et fait effervescence dans l'acide nitrique.

Cette espèce de vase argileuse endurcie est percée de trous entièrement remplis de la marne supérieure, comme s'ils avoient été faits par des pholades, et remplis postérieurement.

13.   *Marne calcaire grise* 0.30

Dure dans quelques endroits, mais généralement friable. Elle ne renferme pas de coquilles.

14.   *Marne argileuse fissile* 0.70

En feuillets alternatifs et nombreux, plus ou moins colorés de blanc, de jaune et de vert. Elle est assez solide, et
fait à peine effervescence.

15.   *Marne calcaire blanche* 0.10

Semblable à celle du n° 13, mais plus solide et plus
blanche.

N° 16.   *Marne argileuse* 0.50

Fissile comme le n° 14. Elle est moins délayable dans
l'eau, et fait à peine effervescence.

17.   *Marne calcaire verdâtre* 0.05

Elle est assez argileuse, ce que prouvent les nombreuses
fissures qui s'y forment par le dessèchement; elle est
d'ailleurs peu solide.

18.   *Marne argileuse verte* 4.00

Cette couche épaisse est d'un vert jaunâtre; elle n'est
point fissile mais friable; elle ne contient, suivant M. de
Gazeran, que 0.07 de chaux. Elle fait cependant une assez
vive effervescence avec l'acide nitrique, et se réduit par la
fusion en un verre noirâtre homogène. On n'y voit aucun
débris de corps organisés. Cette marne renferme des géodes
globuleuses, mais irrégulières, qui se dissolvent entièrement
dans l'acide nitrique. Ces géodes verdâtres ont leurs fissures
et leur intérieur tapissés de cristaux de chaux carbonatée.
On trouve vers leur centre un noyau mobile de même
nature que l'enveloppe.

La marne verte est, comme nous l'avons dit plusieurs
fois, le banc le plus apparent, le plus constant, et par
conséquent le plus caractéristique de la formation gypseuse.

19.   *Marne argileuse jaune* 0.35

Elle est très-feuilletée, et renferme entre ses feuillets
un peu de sable fin jaunâtre, et des petits cristaux de
sélénite. On ne voit point de coquilles dans ses feuillets
supérieurs.

19 *bis.*   Même marne moins feuilletée, renfermant des coquilles. C'est dans cette marne que se trouve ce lit mince de cythérées qui règne avec tant de constance dans une très-grande étendue de terrain. Nous n'avons vu à Montmartre que quelques *cerithium plicatum* et des cythérées bombées, n° 2 ; les cythérées planes, n° 1, paroissent manquer dans les carrières que nous avons examinées. Nous ne connoissons de spirorbes que dans les carrières de l'est.

N° 19 *ter.*   La même marne, mais beaucoup moins fissile, et d'un vert sale jaunâtre ; elle contient immédiatement au-dessous des coquilles précédentes, des rognons de stron-tiane sulfatée terreuse compacte qui fait un peu efferves-cence avec l'acide nitrique.

20.   *Gypse marneux en lits ondulés.* 0.30

Les zones gypseuses alternent avec des zones de marne calcaire friable.

21.   *Marne blanche compacte.* 0.58

Elle est d'un blanc grisâtre marbré et tacheté de jau-nâtre. Elle est assez compacte, et fait une violente effer-vescence avec l'acide nitrique.

22.   *Marne calcaire fragmentaire* 0.72

Elle est blanchâtre, ses fragmens sont assez gros et solides, quoique tendres.

23.   *Marne calcaire pesante* 0.08

Elle est d'un blanc sale assez dur, quoique fragmentaire.

Les marnes n°s 21, 22 et 23 répondent aux marnes blanches n° 8 de la butte Chaumont et de Pantin. On n'y voit pas, il y est vrai, comme dans ces dernières, les limnées abondans qui les caractérisent ; mais elles sont de même nature, dans la même situation, et nous avons cru appercevoir quelques débris de coquilles dans celles des carrières de l'est de Montmartre.

24.   *Marne argileuse friable verdâtre* 0.35

20 *

Elle ressemble en tout aux marnes argileuses feuilletées n° 19; mais on n'y connoît point de coquilles, on y voit seulement quelques débris informes de poissons.

N° 25.   *Marne calcaire sablonneuse* . . . .   0·08

Elle est blanchâtre, friable; ses salbandes sont ocracées.

26.   *Marne calcaire à fissures jaunes* . . . .   1·13

Elle est très-fragmentaire, ses fragmens sont parallélipi-pédiques. Leurs surfaces sont recouvertes d'un vernis jaune d'ocre, surtout vers la partie inférieure qui se confond avec le n° suivant.

27.   *Marne argileuse verdâtre* . . . .   0·80

Elle est assez solide et même fragmentaire dans ses parties supérieures; ses fissures sont teintes d'un enduit d'ocre. Vers son milieu, et surtout vers son lit, elle est feuilletée et rubanée de vert et de blanchâtre.

Les feuillets sont traversés par des espèces de tubes ondulés, remplies de marne ocreuse.

Cette marne fait très-peu effervescence.

28.   *Marne calcaire tendre blanche* . . . .   0·48

Elle est très-fragmentaire, et forme trois zones blanches qui sont séparées par des petites couches de marne argi-leuse brun verdâtre. Il y a au milieu de cette couche un petit lit de gypse très-distinct.

29.   *Argile figuline brun-verdâtre* . . . .   0·27

Cette argile ne fait aucune effervescence.

30.   *Marne calcaire blanchâtre* . . . .   0·77

Elle est d'un blanc verdâtre, et un peu plus brune vers le bas. Elle se divise en fragmens assez gros.

31.   *Marne argileuse compacte* . . . .   0·62

En lits alternatifs gris, jaunâtre et blanc.

32.   *Marne argileuse brun-verdâtre* . . . .   0·62

Elle ne fait que très-légèrement effervescence ; elle est fissile, et même friable, et renferme beaucoup de sélénite.

N° 33. *Marne calcaire blanche* 1.33

Elle se divise en fragmens, dont les fissures sont teintes de jaune d'ocre.

34. *Marne calcaire jaunâtre* 0.70

Elle est feuilletée et fragmentaire. Les fissures sont couvertes de dendrites, et renferment des cristaux de sélénite.

PREMIÈRE MASSE.

35. *Gypse marneux* (premier banc.) 0.40

Il est friable, un peu jaunâtre dans ses fissures. Il fait une très-vive effervescence.

Il varie beaucoup d'épaisseur, et est quelquefois réduit à un très-petit filet.

Ces bancs de gypse impur sont appelés *chiens* par les ouvriers.

36. *Marne calcaire jaunâtre rubanée* 0.86

Elle est fissile, assez tendre, et renferme quelques cristaux de sélénite.

37. *Marne calcaire blanchâtre fissile* 0.40

Elle est blanche, fissile et friable avec des infiltrations ocracées.

Elle renferme entre ses feuillets des petits lits de gypse marneux.

38. *Gypse marneux* (second banc.) 0.16

C'est le même que celui du n° 35. Il est tantôt réuni avec cette couche de gypse, tantôt il en est séparé par les couches de marne calcaire, n°s 36 et 37.

Marne calcaire blanchâtre fragmentaire 0.25

Elle est d'un blanc jaunâtre. Ses nombreuses fissures sont couvertes d'un vernis jaune et de dendrites noires.

C'est dans cette marne qu'on a trouvé un palmier fossile pétrifié en silex.

N° 40.   *Gypse marneux* (troisième banc.) 0.40

La partie supérieure est moins impure que la partie inférieure, qui est très-marneuse.

41.   *Marne argileuse friable jaunâtre* 0.33

Elle est un peu feuilletée ; les surfaces des fissures sont
jaunes d'ocre. Elle renferme des infiltrations de sélénite.

42.   *Cyspe marneux* (quatrième banc.) 0.16

Il est plus pur que les deux couches précédentes , et fait
par conséquent moins d'effervescence dans l'acide nitrique.

43.   *Marne calcaire blanche* 1.10

Elle est un peu jaunâtre , et se divise en gros fragmens
assez solides. Ses fissures sont couvertes de dendrites
noirâtres.

44.   *Gypse marneux* (cinquième banc.) 0.33

Il est blanc, friable, assez effervescent.

45.   *Marne calcaire tendre* 0.80

Elle est blanchâtre, avec des zones horizontales jaunâtres
et des petits filets de sélénite.

46.   *Gypse saccaroïde.*

C'est la première masse exploitée. Les ouvriers l'appellent
aussi *haute masse ;* elle a en tout de . . . .   15 à 20 m.

Elle est distinguée par les ouvriers en plusieurs bancs
auxquels ils donnent des noms particuliers , mais qui
varient un peu suivant les diverses carrières.

Nous ne ferons mention que des bancs les plus remarquables.

a. *Les fleurs.*

Il renferme des lits très-minces de marne calcaire.

b. *Les moutons.*

c. *La petite corvée.*

Nous y avons vu une petite couche de silex de 3 à 4 millim.

d. *La bossue.*

e. *Les écuelles.*

f. *Les brioches.*

g. *La grande corvée.*

h. *Le gros jaune.*

i. *Le bien venant.*

k. *Le pilotin,* ou *bancs gris.*

l. *Le blanc lit argenté, banc sableux.*

m. *Le bataillon, banc de trois pieds.*

n. *Les roussels.*

o. *Les heurs, le gros banc.*

p. *Les hauts piliers.*

Ces deux dernières assises se divisent en prismes verticaux. De là le nom de *hauts piliers* qu'on a donné à la
seconde assise en raison de la hauteur des prismes.

q. r. *Les hautes urines et foies de cochon.* $=$ *Banc de
trois pieds.*

s. t. *Les pots à beurre et les crottes d'âne.*

u. *Les piliers noirs.*

   Il est très-compacte.

v. *Les basses urines.*

x. *Les fusils.*

Cette dernière assise de la première masse est remarquable par les silex cornés qu'elle contient. Ces silex sont
des sphéroïdes ou des ellipsoïdes très-aplatis ; ils semblent
pénétrés de gypse, et se fondent dans le gypse d'une manière insensible. L'intérieur de ces sphéroïdes est souvent
rempli de gypse. Ce gypse, assez homogène, fait effervescence.

y. *Gypse laminaire jaune d'ocre.*

A grandes lames mêlées de marne argileuse sablonneuse.   0.03

z. *Gypse jaunâtre friable.*

Renfermant des petits lits de marne blanche 0.03

Ici se termine ce que les ouvriers appellent *première* ou

haute-masse. Elle a environ, depuis les huîtres jusqu'aux cythérées 9

Depuis ces cythérées jusqu'au sommet de la forte masse de gypse 13

Depuis ce sommet jusqu'au-dessous des fusils 20

TOTAL 42 (1)

C'est dans cette masse, et probablement dans les premières assises nommées *les fleurs*, qu'on a trouvé, quoique très-rarement, des coquilles fossiles. Celle que nous possédons est noire, et appartient évidemment à l'espèce que M. de Lamark a nommé *cyclostoma mumia*.

SECONDE MASSE.

La seconde masse commence aussi par le gypse.

Nᵒ 1.　　*Gypse friable (pelage)* . . . . 0·24
Effervescent.

2.　　*Marne calcaire feuilletée* . . . . 0·08
Elle est friable.

3.　　*Gypse compacte (tête de moine)* . . . . 0·16
Peu effervescent, quoique impur, c'est-à-dire souillé d'argile.

4.　　*Marne calcaire friable* . . . . 0·11

5.　　*Gypse saccaroïde (œuf)* . . . . 0·30
Il est assez pur, à peine effervescent. Cette couche est exploitée.

6.　　*Marne calcaire compacte* . . . . 1·38
Elle est fragmentaire, et tachée de fauve et de noir sur les par is de ses fissures naturelles.

La partie supérieure est la plus friable. La partie inférieure beaucoup plus solide, est quelquefois séparée de la supérieure par un petit lit de marne feuilletée.

---

(1) En ajoutant à cette somme 29 mètres pour l'épaisseur de la masse de sable, on a en tout 71 mètres.

Nº 7.   *Marne calcaire assez compacte (faux ciel) . . .*   0.11

Elle renferme vers sa partie inférieure de gros cristaux de sélénite en fer de lance.

8.   *Marne argileuse verdâtre (souchet.) . . . . . .* 0.21 0. à 30

Lorsqu'elle est humide elle est grisâtre, marbrée de brun ; lorsqu'elle est sèche, elle est compacte dans sa partie supérieure, très-feuilletée dans sa partie inférieure.

Cette marne est vendue dans Paris sous le nom de *pierre à détacher;* elle ne fait effervescence que lentement. C'est dans cette couche que se trouvent les gros rognons de strontiane sulfatée de la seconde masse.

Ces rognons volumineux, quoique compactes, le sont moins que ceux de la première masse. On n'y voit point ces fissures tapissées de cristaux qu'on remarque dans la strontiane sulfatée de la première masse ; mais on y observe un grand nombre de canaux à peu près verticaux et parallèles, quoique tortueux et à parois raboteuses. Ces canaux sont tantôt remplis de marnes et tantôt vides. Ils semblent indiquer par leur forme le passage d'un gaz qui se seroit dégagé au - dessous des masses de strontiane, et qui les auroient traversées.

Les parties de ces rognons, qui sont dégagées de marne, ne font point effervescence.

9.   *Gypse impur (les chiens.) . . . .*   0.57
Il est mêlé de marne ; très-effervescent.

10.   *Marne calcaire compacte . . . .*   0.52
Arborisée de noir.

11.   *Marne argileuse feuilletée (les foies.) . . . . .*   0.25
Elle est grise, et se divise en feuillets extrêmement minces. Elle fait effervescence, mais peu vivement.

12.   *Marne calcaire (les cailloux.) . . . .*   0.50
Très-compacte, arborisée de noir.

N.º 13. A.   *Marne argileuse grise.*

Très-feuilletée, à peine effervescente.

13. B.   *Gypse impur ferrugineux* . . . . 0·04

Le plan supérieur de ces couches est marqué d'ondulations semblables à celles d'une eau tranquille et toutes dirigées du S. E. au N. O.

14. *Gypse compacte* (*les fleurs.*) . . . . 0·46

Il est effervescent dans certaines parties, pur dans d'autres. Sa partie inférieure renferme des grains arrondis de sable calcaire.

15.   *Sélénite laminaire* (*les laines.*) . . . . 0·27

Cette couche disparoît presque dans de certains endroits.

16.   *Gypse compacte* (*les moutons.*) . . . . 0·60

Il est très-beau, et donne de très-bon plâtre. Il fait effervescence.

17.   *Sélénite laminaire* (*les couennes.*) . . . . 0·18

18.   *Marne calcaire blanche* (*les coffres.*) . . . . . . 0·08

Elle est tendre.

19.   *Gypse et sélénite cristallisée confusément* (*gros bousin.*) 0·50

Ils sont mêlés.

20.   *Gypse très-compacte* (*tendrons du gros bousin.*) . . 0·08

A zones ondulées, mais parallèles. Il ne fait point effervescence. C'est dans cette couche compacte que se percent les trous de mine.

21.   *Gypse très-compacte* (*clicart.*) . . . . 0·06

Il est en couches minces ondulées, dont les ondulations forment non des lignes, comme dans le nº 13, mais des réseaux. Il ne fait point effervescence.

22.   *Gypse saccaroïde feuilleté* (*petits tendrons.*). . . 0·11

Il y a de la marne jaunâtre entre les feuillets.

N° 23. *Gypse saccaroïde compacte (pilotin.)* 0.25

Effervescent. On nous a assuré avoir trouvé dans cette couche un oiseau fossile.

24. *Sélénite cristallisée (petit bousin.)* 0.20

Elle est cristallisée confusément. Le lit de la couche est composé de zones compactes ondulées semblables au clicart, et pesantes comme lui.

25. *Gypse saccoroïde (gros tendron, ou tête de gros banc.)* . 0.27

Il est un peu effervescent.

26. *Gypse saccaroïde compacte (gros blanc.)* 0.08

Il est à peine effervescent.

27. *Sélénite cristallisée confusément (grignard du gros banc.)* 0.07

28. *Gypse saccaroïde compacte (les nœuds.)* 0.16

29. *Gypse impur rougeâtre (les ardoises.)* 0.08

Feuilleté, mêlé de feuillets de marne argileuse.

30. *Gypse saccaroïde compacte (les rousses.)* 0.20

Cette seconde masse ne paroît renfermer, comme on le voit, aucune coquille. Elle a en totalité, depuis les fusils jusqu'au-dessous des rousses, environ 10 mètres.

TROISIÈME MASSE.

Nous suivrons toujours, dans la détermination un peu arbitraire de ces masses, la division établie par M. Desmarets, qui est elle-même fondée sur celle des ouvriers.

N° 1. *Marne calcaire (le souchet.)* 0.32

Blanchâtre, tachetée de jaune à cassure conchoïde, souvent arborisé de noir.

2. *Marne argileuse verte feuilletée (les foies)* 0.9

3. *Marne calcaire blanche (marne dure.)* 0.03

Elle est cependant assez tendre, mêlée d'un peu de gypse.

21 *

N° 4.   *Gypse compacte* (*les couennes et les fleurs.*).   0.32

Sa partie supérieure renferme une zone de gypse laminaire.

5.   *Gypse compacte* 0.34

Il est mêlé de marne.

6.   *Sélénite laminaire* (*les pieds d'alouette.*) 0.46

'Elle est mêlée de gypse.

7. *Marne argileuse feuilletée* 0.03

Verdâtre, mêlée de gypse.

8.   *Gypse compacte* (*pains de 14 sols.*) . . . . . .

En gros rognons dans la marne suivante.

9.   *Marne calcaire blanche*, n° 9 . . . .   0.70

10.   *Marne argileuse feuilletée verdâtre* 0.02

11.   *Marne calcaire blanche* 0.66

Sa cassure est conchoïde. Cette marne se confond avec
le n° 12. . . . .

12.   *Gypse compacte* . . . .

Il est mêlé de marne.

13, 14   *Gypse compacte* 1.40
et 15.

Il est divisé par 7 à 9 zones ondulées de séléuite laminaire que les ouvriers nomment *moutons* , *tendrons* et
gros bancs.

16.   *Marne calcaire blanche* (*marnes prismatisées.*) . .   0.49

A retraits prismatiques renfermant quelques débris de
coquilles.

17.   *Gypse compacte* (*petit banc.*) 0.19

Il est comme carié.

18.   *Marne calcaire jaunâtre* 1.00

Elle est assez tendre.

La partie supérieure de ce banc remarquable renferme
un grand nombre de coquilles marines, ou plutôt de moules
de ces coquilles; car la coquille proprement dite a disparu,

on ne voit que le relief de la surface extérieure, tout le milieu est marne. Ces coquilles, analogues à celles de Grignon, ont été rassemblées et déterminées de la manière suivante par MM. Desmarets fils et Prévost.

Calyptrea trochiformis.
Murex pyraster.
4 cérites.
Turritella imbricataria.
— *terebra.*
Voluta citharea.
— *muricina.*
Ampullaria sigaretina.
Cardium porulosum.
Crassatella lamellosa.
Citherea semisulcata.
Solen vagina.
Corbula gallica.
— *striata.*
— *anatina ?*

Les mêmes naturalistes y ont trouvé en outre des oursins du genre des spatangues, différens du *spatangus cor anguinum* qu'on trouve dans la craie, et des petits oursins qu'on trouve à Grignon, et qui appartiennent au genre *clypeastre.* Ils ont retiré de cette marne des pates et des carapaces de crabes, des dents de squales (glossopètres), des arêtes de poissons et des parties assez considérables d'un polypier rameux qui a quelque analogie avec les isis et les encrines (fig. 9), et que M. Desmarets a décrit sous le nom d'*amphitoïte parisienne.*

Le lit supérieur renferme d'autres corps dont la connoissance est également due à MM. Desmarets fils et Prévost. Ce sont des pyramides quadrangulaires formées de la même marne et dont les faces sont striées parallèlement aux arêtes des bases. Ces pyramides ont jusqu'à 3 centimètres de hauteur sur une base carrée de 6 centimètres de côté. On ne doit pas considérer ces solides comme des moitiés d'octaèdre ; car leur base est tellement engagée dans la marne qu'on ne peut par aucun moyen découvrir les faces opposées qui compléteroient l'octaèdre ; mais on observe dans leur réunion entre elles une disposition très-remarquable. Ces pyramides sont toujours réunies six ensemble, de manière qu'elles se touchent par leurs faces, et que tous les sommets se réunissent en un même point. Il résulte de cette réunion un cube dont les faces ne peuvent cependant pas être mises naturellement à découvert, puisque les bases des pyramides se continuent sans interruption dans la marne, qui leur sert de gangue, et qui est absolument de même nature qu'elles.

Le milieu de la couche de marne que nous décrivons renferme des cristaux de sélénite et des rognons de gypse niviforme. Enfin la partie inférieure ne contient aucune coquille.

N° 19. *Gypse compacte* 0.22

20. *Marne argileuse feuilletée* 0.05

21. *Gypse compacte (banc rouge)* 0.30

22. *Marne calcaire blanche, friable* 0.16

23 et 24. *Marne argileuse feuilletée (les foies)*.

Elle renferme dans son milieu un banc de gypse d'une épaisseur très-irrégulière 0.22

Cette marne, qui est feuilletée, laisse voir entre ses feuillets des empreintes brunes et brun-rouge de corps rameux applatis qui semblent être des empreintes de fucus.

25. *Calcaire grossier dur (cailloux blancs)*.

Il renferme des coquilles marines 0.16

26. *Gypse impur compacte*.

Renfermant des coquilles marines 0.12

27. *Calcaire grossier tendre (souchet)*.

Renfermant des coquilles marines 0.22

Ces trois assises contiennent les mêmes espèces de coquilles ; ce sont des cérites qu'on peut rapporter au *petricolum* et au *terebrale*. Les moules de ces coquilles sont ici différens de ceux de la marne du n° 18. On y voit en creux le moule de l'extérieur de la coquille, et en relief celui de l'intérieur ou du noyau; la place de la substance même de la coquille est vide.

N° 28. *Marne argileuse feuilletée* 0.08

29. *Gypse impur.*

Il est mêlé de calcaire 0.06

30. *Gypse compacte (pierre blanche).*

Il se divise par petits lits horizontaux 0.69

31. *Marne calcaire blanche.*

Nous ne connoissons pas l'épaisseur de ce lit, ni le terrain sur lequel il repose.

Cette troisième masse, mesurée en totalité à la carrière de la Hutte–au–Garde, et prise du banc de gypse le plus haut, c'est-à-dire 1 mètre au-dessus du souchet, a dans sa partie la plus haute de 10 à 11 mètres.

On voit par les détails que nous venons de donner que cette troisième masse offre plusieurs faits remarquables; la présence bien constatée des coquilles marines au milieu des marnes du gypse et du gypse même, n'est pas le moins intéressant. Ce fait avoit été annoncé par M. Desmarets, de l'Institut; il avoit été observé de nouveau par M. Coupé (1), avec des circonstances de plus; enfin, il vient d'être constaté par MM. Desmarets fils et Prevost, qui ont donné la description détaillée des couches qui renferment les coquilles, et la détermination précise de leurs diverses espèces. On ne peut donc douter que les premières couches de gypse n'aient

_____

(1) « A Montmartre, au fond de la troisième masse, est une couche de craie » argileuse cassante, fendillée, épaisse de 8 à 9 pieds; dans les fragmens de » sa région supérieure sont des empreintes de divers coquillages minces et des » espèces de crustacés roux, les mêmes espèces qu'à Grignon ». (Coupé, *Journ. de phys.* brum. an 14, p. 387.)

été déposées dans un liquide analogue à la mer, puisqu'il nourrissoit les mêmes espèces d'animaux. Cela n'in-
firme pas l'autre conséquence que nous avons tirée sur
la formation des couches supérieures ; elles ont été déposées par un liquide analogue à l'eau douce, puisqu'il
nourrissoit les mêmes animaux.

Nous devons faire remarquer, 1°. que le premier banc
de cette troisième masse, pris à la carrière de la Hutte-
au-Garde, est plus élevé que le dernier banc de la
deuxième masse, au-dessous de laquelle on a toujours
cru que la troisième étoit placée ; 2°. que cette troisième
masse forme une sorte de petite colline à l'ouest de Montmartre, et que nous ne sachions pas qu'on l'ait jamais
vue immédiatement au-dessous de la deuxième ; 3°. que
ses bancs ne sont point horizontaux, mais très-évidem-
ment inclinés au sud-ouest, c'est-à-dire vers la plaine (1).

On a creusé dernièrement plusieurs puits et fait quelques tranchées au pied de Montmartre, et, au sud de
cette butte, dans Paris même ; ce qui nous a donné les
moyens de rencontrer dans d'autres points qu'à la carrière de la Hutte-au-Garde la nature et la succession
des bancs qui forment sa base. Nous les avons observés
au haut de la rue de la Rochechouart, au haut de la rue
des Martyrs, près l'hôpital Saint-Louis, etc. Les puits

----

(1) Il ne faut point additionner l'épaisseur des trois masses pour avoir la
puissance totale de la formation gypseuse : on auroit une épaisseur trop considérable ; d'ailleurs nous venons de dire que la troisième masse n'est pas,
comme on l'a cru, au-dessous des deux autres.

creusés

creusés au haut de la rue de la Rochechouart nous ont donné des détails et des renseignemens précieux (1).

Détail des couches qu'on a traversées en creusant le puits situé à l'est de l'abattoir de la rue de la Rochechouart.

N^{os} des bancs.	Noms donnés par les ouvriers.		Epaisseur.
		De l'ouverture au banc, n° 1, ce ne sont que des terres rapportées ················	13ᵐ85
N° 1··	Les fleurs·········	Gypse saccaroïde jaunâtre·······	0·22
2··	Les blancs········	Gypse saccaroïde plus blanc·····	0·45
3··	Les pieds d'alouette.	Sélénite cristallisée confusément ··	0·65
4··	Les chiens········	Gypse très-marneux···········	0·65
5··	Les cailloux blancs ·	Marne blanche très-siliceuse, renfermant des noyaux de silex, et contenant des débris de coquilles de petits corps ovoïdes lisses, indéterminables, et des empreintes de gyrogonites···········	2·0
6··	Le banc de 6 pieds·	Gypse saccaroïde blanc·········	2·0
7··	Le banc de 14 pouc.	Gypse saccaroïde rougeâtre······	0·37
8··	Les chiens rouges··	Gypse marneux avec des taches rouges ········ ············	2·0
9··	Les foies··········	Marne très-argileuse légère, blanchâtre, feuilletée ············	0·32

(1) Nous devons la connoissance de ces détails et la suite régulière d'échantillons qu'on en a conservés, au zèle éclairé de M. Bélanger, architecte.

Nos des bancs.	Noms donnés par les ouvriers.		Epaisseur.
Nº 10··	La pierre blanche··	Marne calcaire blanche, renfermant une quantité prodigieuse de coquilles d'eau douce, savoir : *Limneus elongatus*, *Planorbis lens*, *Gyrogonites* ··············	0^m32
11··	La caillase········	(Nous n'avons pas pu avoir d'échantillon certain de ce banc)······	0·65
12··	Les foies ········	Marne très-argileuse feuilletée, grisâtre ·················	2·0
13··	Les cailloux gris··	Calcaire gris très-compacte, très-homogène, analogue au calcaire siliceux, entièrement dissoluble dans l'acide nitrique ·········	0·27
14··	················	Marne et silex parfaitement semblables au nº 5 ·············	
15··	················	Marne argileuse blanche, feuilletée, renfermant une grande quantité de *cyclostoma mumia*, attaquable par l'acide, mais non dissoluble.	
16··	················	Calcaire gris, dur, poreux, en feuillets ondulés, renfermant une zône de quatre à cinq centimètres de moules de coquilles univalves et bivalves, non déterminables, mais reconnoissables pour être des coquilles marines. On y distingue quelques cérites.	9·42
17··	················	Calcaire gris, dur, non homogène, renfermant des débris blancs de coquilles marines.	
18··	················	Le même, mais plus dur, plus brun, et très-sableux, avec des taches noirâtres, comme charbonneuses.	

On doit reconnoître dans ce passage intéressant du terrain gypseux et marneux d'eau douce au terrain calcaire marin, la succession de couches et de fossiles que nous avons déjà observée ailleurs. On voit, après les gypses, les marnes à limnées et planorbes, ensuite les marnes à cyclostome, qui touchent toujours le calcaire, comme on l'a vu à Mantes, à Grignon, ensuite le calcaire marin. Nous avons même un échantillon de grès marin venant du fond d'un de ces puits; mais comme le morceau est mal caractérisé, et qu'il vient d'un autre puits que de celui dont nous venons de décrire les couches, nous n'avons pu en faire une mention expresse.

En allant à l'ouest, la première colline gypseuse qu'on rencontre, et qui borde la vallée de la Seine, est celle de Sanois. C'est une colline très-élevée que l'on voit à l'horizon de presque toutes les campagnes du nord-est de Paris, et qui n'est pas moins remarquable que Montmartre par sa structure et par la puissance des couches de gypse qu'elle renferme.

Les lits y sont disposés presque de la même manière. Ainsi on trouve sur les sommets des amas épais de sables gris et rouge. Ceux de la montagne de Sanois, beaucoup plus élevée que la butte d'Orgemont, portent des meulières d'eau douce; ceux de la butte d'Orgemont, qui a à peu près la même hauteur que Montmartre, renferment des coquilles marines analogues à celles qu'on trouve dans les sables qui recouvrent le sommet de cette dernière colline.

Ces sables de diverses couleurs (n° 1) forment un banc d'environ 12 décimètres d'épaisseur.

On trouve ensuite des couches alternatives de marnes et de gypse. Le détail ci-joint (1) prouve l'analogie qu'il

(1) 2. *Marne calcaire grise*, un peu sablonneuse, renfermant de petites huîtres. (*Ostrea lingulata*) . . . . 0·21

3. *Marne calcaire* sablonneuse plus jaune . . . . 0·33

4. Autre *marne calcaire* sablonneuse . . . . 0·21

5. *Marne calcaire grise*, renfermant des huîtres. (*Ostrea lingulata?*) . . . . 0·08

6. *Marne argileuse feuilletée* brune . . . . 0·65

7. *Marne grise friable* remplie de coquilles . . . . 0·21

8. *Marne argileuse grise* sans coquilles . . . .

9. *Marne calcaire poreuse*, friable, jaunâtre, remplie de coquilles d'huître et d'autres coquilles marines, comme celle du n° 11 de la description de Montmartre . . . . . 0·10

10. *Marne calcaire grise*, mais fragmentaire . . . . 0·08

11. *Marne argileuse feuilletée* grise . . . . 0·38

12. *Marne calcaire dure* avec quelques grandes huîtres. (*Ostrea spatulata*, ou *hippopus?*) . . . . 0·11

13. *Marne argileuse grise* feuilletée, remplie de coquilles et veinée de sélénite cristalisé . . . . 1·2

Le milieu est moins feuilleté. Ce sont absolument les mêmes coquilles que celles de la marne, n° 4, de la description de Montmartre.

14. *Gypse* . . . . 0·80

15. *Marne argileuse grise feuilletée*, alternant avec des lits de gypse . . . . 0·65

16. *Gypse* . . . . 0·5

17. Quatre lits de *gypse impur*, alternant avec autant de lits plus minces de *marne argileuse feuilletée* brune . . . . . 0·80

18. *Marne argileuse feuilletée*, renfermant de gros cristaux de sélénite en fer de lance . . . . 0·65

19. *Marne calcaire* blanche . . . . 0·33

y a entre la structure de cette colline et celle de Montmartre.

Le gypse exploité qui est au-dessous se distingue,
comme à Montmartre, en première ou haute masse et
en seconde ou basse masse, et ces dispositions, que nous
avons plus particulièrement observées à la butte d'Orgemont et à Sanois, sont, au rapport des ouvriers, les
mêmes dans toute la colline.

On doit seulement remarquer, 1°. que nous n'avons
pas fait mention de strontiane sulfatée dans la marne
verte ni dans celle qui est au-dessous; il paroît qu'on
n'en trouve qu'entre les marnes qui séparent la première
de la seconde marne; elle y est en lit mince, onduleux,
et porte le nom de *clicart*.

2°. Qu'on trouve dans les marnes calcaires qui séparent les deux masses, des noyaux siliceux blancs opaques, qui sont plats, lobés et mamelonnés comme les
ménilites.

En remontant vers le nord-ouest on trouve le grand

---

20. *Marne argileuse* verte.
     C'est la même que celle du banc, n° 18, de la des-
     cription de Montmartre; son épaisseur est, comme à
     Montmartre, d'environ . . . . 4·00
21. *Marne argileuse* feuilletée jaune . . . . 2·00
     Elle renferme vers son milieu le lit mince de cythérées
     plates, n° 1. Il est mêlé ici de quelques cérites écrasées,
     et contient une couche mince de 6 à 8 millimètres de
     sélénite cristallisée.
22. *Gypse* . . . . 1·33
23. *Marne calcaire* dure . . . . 1·65

plateau gypseux sur lequel est placée la forêt de Montmorency. La colline proprement dite est composée de
marne verte, d'une masse très-épaisse de sable argilo-
ferrugineux sans coquilles, et enfin d'une couche mince
de meulière d'eau douce. Entre les marnes et le sable,
se présentent dans quelques points, et notamment dans
la colline de Montmorency, les huîtres qui recouvrent
toujours ces marnes.

Le plâtre est très-peu élevé au-dessus du niveau de la
plaine ; il y a des carrières tout le long de la côte, depuis
Montmorency jusqu'à Frepillon. Les ouvriers y reconnoissent deux masses. La masse supérieure a généralement de 3 à 4 mètres. C'est à Saint-Prix qu'elle est
la plus puissante. Un ouvrier nous a assuré qu'elle avoit
jusqu'à 16 mètres d'épaisseur. On trouve des os de
mammifères dans ces couches, comme dans celles de la
première masse de Montmartre.

Les marnes argileuses vertes qui recouvrent le plâtre
sont très-peu épaisses, en sorte que les collines très-
élevées qui composent cette chaîne sont presque entièrement formées de sable siliceux rougeâtre, souvent
mêlé d'argile.

Avant d'arriver à Saint-Brice, on voit à gauche de la
route la dernière carrière à plâtre de la colline de Montmorency. Elle ne représente qu'une masse à peine recouverte par quelques mètres de marnes blanches, jaunes
et verdâtres, en couches minces et sans coquilles. On a
trouvé des os fossiles dans la masse de gypse.

On doit regarder comme suite ou appendice de cette

longue colline les buttes de Groslay, de Pierrefitte et d'Écouen. La structure de la butte de Pierrefitte est la même que celle du coteau de Montmorency. Les carrières de gypse sont situées à son pied, et presque au niveau de la plaine. La masse a environ 7 mètres d'épaisseur. On n'y a pas rencontré d'os fossiles. Au-dessus on trouve les marnes vertes recouvertes de sables et de grès sans coquilles. Plus à l'ouest, mais à l'est de Garges, est une élévation très-sensible dans laquelle on exploite du plâtre.

La butte de Sarcelle tient à celle de Pierrefitte. Le plâtre n'en est pas exploité; mais ses masses d'argile verdâtre alimentent de fortes briqueteries établies sur le bord de la route.

La butte d'Écouen est comme isolée. Les carrières de plâtre qui sont voisines de Villiers-Lebel sont situées, comme dans les autres coteaux de cet arrondissement, presque au niveau de la plaine. La masse a 3 ou 4 mètres d'épaisseur, et renferme des os fossiles; elle est recouverte par des lits puissans de marnes blanches et de marnes argileuses verdâtres qui alternent entre elles et avec des marnes jaunes. On retrouve, au-dessous de ces bancs de marne, les coquilles d'huître qui appartiennent à la formation gypseuse et qui la caractérisent, et enfin les sables qui la surmontent.

Enfin, en allant plus au nord, on arrive aux collines qui bordent la bande gypseuse de ce côté. Ce sont les buttes de Châtenay, de Mareil et la colline qui domine Luzarche, et qui porte Epinay et Saint-Martin-du-

Tertre. On exploite du plâtre dans plusieurs points de ces buttes et collines ; mais nous n'avons aucun détail sur ces carrières.

Les dernières buttes de plâtre du côté de l'ouest sont celles de Cormeilles, Marines et Grisy. Ces buttes appartiennent à la deuxième ligne. Le plâtre n'y forme qu'une masse qui, au rapport des ouvriers, a de 6 à 7 mètres de puissance ; elle est recouverte de marnes blanches, de marnes vertes et d'un banc assez puissant de sable et de grès à coquilles marines. Cette disposition est la même dans les trois collines qu'on vient de nommer ; mais il n'y a pour l'instant que la butte de Grisy où le plâtre soit exploité. Le vallon entre Grisy et Cormeilles est rempli de fragmens de calcaire et de silex à coquilles d'eau douce.

En montant vers le sud on trouve la colline qui borde la rive droite de la Seine à Triel, et qui s'étend de Chanteloup à Évêquemont. Cette longue colline termine à l'ouest la bande des collines gypseuses, et présente à peu près la même disposition que toutes celles qui appartiennent à la seconde ligne de ces collines. Nous avons déjà décrit, à l'article de la formation calcaire, la base de cette colline creusée de nombreuses carrières de calcaire marin. C'est à mi-côte que se voient les carrières de pierre à plâtre, très-importantes par leur situation sur le bord de la Seine.

Le sommet de la colline est composé d'une masse puissante de meulière et de silex d'eau douce renfermant un grand nombre de limnées, de planorbes et de gyrogonites très-bien conservés.

On

On trouve ensuite les grès qui ne renferment aucune coquille, et qui recouvrent les marnes qui viennent après. On voit d'abord, comme à l'ordinaire, les marnes sablonneuses qui renferment les huîtres, puis les marnes argileuses vertes.

L'entrée des plâtrières est à mi-côte; elles sont très-étendues. I y a 7 à 8 mètres de masse gypseuse dans laquelle on trouve des os fossiles. On observe au-dessous de cette masse, en descendant la côte, et par conséquent entre le gypse et le calcaire, les couches de marnes et de gypse dont nous donnons ci-dessous l'énumération détaillée (1).

		mètres.
(1) 1.	*Gypse tendre*, rempli de masses solides, environ . . .	1.00
2.	*Marne calcaire* blanche	0.32
3.	*Argile brune feuilletée*	0.16
4.	*Marne blanche*	0.16
5.	*Argile brune feuilletée*, analogue à ce qu'on appelle les *foies* à Montmartre	0.11
6.	*Gypse argileux*	0.16
7.	*Marne calcaire* grise, dure	0.4
8.	*Gypse argileux*	0.05
9.	*Marne blanche* friable	0.05
10.	*Marne grise* dure	0.05
11.	*Marne calcaire dure* à cassure spathique dans quelques points, infiltrée de silice, et renfermant de petits cristaux de quartz. La couche est inégale; son épaisseur moyenne est de	0.11
	Cette marne, analogue à celle de Neuilly, etc., qui renferme des cristaux de quartz, indique, comme nous l'avons fait observer plusieurs fois, les premières assises de la formation du calcaire marin.	
12.	*Marne calcaire* dure, mais cependant fissile	0.22

On voit qu'on compte environ vingt-trois lits plus ou moins épais de marnes gypseuses, calcaires, argileuses, sablonneuses, entre la formation gypseuse proprement dite et la formation du calcaire marin caractérisée par les coquilles de mer qu'il contient. Ces marnes intermédiaires ne renfermant aucun fossile caractéristique, on ne sait à quelle formation les attribuer; mais quoique la succession de leurs lits soit sujette à varier dans ses détails, on trouvera des points de ressemblance nombreux dans la position respective des couches les plus différentes et les plus reconnoissables, si on veut comparer la description que nous venons de donner avec celle que nous avons donnée des marnes qui recouvrent les diverses carrières de calcaire marin que nous avons décrites. On y retrouvera, par exemple, dans la même position respective, le calcaire spathique à cristaux de

13.	*Marne calcaire* dure sablonneuse	0^m64
14.	*Marne argileuse* grise feuilletée	0.11
15.	*Calcaire sablonneux* avec des points noirs	0.5
16.	*Marne calcaire* friable blanche et prismatique	0.22
17.	*Marne calcaire* feuilletée sablonneuse	0.27
18.	*Argile grise feuilletée*	0.03
19.	*Calcaire friable* prismatique	0.32
20.	*Argile grise* feuilletée	0.05
21.	*Sable agglutiné* avec infiltration calcaire et ferrugineuse, devenant vers le bas plus friable et plus fin	1.0
22.	*Calcaire compacte*, mais marneux. On n'a pas pu en mesurer l'épaisseur.	
23.	6 à 7 mètres plus bas on voit du calcaire dur, mais cependant comme poreux et tufacé, et 6 à 7 mètres encore plus bas, se trouve le calcaire marin coquillier.	

quartz, la marne calcaire dure fragmentaire, la couche de sable ferrugineux aggluté et les petits lits de marne argileuse feuilletée.

Art. II. — *Terrain entre Seine et Marne.*

En reprenant la description de la seconde division du terrain que nous examinons, par son extrémité orientale, nous retrouvons aux environs de la Ferté-sous-Jouarre, sur la rive gauche de la Marne, des buttes gypseuses absolument semblables par leur structure à celles de la rive droite, que nous avons décrites au commencement de l'article premier. Ces buttes, la plupart exploitées, sont celles de Villaré au sud de Vitry, de Tarteret à l'est de la Ferté, de Jouarre, de Barusset au sud de Saint-Jean-les-Deux-Jumeaux, et plus à l'ouest, en allant vers Meaux, les petites buttes de Dieu-l'Amant, de Baubry, de Boutigny et de Nanteuil-les-Meaux.

On trouve ensuite, en allant toujours vers l'ouest, les plâtrières de Quincy. On y voit les marnes argileuses vertes qui recouvrent ordinairement le plâtre, et au-dessus le terrain siliceux d'eau douce. Les couches gypseuses renferment des os fossiles; ce qui doit faire supposer qu'elles appartiennent à la première masse.

La colline d'Ebly appartient à la formation gypseuse. Il y a de ce point, jusqu'auprès du confluent de la Marne avec la Seine, une grande étendue de terrain sans plâtre, mais on doit remarquer que le calcaire marin disparoît également, et que ces deux formations reparoissent en même temps près de Creteil.

23 *

La colline qui domine Creteil, au sud-est et au pied de laquelle se voit le hameau de Mesly, fait partie de la formation gypseuse. Le sommet de cette colline domine de quelques mètres l'entrée des plâtrières. On trouve d'abord des marnes argileuses vertes, des marnes calcaires dures et des rognons de gypse cristallisé, vulgairement nommés *grignard*.

On y reconnoît ensuite les trois masses. La première est à 30 mètres de profondeur ; elle avoit 1 mètre seulement de puissance : elle est maintenant épuisée. La seconde est à 34 mètres ; elle a environ 1 mètre 15 centimètres de puissance. La troisième, qui est à 38 mètres de profondeur, a 1 mètre 3 décimètres d'épaisseur ; c'est elle qu'on exploite actuellement. Elle est composée de deux bancs distincts. Ces masses sont séparées par des lits de marne feuilletée. On n'a point encore trouvé d'os fossiles dans ces couches de gypse.

On ne connoît au sud de la ligne que nous venons de parcourir aucune carrière de plâtre, ni même aucune colline qui puisse être regardée comme appartenant à cette formation.

Art. III. — *Rive gauche de la Seine.*

La rive gauche de la Seine présente une vaste étendue de terrain qui appartient à la formation gypseuse. On n'y retrouve pas du plâtre dans tous ses points ; mais partout on y voit les marnes vertes, les cristaux de sélénite, et souvent même les huîtres et les masses de strontiane sulfatée qui caractérisent cette formation. La carte en fait voir l'étendue. Nous ne parlerons donc que de quelques lieux plus remarquables que les autres.

La superposition du gypse sur le calcaire est encore très-évidente dans ce canton. Ainsi, dès qu'on monte à Thiais, à Villejuif, à Bagneux, à Châtillon, à Clamart, on quitte le plateau calcaire et on s'élève sur le terrain gypseux.

Les premières carrières sont celles de Villejuif. On y voit les huîtres, les marnes vertes, les strontianes sulfatées et des bancs de gypse exploitables.

Il y a également du gypse vers l'extrémité occidentale de ce plateau, dans le vallon de Meudon, sur le chemin de ce village aux Moulineaux; mais on ne l'a pas exploité.

En suivant les pentes de ce même plateau, on trouve les plâtrières de Bagneux, de Châtillon et de Clamart, qui forment la première ligne de ce côté, et qui se ressemblent dans tous les points : en décrire une, c'est faire connoître les autres.

Il y a 20 mètres environ de l'ouverture des puits à la première masse, c'est-à-dire des marnes à la masse exploitée; car on se garde bien de traverser les sables qui, plus au sud ou à l'ouest, recouvrent les formations gypseuses. On trouve d'abord les marnes grises et jaunes sablonneuses renfermant des coquilles fossiles d'huître, comme à Montmartre. La masse de gypse varie beaucoup d'épaisseur; elle est, d'après le rapport des ouvriers, mince sur les bords des côteaux, et elle diminu

même tellement d'épaisseur qu'elle ne vaut plus les frais
d'exploitation ; mais vers le milieu elle a jusqu'à 6 mètres de puissance.

C'est dans ce canton et dans le village de Fontenay-
aux-Roses qu'on a traversé toute la masse de gypse, et
qu'on a pénétré jusque dans la formation calcaire, en
creusant un puits, ainsi que nous l'avons annoncé dans
le premier chapitre. Ce puits étant terminé et muraillé
lorsque nous l'avons examiné, nous n'avons pu avoir
une connoissance exacte des couches qu'on a traversées ;
nous avons été obligés de nous en fier aux rapports qu'on
nous a faits, constatés par les déblais que nous avons
vus sur le sol. Il en résulte qu'on a d'abord traversé
une couche de sable de 3 mètres, puis des *marnes sablonneuses* renfermant des huîtres, environ un mètre ;
ensuite 4 à 5 mètres de marne verte et du mauvais gypse ;
enfin des couches nombreuses et épaisses de marnes,
puis encore du gypse. On a alors trouvé ce calcaire
tendre qu'on nomme *mauvais moellons*, et on est arrivé
au calcaire dur coquillier appelé *roche*. C'est à 56 mètres
qu'on a rencontré cette pierre et qu'on a trouvé de l'eau ;
mais, depuis cette époque, nous nous sommes assurés
d'une manière encore plus précise de cette superposition,
et nous avons pu voir clairement le passage de la formation gypseuse à la formation du calcaire marin. Nous
sommes descendus dans une des carrières de pierre calcaire la plus voisine de Bagneux ; et quoique la position
gênante où on se trouve dans ces puits ne nous ait pas
permis de détailler toutes les couches de marne qu'on

avoit traversées pour arriver au calcaire, nous avons pu faire les observations suivantes.

Le calcaire exploité se trouve dans ce puits à environ 22 mètres de la surface du sol; il est recouvert par des bancs alternatifs de marne calcaire blanche peu solide, et de marne argileuse feuilletée : ces derniers sont très-minces. Au milieu de ces bancs nous avons reconnu un petit lit de gypse dur, de 2 à 3 centimètres d'épaisseur; il porte sur l'une de ses surfaces des empreintes de coquilles marines difficiles à déterminer, mais qui nous ont paru appartenir à des lucines et à des cérites. Nous n'avons point vu la couche de marne verte, et les ouvriers nous ont assuré qu'elle n'existoit pas ici.

Avant d'arriver au calcaire marin on trouve un banc de sable gypseux d'environ 5 décimètres d'épaisseur; il contient aussi des coquilles marines; on peut même y reconnoître très-distinctement des cérites tuberculées, quoiqu'elles soient très-friables et presque toujours brisées. Le même banc renferme en outre de petits rognons blancs de strontiane sulfatée; il est soutenu par une couche de gypse impur, épaisse d'un décimètre environ. Ce gypse, quelquefois très-dur, forme un assez bon ciel à la carrière; mais dans d'autres endroits il est friable et rubané de blanc et de fauve. Il repose presque entièrement sur le calcaire marin, car il n'en est séparé que par un lit mince de 2 à 3 centimètres de marne très-argileuse.

Le premier banc de calcaire qui se présente au-dessous de lui appartient au lit que les ouvriers appellent *roche*, et qui est principalement caractérisé par les cérites, les ampulaires, les lucines et les bucardes qu'il renferme. C'est une pierre très-solide et d'une fort bonne qualité.

Nous avons reconnu dans les lits de sable argileux et de sable calcaire qui précèdent le gypse dans la butte de Clamart, un lit qui renferme une grande quantité de cérites et d'autres coquilles marines.

De Bagneux à Antony nous ne connoissons pas d'exploitation régulière de gypse : il paroît que les couches y sont trop minces ; mais on y voit les marnes du gypse et les huîtres qui les caractérisent.

Nous avons reconnu, près du château de Sceaux, les huîtres dans des sables argileux, et près des cascades on voit les marnes vertes et les sphéroïdes de strontiane sulfatée.

A Antony, l'entrée des carrières à plâtre est au plus à 10 mètres au-dessus du fond de la vallée ; d'où il résulte, comme les détails suivans (1) vont le prouver,

---

(1) 1. *Terre franche*, et au-dessous une couche de *silex* . . .   0^m20

2. *Marne grise* . . . .

3. *Marne feuilletée* brune, au milieu de laquelle est un lit d'*argile sablonneuse* rouge 0.33

4. *Marne brune* onctueuse au toucher (pain de savon) . .   1.0

5. *Marne grise* assez dure 1.0

6. Premier banc de *gypse* assez bon (dits *banc des hauts*) . 1 à 1.15

7. *Marne grise* 0.27

8. *Marne blanche* environ 0.07

9. Deuxieme banc de *gypse*, il est grenu, d'un brun foncé . (dit *plâtre bleu*) 0.27

                                                    ———
                                                    4.29

que

que les couches de gypse sont beaucoup inférieures au
lit de la Bièvre.

En suivant la Bièvre et pénétrant dans la vallée, on
reconnoît partout, au niveau du fond de cette vallée,
les marnes vertes renfermant les grands cristaux de gypse
et des masses volumineuses de strontiane sulfatée à retraits prismatiques.

C'est à cette vallée que se terminent les lits de gypse
susceptibles d'exploitation. Il y a bien encore sur la rive
droite de la Bièvre une assez grande étendue de terrain
appartenant à la formation gypseuse; mais le plâtre y
est ou trop peu abondant ou trop enfoncé au-dessous du

	Report	4·29
10.	*Marne blanche*	0·03
11.	Troisième banc de *gypse*, mêlé de marne blanche	0·16
12.	Autre *marne blanche*	0·03
13.	Un autre petit lit de *marne grise* dure, mêlée de gypse .	0·03
14.	*Marne brune feuilletée*	0·08
15.	*Marne grise feuilletée* (nommée *souchet*). On y a trouvé des os fossiles	0·33
16.	*Marne calcaire* blanche très-dure	0·16
17.	Quatre lits de *marnes grises* ou brunes, formant en-semble environ	0·50
18.	Enfin la pleine masse de *gypse*, que les ouvriers sous-divisent en sept lits, auxquels ils donnent différens noms. C'est dans cette masse qu'on a trouvé le plus d'os fossiles .	2·50
	Cette masse pose sur un plancher de marne.	

8·11 (1)

(1) Cette épaisseur, déduite de rapports d'ouvriers, ne s'accorde pas avec celle qui
résulte des mesures que nous avons prises nous-mêmes, depuis cette époque, avec le
baromètre.

niveau des eaux, pour qu'on puisse l'exploiter avec avantage.

Nous avons été examiner la disposition du terrain à Longjumeau, dans la vallée de l'Yvette, et la profondeur de cette vallée nous a permis d'étudier avec détail la succession des couches supérieures de la formation gypseuse dans ce lieu.

Lorsqu'on commence à descendre, on remarque des deux côtés du chemin une masse considérable de sable dans laquelle la route est creusée. Ce sable renferme un grand nombre de silex et de meulières d'eau douce qui contiennent des planorbes, des lymnées, des potamides et d'autres coquilles fluviatiles, et en outre des empreintes de tiges de végétaux, et des graines mêmes assez bien conservées ; on y trouve aussi des bois changés en silex (1).

A l'ouest est une autre sablonnière un peu plus basse que la précédente ; on n'y trouve pas de bois pétrifié, mais des pierres calcaires, sablonneuses, presque fissiles et d'un gris bleuâtre : ces pierres sont pleines d'empreintes noirâtres de feuilles et de tiges qui paroissent avoir appartenu à des graminées aquatiques ; elles répandent par le choc une odeur fétide.

On retrouve ensuite un sable jaunâtre (n° 1), veiné de blanc et de cramoisi. Cette couche renferme dans sa partie inférieure des coquilles très-friables des genres tellines, lucines, corbules, cérites et même des hui-

---

(1) Voyez la figure et la détermination de ces différens fossiles dans le Mémoire cité plus haut, *Annales du Muséum*, t. XV, p. 381.

tres (1), mais de l'espèce de celles qu'on trouve à Grignon, et non de celles qu'on trouve à Montmartre, dans
le sable jaune argileux. On y voit aussi des balanes et
des dents de squale. Il n'y a pas de doute que cette couche
ne corresponde, par sa position et par les fossiles qu'elle
renferme, au banc de sable du sommet de Montmartre,
de Mesnil-Montant, d'Orgemont près Sanois, etc.

Viennent ensuite les petites huîtres noirâtres (n° 2) analogues à celles qui précèdent les marnes vertes à Montmartre (*ostrea lingulata*); ici elles sont mêlées de noyaux
pierreux du *cytherea nitidula*. Nous avons trouvé au-dessous d'elles une dent de squale et un lit de marne blanche
de 22 centimètres d'épaisseur, tout percé de vermicu-
laires; puis une nouvelle couche (n° 3) d'huîtres d'une
très-grande dimension (2) (elles ont jusqu'à 15 centimètres de longueur), formant un lit de 0.8 d'épaisseur;
du sable gris-jaunâtre, 0.65, renfermant des moules
de coquilles très-nombreux, et enfin un lit mince d'argile feuilletée d'un gris-brun.

On rencontre peu après les marnes vertes avec la

---

(1) *Patella spirirostris.*

Cytherea nitidula, analogue à la variété qu'on trouve à Montmartre, etc.

— *lœvigata.*

Corbula striata.

— *gallica.*

— *rugosa.*

Cerithium plicatum.

Murex clathratus, etc.

(2) *Ostrea hippopus, pseudo-chama.*

24 *

strontiane sulfatée qui les accompagne constamment : au-
dessous paroît la petite couche d'argile jaune feuilletée
qui renferme ordinairement les cithérées ; mais nous
n'avons pu les découvrir ici. Enfin viennent les marnes
calcaires blanches, les marnes jaunâtres et d'autres
marnes blanches que nous n'avons pu suivre, parce que
le gazon et la culture recouvrent tout dans cette partie
dont la pente est moins rapide ; mais nous avons appris
qu'on avoit fait à Longjumeau, au bas de la descente du
chemin venant de Paris, des fouilles pour y trouver le
gypse. On l'y trouve en effet, et on l'eût exploité si
l'eau, très-abondante dans le fond d'une vallée aussi
profonde, n'eût rendu les travaux trop dispendieux.

En traversant Longjumeau et remontant du côté de
Balainvillers, on trouve à peu près les mêmes couches
que celles que nous venons de décrire.

A Juvisy on voit encore les huîtres, l'argile verte,
la strontiane sulfatée ; mais le gypse très-enfoncé, comme
à Longjumeau, n'est plus visible.

Essone est le dernier point au sud où paroisse encore
la formation gypseuse. Elle n'y est plus représentée que
par les marnes vertes et par quelques traces de strontiane sulfatée. C'est ici que commence le terrain de
calcaire siliceux.

Il paroît cependant que la formation gypseuse, représentée par les marnes vertes, s'étend sur toute la Beauce,
et que c'est aux marnes du gypse qu'il faut rapporter la
couche de glaise qu'on trouve partout dans ce pays au-
dessous du sable qui en forme la surface.

En revenant vers le nord, et remontant la vallée de Bièvre, on peut suivre sans interruption la formation gypseuse jusque dans le vallon de Versailles et dans celui de Sèvres. Dans ce dernier on a reconnu sur les pentes de Chaville et de Viroflay les marnes vertes ; elles sont employées à faire des briques et des tuiles, et celles de ce dernier village ont été long-temps les seules qu'on pût employer avec succès pour en faire les étuis ou gazettes dans lesquelles on cuisoit à la manufacture de Sèvres la porcelaine appelée *tendre*. On a même exploité du gypse sur les hauteurs de Ville-d'Avray, mais on n'a pas obtenu assez de bénéfice de cette exploitation pour la continuer.

M. Defrance a trouvé à la suite de ce même coteau, et près de Roquencourt, des morceaux de calcaire marneux arrondis d'un seul côté, comme s'ils avoient été usés en place par les eaux. Ces pierres sont coquillières et percées par des pholades qu'on y voit encore. On trouve sur quelques-unes des huîtres fossiles qui y adhéroient naturellement et qui y adhèrent encore. Ces huîtres, qui sont celles des marnes du gypse, nous ont fait reconnoître que ces pierres n'appartenoient pas à la formation du calcaire marin, mais plutôt à celle du gypse ; elles nous indiquent en outre par leur forme, par les coquilles qui les ont percées et par celles qui y adhèrent, qu'elles faisoient partie d'un rivage de l'ancienne mer.

En descendant de Versailles dans le grand vallon qui court du sud-est au nord-ouest, et qui se jette dans

la vallée de la Maudre, on retrouve encore les couches
supérieures de la formation gypseuse. Près de la ména-
gerie, et à trois ou quatre mètres au-dessous d'une sablonnière qui est sur le bord de la route, on voit presque
à la surface du sol les coquilles marines qui recouvrent
le terrain gypseux, c'est-à-dire des huîtres semblables
à celles de Montmartre, et placées comme elles dans
un sable argileux grisâtre; des cythérées, des cérites (1)
et même des glossopètres et des fragmens épars de fer
limoneux.

Les marnes vertes et les huîtres qui précèdent les
différentes coquilles marines des marnes qui recouvrent
le gypse telles que, les *cerithium conoidale*, *plicatum*, etc., se montrent encore en face de la grille du
parc de Pontchartrain, au bas du même plateau près
du moulin de Pontel, dans un ravin auprès du moulin
de la Richarderie, et dans beaucoup d'autres points
au pied de la colline qui porte Neaufle-le-Vieux, les
Bordes, etc., en suivant les pentes méridionales du
plateau de la forêt de Marly qui borde au nord le vallon
de Versailles, on retrouve dans beaucoup de points les
marnes vertes, et notamment au-dessus des villages de
Saint-Nom, de Crepières et d'Herbeville. On remarque
la même disposition sur les pentes septentrionales du

---

(1) *Ostrea lingulata.*
   Cytherea nitidula. Variété des gypses.
   Pectunculus angusticostatus? mais beaucoup plus petit.
   Cerithium cinctum.
   — *plicatum.*

même plateau. La carte indique les lieux où l'on connoît et où l'on exploite des marnes vertes pour en faire de la tuile.

Mais entre ce plateau et la Seine il y a deux buttes qui offrent la formation gypseuse complète; ce sont les cellines de Fresno et le Mont-Valérien.

Nous n'avons aucun détail à donner sur la colline de Fresne qui est au-dessus de Médan. Le Mont-Valérien, qui terminera la description du terrain gypseux, est une butte conique isolée, semblable par sa forme à celle de Montmartre. Elle n'appartient cependant pas à la même ligne de gypse; mais elle fait partie de la seconde ligne du sud, qui comprend Bagneux, Clamart, etc. Elle est située, comme toutes les buttes de gypse de cette ligne, sur un plateau calcaire épais et très-relevé, et n'est composée comme elles que d'une masse de gypse.

La description que nous en donnons ci-dessous fait voir que la disposition générale de ses couches est d'ailleurs la même.

Le sommet de la montagne offre une masse de sable rouge et jaune d'une épaisseur considérable. Nous n'y avons vu aucune coquille. On trouve au-dessous la couche de sable argileux grisâtre qui renferme les coquilles d'huîtres, puis les couches suivantes de marne et gypse (1) :

---

(1) 1. *Marne grise*, environ 0.28
    2. *Marne blanche* feuilletée 0.00

Nous n'avons pu déterminer l'épaisseur de la dernière masse de marne, ni par conséquent savoir précisément comment se fait ici le passage de la formation gypseuse

3.	*Marne grise*	0·05
4.	*Marne calcaire blanche*, avec un filet argileux . . .	0·16
5.	*Marne blanche* un peu verdâtre en haut	0·4
6.	*Marne verte*	0·65
7.	*Marne calcaire* blanche	0·11
8.	*Marne grise* rayée de jaune	1·00
9.	*Marne blanche*	0·8
10.	*Marne verte* feuilletée	0·00
11.	*Marne blanche*	0·33
12.	*Marne verte* feuilletée	0·33
13.	*Marne blanche*	0·33
14.	*Marne verdâtre* peu feuilletée, fendillée	1·0
15.	*Marne blanche* fendillée, mêlée de filets gypseux jaunes	1·3
16.	*Marne feuilletée*	0·4
17.	*Gypse* mêlé de marne calcaire	0·11
18.	*Marne grise* feuilletée	0·19
19.	*Marne blanche*	0·44
20.	*Gypse* mêlé de marne.	0·40
21.	*Marne calcaire feuilletée*, mêlée de gypse	0·52
22.	Masse de *gypse* composée d'environ dix-sept lits, auxquels les ouvriers donnent des noms différens, et formant une épaisseur d'environ	7·00
	Du septième au quinzième lit inclusivement on trouve des os fossiles. Ce gypse est généralement plus tendre que celui de Montmartre.	
23.	Immédiatement au-dessous de la masse de gypse on trouve un *calcaire à grain fin*, environ	0·14
24.	*Argile jaune*	0·06
25.	*Argile* d'un gris brun et légèrement feuilletée	0·16
26.	*Marne argileuse blanche*	0·20
27.	*Marne argileuse brune.*	

à

à la formation calcaire; mais les coquilles marines qu'on voit à Montmartre, dans le fond de la troisième masse, celle que nous avons vu dans les couches de gypse et de marne gypseuse qui recouvrent, près de Bagneux, la formation calcaire, les petits lits et les rognons calcaireo-gypseux qu'on observe dans les dernières assises des marnes du calcaire grossier (1), nous indiquent qu'il n'y a point eu d'interruption complète entre la formation du calcaire marin et celle du gypse d'eau douce; que les couches inférieures du gypse, déposées dans une eau marine, comme le prouvent les coquilles qu'elles renferment, forment la transition entre le terrain de calcaire marin et le terrain d'eau douce qui l'a suivi. Cette transition est difficile à concevoir; mais si les observations de nos prédécesseurs et les nôtres sont exactes, les faits ne nous permettent guère d'en douter. Au reste, la plupart des géologues de la savante école de Freyberg reconnoissent entre les formations les plus distinctes dans leurs extrêmes, ces nuances dans les points de contacts qui leur ont fait établir la classe des terrains de transition; en sorte qu'on peut dire que la séparation brusque qui existe aux environs de Paris, entre la craie et le calcaire grossier, est plutôt une singularité et une exception aux règles ordinaires, que le passage insensible du calcaire et du gypse marin au gypse et aux marnes d'eau douce.

---

(1) On voit, dit fort bien M. Coupé, les restes du gypse dans les marnes du calcaire; seulement il auroit dû appeler ces restes les commencemens.

La description détaillée que nous venons de donner du terrain gypseux des environs de Paris, en prouvant par des faits nombreux et pour ainsi dire par une énumération complette des parties, les lois de superposition que nous avons établies dans le premier chapitre de ce Mémoire, fait connoître en outre une autre règle dans la disposition des collines gypseuses entre elles.

On doit remarquer que la bande gypseuse a une direction générale du sud-est au nord-ouest, et que les lignes de collines qu'on peut y reconnoître suivent à peu près la même direction. On observe de plus que les buttes et les collines qui sont dans le même alignement, ont la même composition. Ainsi la série intermédiaire dans laquelle entrent les buttes de Montreuil, Mesnil-Montant, Montmartre, Argenteuil et Sanois, est la plus épaisse et présente d'une manière distincte au moins deux couches de gypse dont la première a une grande puissance.

La seconde ligne au nord, composée des collines de Quincy, Carnetin, Chelle, Pierrefitte, Montmorency, Grisy et Marines, ne renferme qu'une ou deux couches un peu enfoncées sous le sol, et recouvertes de moins de marnes, mais d'une plus grande masse de sable que la première. La couche principale de gypse est encore puissante, et l'exploitation, qui en est facile, a rarement lieu par puits; elle se fait ordinairement à tranchée ouverte, comme dans la première ligne.

La troisième ligne n'est plus composée que de petites buttes isolées, mais très-multipliées. Il n'y a qu'une couche de gypse, et cette couche peu puissante, et placée assez profondément par rapport à la surface générale du sol où elle est située, ne paieroit pas les frais qu'occasionneroient les déblais d'une exploitation à ciel ouvert : aussi presque toutes les carrières sont-elles exploitées par puits. Telles sont celles des environs de Laferté-sous-Jouarre, celles de Meaux au nord-ouest de cette ville, et enfin celles de Dammartin et de Luzarches.

Au sud de Paris et de la ligne principale on peut reconnoître une première ligne composée des collines de Mesly, Villejuif, Bagneux, le Mont-Valérien et Triel. La plupart de ces carrières n'offrent qu'une couche de gypse située assez profondément au-dessous d'une grande épaisseur de sable : aussi sont-elles presque toutes exploitées par puits ou par galeries.

La seconde ligne de gypse du midi est si mince que l'exploitation en a toujours été abandonnée après quelques tentatives ; quelquefois même la formation gypseuse ne se manifeste que par des marnes vertes et par les cristaux de gypse et de strontiane sulfatée qu'on y trouve. On la voit à Longjumeau, à Bièvre, à Meudon, à Ville-d'Avray, dans le parc de Versailles et sur les penchans nord et sud de la grande colline sableuse qui va du sud-est au nord ouest, depuis Ville-d'Avray jusqu'à Aubergenville ; elle suit la direction dominante des collines de ces cantons.

Nous reviendrons sur cette direction lorsque nous parlerons de la formation des sables supérieurs.

25 *

SEPTIÈME FORMATION.

Grès et sable sans coquille.

CE terrain, qui constitue en totalité ou en très-grande partie les sommets de presque tous les plateaux , buttes et collines des cantons que nous décrivons , est tellement répandu , qu'une carte peut seule faire connoître les lieux où il se trouve et la circonscription des terrains qu'il forme. Sa structure assez uniforme n'offre que très-peu de particularités intéressantes.

———

On le voit au nord de la Seine, et, en allant de l'est à l'ouest, dans les lieux suivans :

A l'ouest de la Ferté-sous-Jouarre, immédiatement au-dessus du calcaire.

Presque toute la forêt de Villers-Cotterets est sur le grès qui est séparé du calcaire marin par des lits nombreux de marnes calcaires mêlées dans les parties inférieures de quelques lits minces de gypse.

De Levignan à Gondreville il forme de longues collines qui se dirigent du sud-est au nord-ouest.

Au sommet de la butte de Dammartin, c'est un sable rougeâtre recouvert de meulière d'eau douce.

Sur la droite de Pontarmé on remarque de nombreuses buttes de sable blanc.

Les parcs de Morfontaine et d'Ermenonville doivent

aux bancs et aux masses de grès qu'ils renferment une partie de leurs beautés pittoresques.

Plus au nord-ouest, la forêt de Hallate est couverte de grès. La butte d'Aumont, sur son bord septentrional, est composée d'un sable blanc quartzeux très-pur, exploité pour les fabriques de glace, de porcelaine, etc.

Aux environs du Mesnil-Aubry, on trouve dans la plaine des bancs de grès qui forment le plateau au-dessous du calcaire d'eau douce. Ces grès semblent être plus bas que les autres; mais ce plateau est déjà assez élevé, puisqu'on monte de toutes parts pour y arriver.

Le grès qu'on voit en descendant à Vauderlan, est recouvert de marnes calcaires mêlées de silex.

En approchant de Paris on remarque que toutes les collines gypseuses sont surmontées d'un sable rougeâtre quelquefois recouvert de grès marin.

Les bois de Villiers-Adam, de Mériel, etc., offrent des bancs et des blocs de grès.

Les grès dont on pave la route de Meulan à Mantes, se prennent dans les bois qui couvrent les sommets des collines du bord septentrional de la route, du côté des Granges.

Plus à l'ouest, les buttes et collines de Neuville, de Serans, de Montjavoult, etc. etc. sont en sable souvent mêlé de grès.

————

Entre Seine et Marne les terrains de sables et de grès sont beaucoup plus rares; nous n'en connoissons qu'à la descente de la Ferté-Gauché et près la Seine, sur les hauteurs à l'est de Melun et sur celles de Samoineau. Dans ces deux derniers lieux le grès est placé sur le calcaire siliceux.

Au sud de la Seine, et toujours dans la direction du sud-est au nord-ouest, le sable et le grès recouvrent la plus grande partie des terrains compris dans notre carte, et se prolongent au sud bien au-delà des limites que nous nous sommes prescrites. Ils forment, comme nous l'avons dit, tout le sol de la Beauce; mais cette même nappe, avant de prendre cette étendue, recouvre les sommets de quelques buttes et de quelques collines isolées.

Le sable se montre d'abord au sommet du Mont-Valérien, en couches jaunes et rougeâtres.

Vient ensuite la longue colline plate à son sommet, qui s'étend de la Mauldre à la vallée de Sèvres, et qui porte la forêt de Marly (1). Le sable y forme une masse fort épaisse. Il est très-micacé dans quelques endroits, et notamment près de Feucherolles et d'Herbeville. Le mica est même si abondant dans ce lieu qu'on l'en extrait depuis long-temps pour le vendre aux marchands de papiers de Paris, sous le nom de *poudre d'or*, pour sécher l'écriture. Il y a du mica blanc et du jaune (2).

---

(1) Presque tous les bois et les forêts des environs de Paris sont sur le sable : les uns sur le sable ou grès des hauteurs; telles sont les bois ou forêts de Marly, de Clamart, de Verrière, de Meudon, de Villers-Adam, de Chantilly, d'Halatte, de Montmorency, de Villers-Cotterets, de Fontainebleau : les autres sont sur les sables ou limon d'attérissemens anciens; tels sont les bois et forêts de Bondy, de Boulogne, de Saint-Germain, etc.

(2) Nous tenons cette notice de M. Fourmy.

Cette longue colline se joint au vaste plateau de la Beauce par le col sablonneux sur lequel est bâti le château de Versailles. Ce grand plateau, dont notre carte donne une idée suffisante, n'est plus coupé par aucune vallée assez profonde pour pénétrer jusqu'au sol de calcaire siliceux qu'il recouvre, et qu'on ne peut reconnoître que sur ses bords, tant à l'est qu'à l'ouest, comme la carte le fait voir.

Au sud-est de Versailles est le plateau isolé ou presque isolé qui porte les bois de Meudon, de Clamart et de Verrière. C'est dans ce plateau qu'est creusée, près de Versailles, la sablonnière de la butte de Picardie, remarquable par la pureté de son sable et par les belles couleurs qu'il présente, et près du Plessis-Piquet, la sablonnière de ce nom, haute de plus de 20 mètres, et composée de sable rouge, blanc et jaune Ce plateau contient quelques blocs de grès isolés au milieu du sable ; on en trouve dans les environs de Meudon, sur les buttes de Sèvres, etc. ; on les exploite pour paver les routes de second ordre dans ces lieux. On voit bien clairement sa position au-dessous des meulières sans coquilles et du terrain d'eau douce.

Le sable ne recouvre pas partout immédiatement le sol de calcaire siliceux ; on trouve souvent entre ces deux terrains la formation gypseuse.

En descendant, près de Pont-Chartrain, du plateau qui porte le bois de Sainte-Apolline au village des Bordes qui est sur le sol des marnes gypseuses, on traverse les différens terrains qui recouvrent ce sol. La coupure qu'on

y a faite pour rendre la route moins rapide, permet d'en
étudier facilement et d'en reconnoître clairement les superpositions. On voit très-distinctement, au sommet
du plateau, un lit de meulière sans coquilles, en morceaux peu volumineux, dans une marne argileuse et
sablonneuse. Ce lit repose sur une masse considérable
de sable au milieu de laquelle se trouvent de puissans
bancs de grès. Si ensuite on descend plus bas, c'est-à-
dire, soit vers l'entrée du parc de Pont-Chartrain, soit
vers le moulin de Pontel, on trouve les marnes vertes
des gypses et les grandes huîtres qu'elles renferment.

De La Queue, route d'Houdan, au lieu dit *le Bœuf
couronné*, règne un plateau élevé entièrement composé
de sable, dont l'épaisseur est très-considérable. On remarque qu'il est recouvert d'une couche de sable rouge
argileux qui renferme des meulières en fragmens que
nous soupçonnons appartenir à la formation d'eau douce.
Cette meulière passe souvent à l'état de silex pyromaque,
tantôt blanc et opaque, tantôt gris ardoisé et translucide.

Après Adainville, sur la route d'Houdan à Épernon,
on monte sur le terrain de sable sans coquilles qui se
continue ainsi jusqu'à Épernon. Il forme des landes
élevées montrant dans quelques endroits le sable nu,
blanc, mobile, qui, poussé par le vent d'ouest, s'ac-
cumule contre les arbres, les buissons, les palissades,
les ensevelit à moitié, et y forme des dunes comme aux
bords de la mer.

Vers le sommet des coteaux les plus élevés, comme
celui

celui qui mène de l'Abyme à Tout-li-Faut, on trouve la meulière dans le sable rouge. On voit les premiers rochers de grès au nord, un peu avant d'arriver à Hermeray.

Les cinq caps qui entourent Épernon sont en grès. Les plus remarquables par les masses énormes de grès qu'on y voit, sont celui de la Magdelaine, au nord, et celui des Marmousets, à l'est. Celui-ci est l'extrémité du coteau très-escarpé qui borde au nord le petit vallon de Droué. Il est composé, de sa base presque jusqu'à son sommet, de bancs énormes de grès dur, homogène, gris, sans aucune coquille. Ces bancs, séparés par des lits de sable, sont souvent brisés et comme déchaussés; ils sont recouverts d'un banc horizontal régulier de silex d'eau douce que nous décrirons à l'article X. A mesure qu'on s'approche de Trapes et des vraies plaines de la Beauce, le terrain de sable et de grès devient moins visible, parce qu'il est recouvert presque partout par le terrain d'eau douce qui acquiert alors une épaisseur beaucoup plus considérable.

En partant de Paris et se dirigeant vers le sud, le sable et le grès paroissent dès Palaiseau; le premier est homogène, très-blanc, et renferme des bancs de grès puissans et fort étendus qui couronnent presque toutes les collines, et notamment celles de Ballainviliers, de Marcoussy, de Montlhéry, etc. On les voit encore près d'Écharcon, sur les coteaux qui bordent la rivière d'Essone, et enfin on arrive à la forêt de Fontainebleau, dont le sol est, comme on sait, presque entièrement composé de grès dur et très-homogène.

Cette forêt est située, comme la carte le fait voir, sur le bord oriental du grand plateau de sable de la Beauce; la structure de son sol, célebre par les beaux grès qu'elle fournit, n'est donc point essentiellement differente de celle de tous les autres plateaux de sable ou de grès que nous venons de décrire dans cet article. Le grès et le sable blanc, en couches alternatives, reposent sur le terrain de calcaire siliceux, et sont recouverts dans beaucoup d'endroits par le terrain d'eau douce (1).

Cette partie du plateau forme une espèce de cap ou de presqu'île sillonnée par un grand nombre de vallons également ouverts à leurs deux extrémités, et différens en cela des vallées ordinaires. Ces vallons sont assez profonds sur les bords des plateaux pour atteindre la formation de calcaire siliceux, comme on le voit à l'est du côté de Moret, au nord du côté de Melun, à l'ouest du côté de Milly, et dans beaucoup de points de l'intérieur même de la forêt; ils sont tous à très-peu près parallèles, et se dirigent du sud-est au nord-ouest, direction générale des principales chaînes de collines que présentent les formations calcaires, gypseuses et sablonneuses des environs de Paris (2). Les collines de grès qui

---

(1) Nous parlerons à l'article X de la disposition de ce terrain calcaire dans la forêt de Fontainebleau; la carte en donne tous les détails.

(2) Nous avons déjà fait remarquer cette direction, page 92, en traitant des diverses lignes de collines gypseuses. Elle est encore beaucoup plus sensible sur les collines de grès, et notamment sur celles de Fontainebleau, comme la carte le fait voir.

forment et séparent ces vallons, sont couvertes vers leurs sommets et sur leurs pentes d'énormes blocs de grès dont les angles sont arrondis, et qui sont dans quelques endroits amoncelés les uns sur les autres. Il nous semble facile de se rendre compte de cette disposition. La force qui a sillonné ce plateau composé de couches alternatives de sable et de grès, entraînant le sable, a déchaussé les bancs de grès qui, manquant alors d'appui, se sont brisés en gros fragmens qui ont roulé les uns sur les autres, sans cependant s'éloigner beaucoup de leur première place. L'arrondissement de la plupart de ces blocs doit être attribué à la destruction de leurs angles et de leurs arêtes par les météores atmosphériques, plutôt qu'au frottement d'un roulis qu'ils n'ont certainement pas éprouvé (1).

Ces grès ne sont pas calcaires, comme on l'a prétendu ; très-peu d'entre eux font effervescence avec l'acide nitrique ; les cristaux de grès calcaire qu'on a trouvés dans quelques endroits, sont rares, et leur formation est due à des circonstances particulières et postérieures au dépôt du grès qui s'est formé pur et sans mélange primitif de calcaire.

L'exploitation qu'on fait de ce grès dans une multitude d'endroits de la forêt et des environs, les blocs innombrables qui couvrent ce sol, et qui ont été examinés

---

(1) Sur la route du chemin de Milly, dans le lieu dit *la Gorge-aux-Archers*, les blocs de grès présentent l'empreinte d'une *désaggrégation* par plaques hexagonales. (Desmarets fils.)

26 *

sur toutes leurs faces par les naturalistes qui parcourent fréquemment cette belle forêt, auroient fait découvrir quelques coquilles, pour peu que ces grès en renfermassent. Ainsi l'absence de tout corps organisé dans les grès de cette formation, est aussi bien établie que puisse l'être une vérité négative qui résulte seulement de l'observation.

HUITIÈME FORMATION.

Sable, grès et calcaire marins supérieurs.

Nous avons dit, chap. Ier, art. VIII, qu'on trouvoit dans plusieurs lieux, au-dessus des sables et des grès sans coquilles qui recouvrent les formations de calcaire siliceux ou de gypse, un lit rarement fort épais et quelquefois très-mince de grès pur et de sable ou de grès calcaire, ou même de calcaire, qui renfermoit une assez grande quantité de coquilles marines généralement semblables par les genres et même par les espèces aux coquilles du système moyen du calcaire grossier; nous avons donné les noms de la plupart de ces coquilles, et indiqué les lieux où elles se trouvent, soit à l'article cité plus haut, soit en décrivant, art. V et VI du ch. II, les collines gypseuses au sommet desquelles on trouve ces grès. Il nous resteroit donc peu de chose à dire sur cette dernière couche marine coquillière, si de nouveaux voyages faits depuis la rédaction de l'art. VIII du chapitre Ier, en ajoutant de nouveaux faits à ceux que nous avons déjà rapportés, ne nous eussent donné la faculté de rendre l'histoire de cette dernière couche coquillière plus complette et plus générale.

On trouve le dépôt supérieur de coquilles marines bien plus communément sur la rive droite de la Marne, et sur celle de la Seine après sa réunion avec cette rivière, que sur le terrain situé au sud de ces mêmes rivières.

En venant du nord-est, on le voit d'abord sur les hauteurs qui avoisinent Lévignan. Il consiste en une couche peu épaisse de sable siliceux et calcaire, remplie de *cerithium serratum*, qui sont répandus avec une grande abondance dans tous les champs, et il est placé immédiatement sur les énormes bancs de grès sans coquilles qui se montrent de toutes parts dans ce canton, et qui paroissent se terminer à Nanteuil-le-Haudouin.

Cette couche mince de terrain marin coquillier se montre au sommet de l'escarpement qui domine Nanteuil-le-Haudouin, et y fait voir son épaisseur et son exacte position. C'est un lit d'un à deux décimètres de puissance, d'un calcaire sableux assez solide, et renfermant une très-grande quantité de coquilles marines qui se réduisent à trois espèces principales : l'*Oliva mitreola*, le *Citherea elegans* et le *Melania hordeacea*. Celle-ci y est la plus remarquable et la plus abondante. Ce petit lit de coquilles d'une égale épaisseur, sur une assez grande étendue, est immédiatement placé sur les énormes bancs de grès solide, sans aucune coquille, qui forment l'escarpement dont nous venons de parler Il est immédiatement recouvert du terrain d'eau douce dont on trouve de tous côtés les fragmens épars.

En se portant au nord de Paris, on retrouve la couche marine supérieure sur la route de Beaumont-sur-Oise, en descendant dans la vallée de l'Oise à la hauteur de Mafliers. Nous avons décrit la disposition de cette petite couche marine, chap. II, art. III, page 84; nous ferons seulement remarquer que les bancs de grès sans coquilles qu'on voit ici, étant une dépendance de ceux qu'on trouve depuis Ezanville jusqu'à Moiselles et au-delà, nous portent à croire que la couche de coquilles marines qui recouvre les bancs de grès près d'Ézanville, appartient à la même formation ou au même dépôt que celles de la descente de Mafliers. Or, comme la disposition des grès sans coquilles de la couche sablonneuse coquillière et du terrain d'eau douce, est absolument la même près de Pierrelaye, de l'autre côté de la colline de Montmorency, qu'à Ézanville, nous soupçonnons que cette couche pourroit bien appartenir encore au même dépôt, quoique nous l'ayons décrite à l'article de la formation du calcaire grossier.

Si notre conjecture actuelle se vérifie, il faudra rapporter également à la formation que nous décrivons les grès marins peu épais de Frènes, route de Meaux, de la Ferté-sous-Jouarre, de Saint-Jean-les-Jumeaux et de Louvres, que nous avons mentionnés chap. I, art. III, page 26; car les grès de ces divers lieux sont placés au-dessus du calcaire marin et d'un dépôt plus ou moins épais de sable ou de grès sans coquilles; ils renferment tous les mêmes espèces de coquilles, notamment des cérithes et le *Melania hordeacea* qui semble les caractériser, et qui se trouve à Pierrelaye et à Ézanville en quantité prodigieuse, ils sont tous immédiatement recouverts par le terrain d'eau douce dont les coquilles se sont quelquefois mêlées avec celles de ces grès, comme on le voit à Beauchamp près de Pierrelaye.

Les collines de Montmartre, de Belleville, de Sanois, de Grisy, de Cormeilles, etc., sont surmontées de grès marins. Nous avons fait connoître ces grès et les espèces principales de coquilles qu'ils renferment, en décrivant ces collines : nous nous contenterons de faire observer de nouveau que ces grès coquilliers sont immédiatement appliqués sur un banc très-puissant de sable angilo-ferrugineux sans coquilles, et que tous, à l'exception de celui de Montmartre, sont immédiatement recouverts par le terrain d'eau douce, qui est composé dans ces lieux, non pas de calcaire, mais de silex et de meulière.

Il paroît qu'on retrouve cette même formation marine supérieure près d'Étampes. M. de Tristan l'y indique dans un Mémoire qu'il a adressé à la Société philomatique. Elle recouvre ici les grès qui sont situés sur le calcaire siliceux, et elle est entièrement ou presque entièrement calcaire.

Cette formation ne consistant quelquefois qu'en une couche très-mince de coquilles marines entre des bancs puissans de grès sans coquilles et de terrain d'eau douce, il est probable qu'elle a souvent échappé à nos recherches et à celles des naturalistes qui ont étudié la structure du sol des environs de Paris. Il est à présumer qu'on la retrouvera dans beaucoup d'autres lieux quand on la recherchera exprès et avec attention. Il est possible qu'on en trouve quelques traces sur les grès même des environs de Fontainebleau, entre ces grès et le puissant terrain d'eau douce qui les recouvre dans quelques points.

Nous ne croyons pas que cette dernière couche de coquilles marines indique une troisième ni une quatrième mer ; nous n'aurions aucune raison de tirer de nos observations une conséquence aussi hypothétique. Les faits que nous avons exposés nous forcent d'admettre, 1°. qu'il y a eu deux grandes formations marines séparées par une formation d'eau douce ; 2°. que dans chacune de ces grandes formations marines il y a eu des époques de dépôts bien distinctes et caractérisées, premièrement par des couches renfermant des corps marins très-différens de ceux qui sont renfermés dans les couches supérieures et inférieures ; secondement par des couches très-puissantes, soit argileuses, soit marneuses, soit sablonneuses, qui ne renferment aucun fossile, ni marin, ni fluviatile, ni terrestre.

NEUVIÈME FORMATION.

Les meulières sans coquilles.

CETTE pierre se trouve en petite quantité dans beaucoup d'endroits, au-dessus du sable et du grès sans coquilles ; mais elle n'est abondante et remarquable que dans cinq à six points des environs de Paris (1). Les principaux sont :

---

(1) Il y a bien ailleurs des pierres qu'on nomme quelquefois *meulières*,

1°.

1°. Le plateau de Meudon dans presque toutes ses parties. La meulière y est en bancs minces et interrompus, et n'est exploitée que pour les constructions.

2°. La forêt des Alluets et toute la partie du plateau de la forêt de Marly qui avoisine les Alluets. La meulière y est plus épaisse qu'à Meudon, et on l'a autrefois exploitée pour en faire des meules.

3°. Le cap occidental du plateau de Trapes, et l'appendice de ce plateau qui porte le village de Laqueue. Les meulières y sont en petits fragmens.

4°. Sur le même plateau, mais plus au sud, au-delà de Chevreuse et près de Limours, se trouve l'exploitation de pierres à meules du village des Molières qui en a pris son nom. Après avoir traversé environ 2 mètres de terre blanche, on trouve deux à trois bancs de meulières situés au milieu d'un sable argileux et ferrugineux : les bancs supérieurs sont composés de meulières en fragmens ; l'inférieur seul peut être exploité en meules : il repose sur du sable ou sur un lit de marne blanche (1).

5°. Enfin la fameuse exploitation qui a lieu sur le plateau qui règne de la Ferté-sous Jouarre jusque près

---

mais elles n'appartiennent pas à la formation dont il est ici question : ce sont ou des meulières d'eau douce ou des parties presque entièrement siliceuses de calcaire siliceux. Quand on a acquis un peu d'habitude, il n'est pas nécessaire de voir ces pierres en place pour les distinguer de la meulière sans coquille.

(1) *Description des carrières de pierres à meule qui existent dans la commune des Molières*, par M. Coquebert-Montbret. *Journ. des Mines*, n° 22, p. 25.

de Montmirail. C'est dans ce lieu que le banc de meulière est le plus étendu, le plus puissant et le plus propre à fournir de grandes et bonnes meules. On pense bien que nous avons visité ce canton avec soin ; aussi la description que nous allons en donner a-t-elle été faite sur les lieux.

C'est près de la Ferté, et sur la partie la plus élevée du plateau, sur celle qui porte Tarteret, que se fait la plus forte exploitation de meulières, et c'est de cet endroit qu'on tire les plus belles meules.

Le dessous du plateau est, comme nous l'avons dit, de calcaire marin ; au-dessus, mais sur les bords et du côté de la marne seulement, se trouvent des marnes gypseuses et des bancs de gypse ; le milieu du plateau est composé d'un banc de sable ferrugineux et argileux qui a dans quelques parties près de 20 mètres de puissance.

C'est dans cet amas de sable qu'on trouve les belles meulières. En le perçant de haut en bas, on traverse d'abord une couche de sable pur qui a quelquefois 12 à 15 mètres d'épaisseur ; la présence des meulières est annoncée par un lit mince d'argile ferrugineuse qui est remplie de petits fragmens de meulières ; on le nomme *pipois*. Vient ensuite une couche épaisse de 4 à 5 décimètres, composée de fragmens plus gros de meulière, puis le banc de meulière lui-même, dont l'épaisseur varie entre 3 et 5 mètres. Ce banc, dont la surface est très-inégale, donne quelquefois, mais rarement, trois épaisseurs de meules. Quoique étendu sous presque tout le plateau, on ne le trouve pas toujours avec les qualités qui permettent de l'exploiter, et pour le découvrir on sonde au hasard. Il est quelquefois divisé par des fentes verticales qui permettent de prendre les meules dans le sens vertical, et on a remarqué que les meules qui avoient été extraites de cette manière faisoient plus d'ouvrage que les autres.

Les carrières à meules sont exploitées à ciel ouvert; le terrain meuble qui recouvre ces pierres ne permet pas de les extraire autrement, malgré les frais énormes de déblaiement qu'entraîne ce genre d'extraction. Les eaux, assez abondantes, sont enlevées au moyen de seaux attachés à de longues bascules à contrepoids : des enfans montent, par ce moyen simple, les seaux remplis d'eau d'étage en étage.

Lorsqu'on est arrivé au banc de meulière, on le frappe avec le marteau : si la pierre est sonore, elle est bonne et fait espérer de grandes meules; si elle est *sourde*, c'est un signe qu'elle se divisera dans l'extraction. On taille alors dans la masse un cylindre qui, selon sa hauteur, doit donner une ou deux meules, mais rarement trois, et jamais plus; on trace sur la circonférence de ce cylindre une rainure de 9 à 12 centimètres de profondeur, qui détermine la hauteur et la séparation de la première meule, et on y fait entrer deux rangées de calles de bois; on place entre ces calles des coins de fer qu'on chasse avec précaution et égalité dans toute la circonférence de la meule, pour la fendre également et pour la séparer de la masse; on prête l'oreille pour juger par le son si les fissures font des progrès égaux.

27 *

Les morceaux de meules sont taillés en parallélipi-
pèdes et sont nommés *carreaux*. On réunit ces *carreaux*
au moyen de cercles de fer, et on en fait d'assez grandes
meules. Ces pièces sont principalement vendues pour
l'Angleterre et l'Amérique.

Les pores de la meulière portent chez les fabricans
le nom de *frasier*, et le silex plein celui de *défense*.
Il faut, pour qu'une meule soit bonne, que ces deux
parties se montrent dans une proportion convenable.

Les meules à *frasier* rouge et abondant font plus d'ouvrage que les autres; mais elles ne moulent pas si blanc
et sont peu estimées.

Les meules d'un blanc-bleuâtre, à *frasier* abondant,
mais petit et également disséminé, sont les plus estimées. Les meules de cette qualité, ayant 2 mètres de
diamètre, se vendent jusqu'à 1200 francs pièce.

Les trous et fissures de toutes les meules sont bou-
chées en plâtre *pour la vente;* les meules sont bordées de
cerceaux de bois, pour qu'on ne les écorne pas dans le
transport.

Cette exploitation de meulière remonte très haut, et
il y a des titres de plus de quatre cents ans qui en cons-
tatent dès-lors l'existence; mais on ne faisoit à cette
époque que des petites meules, et ce genre d'exploitation s'appeloit *mahonner*. On a vu par ce que nous avons
dit plus haut que les meules extraites des environs de la
Ferté-sous-Jouarre sont recherchées dans les pays les
plus éloignés.

6°. Nous ne pouvons passer sous silence les carrières

à meules d'Houlbec près Pacy-sur-Eure, quoique ce lieu soit situé hors des limites que nous nous sommes fixées ; elles ont été décrites avec détail par Guettard (1). On voit par cette description qu'elles sont recouvertes de sable argileux et ferrugineux, de 5 à 6 mètres de cailloux roulés, que le banc exploité est précédé d'un lit de meulière en fragment appelé *rochard*, et enfin que ce banc, qui a 2 mètres d'épaisseur, repose sur un lit de glaise ; par conséquent que toutes les circonstances de gisement sont les mêmes dans ce lieu qu'aux environs de Paris et qu'à la Ferté, qui en est éloigné de plus de trente lieues.

DIXIÈME FORMATION.

Terrain d'eau douce supérieur.

Le terrain d'eau douce, cette formation à peine connue il y a cinq ans, est si abondamment répandu aux environs de Paris, à plus de douze et vingt lieues à la ronde, que nous pourrions difficilement, même au moyen de la carte, être sûrs d'indiquer tous les endroits où il se trouve. Il recouvre les plaines basses comme les plateaux élevés ; on le voit au sommet des buttes et sur la crête des collines. Nous n'indiquerons ici que les lieux où il nous a offert quelques faits intéressans et ceux qui font connoître quelques-uns de ses rapports avec les autres terrains.

---

(1) *Mém. de l'Acad. des sciences de Paris*, 1758.

Mais comme il est difficile de distinguer parmi les terrains d'eau douce superficiels celui qui est en même temps supérieur ou de seconde formation, de celui qui est de première formation, mais seulement superficiel; que cette distinction ne peut se faire avec certitude que dans les cas où les deux formations sont placées immédiatement l'une au-dessus de l'autre, comme on le voit dans la colline de Belleville, nous décrirons d'abord les terrains d'eau douce qui appartiennent évidemment à la seconde formation; nous décrirons ensuite, mais séparément, les terrains d'eau douce superficiels dont l'époque de formation nous a paru incertaine.

Presque toutes les collines gypseuses qu'on voit au nord de Paris sont terminées à leur sommet par des plateaux plus ou moins étendus, composés de terrain d'eau douce siliceux. Ce sont des meulières pétries de limnées, de planorbes, de gyrogonites et de coquilles turbinées que l'un de nous a décrites sous le nom de *potamides* (1).

Les sommets des collines de Dammartin, de Carnetin, Chelles et Villemonble, de Montmorency, de Marines et Grisy, de Belleville, de Sanois et de Triel à Meulan, appartiennent à cette formation; le plateau de la forêt de Montmorency, surtout du côté de Saint-Prix et de Saint-Leu, présente des bancs puissans de meulières d'eau douce remplies d'une innombrable quantité de co-

—————

(1) Alex. Brongniart, *Annales du Muséum d'Hist. natur.* t. XV, p. 38, pl. I, fig. 3.

quilles qui appartiennent toutes aux espèces que nous venons de nommer (1).

Ces meulières sont toujours les plus superficielles; elles ne sont recouvertes que par la terre végétale et un peu de sable argilo-ferrugineux; elles sont disposées en bancs interrompus, mais réguliers et horizontaux, lorsqu'on ne se contente pas de les observer sur les pentes rapides des vallons. Dans ces derniers lieux elles se présentent en fragmens bouleversés; mais elles sont toujours dans un sable rougeâtre argilo-ferrugineux qui recouvre le banc puissant de sable sans coquilles.

Ce terrain est encore plus étendu sur la rive gauche de la Seine.

La partie superficielle de ce plateau élevé et immense qui s'étend du nord au sud, depuis les Alluets jusqu'aux rives de la Loire, et de l'est à l'ouest, depuis Meudon et les rives du Loing jusqu'à Épernon et Chartres, appartient à la formation d'eau douce supérieure; toutes les plaines de la Beauce en font partie. Le terrain siliceux y est plus rare que le terrain calcaire : le premier ne se montre en masse qu'aux sommets des collines ou des buttes de sable qui dominent le plateau général, telles que celles de Saint-Cyr près Versailles, de Meudon, de Clamart, de Palaiseau, de Milon, etc., ou bien en rognons dans le terrain calcaire; celui-ci, au contraire, forme la partie dominante des plaines de

---

(1) Brugnière avoit déjà dit que ces meulières ne renfermoient que des coquilles d'eau douce.

la Beauce, et dans quelques endroits il joint à une épaisseur considérable une assez grande pureté. La plaine de
Trapes, au sud-ouest de Versailles, est composée d'un
calcaire friable qui renferme des noyaux siliceux, et qui
est pétri de limnées, de planorbes et de gyrogonites. Celui
des environs d'Étampes et de Saint-Arnoud a une épaisseur considérable. On l'a pris quelquefois pour de la
craie, et on l'a décrit comme tel ; mais quand on examine avec attention les carrières de pierre à chaux situées près de ces lieux, on voit qu'on y exploite un
calcaire criblé de coquilles d'eau douce, et renfermant
des blocs énormes de silex. Les carrières de Menger,
qui dépendent de Saint-Arnoud, offrent des bancs qui
ont jusqu'à seize mètres d'épaisseur ; il paroît même
qu'en allant vers le sud, ce terrain augmente considérablement d'épaisseur, comme l'indiquent les descriptions que MM. Bigot de Morogue et Tristan ont données
du calcaire d'eau douce des environs d'Orléans, et les
renseignemens que nous avons reçus sur celui de Châteaulandon (1).

---

(1) Les carrières de Châteaulandon sont situées dans le département de
Seine-et-Marne, à une demi-lieue de Châteaulandon et à vingt lieues au sud
de Paris (par conséquent hors des limites de notre carte) ; elles sont éloignées d'environ une lieue du canal de Loing. Cette pierre, qui est d'un gris
cendré jaunâtre, quoique remplie de cavités irrégulières tubuleuses et siliceuses, est plus dure, plus pesante et plus compacte que le plus beau liais
(calcaire marin très-solide) des environs de Paris ; sa cassure est conchoïde.
Laissée pendant trente-six heures dans l'eau, elle ne s'imbibe que de deux
parties d'eau, tandis que la roche la plus dure de Châtillon (calcaire marin

En

En reprenant cet immense plateau par l'est, pour en étudier les points les plus intéressans, nous examinerons d'abord les environs de Melun et de Fontainebleau.

Les collines qui bordent la rive droite de la Seine, à l'ouest de Melun, sont composées, en partant de la surface, et immédiatement au-dessous de la terre végétale :

1°. D'un calcaire blanc, tendre, ne renfermant pas d'assises distinctes, mais disposées en fragmens d'inégales grosseurs. Ce calcaire est traversé par une multitude de petits canaux souvent jaunâtres ; il renferme un grand nombre de limnées, de planorbes, etc.

2°. D'un calcaire très-dur, jaunâtre, susceptible de poli, plus compacte que le premier, présentant, non pas des tubulures, mais des cavités irrégulières remplies de cristaux de calcaire spathique. Il renferme moins de coquilles que le précédent.

3°. De silex blond ou brun, en tables plus ou moins épaisses, rempli de cavités.

4°. De masses dures calcareo-siliceuses, qui forment comme la transition minéralogique du silex au calcaire dur. On n'a pas vu de coquilles dans ces deux dernières pierres.

à cérite) en absorbe quatre parties. L'église de Châteaulandon, qui est fort ancienne, en est construite ; le pont de Nemours en a été bâti, et on l'emploie à la construction de l'arc de triomphe de l'Étoile. Elle se débite à la scie, et est susceptible de recevoir le poli du marbre. On y voit quelques coquilles d'eau douce, mais elles y sont très-rares. (Nous tenons la plupart de ces renseignemens de M. Rondelet.)

Ces différentes pierres ne suivent aucun ordre dans leur position respective; elles sont comme liées par le calcaire blanc friable qui contient le plus de coquilles. Elles présentent une masse visible de six à sept mètres d'épaisseur.

5°. Au-dessous de ce terrain d'eau douce on voit une couche de marne argileuse verdâtre, sans coquilles, qui a environ deux mètres de puissance.

6°. Il paroît, d'après les blocs qu'on trouve roulés au pied de la colline, que la base de cette colline, comme de toutes celles de ce canton, est de calcaire siliceux (1).

La forêt de Fontainebleau et l'intervalle compris entre cette forêt et Malsherbe offrent de nombreux plateaux de calcaire d'eau douce d'une épaisseur et d'une consistance assez considérables pour être dans beaucoup de points exploités comme pierre à chaux. Nous allons les décrire avec détails; et comme les collines qui les portent se dirigent généralement du sud-est au nord-ouest, nous irons du nord au sud, afin de les couper.

En arrivant à Fontainebleau par la route de Melun, on commence à monter par une pente douce sur le plateau de sable à Rochette. Tout nous a paru être de grès jusqu'au mont Tussy, à l'exception du bas qui est de calcaire siliceux. C'est ici qu'on peut voir le chapeau de calcaire d'eau douce qui recouvre le grès et qui constitue le bord septentrional de la colline sur laquelle on

---

(1) Nous avons vu nous-mêmes ce canton, mais nous devons à M. Prevost cette description détaillée.

monte. Cette colline, applatie à son sommet, s'étend de l'est à l'ouest, et comprend les lieux nommés la Bihourdière, la Croix-d'Augas, le mont Tussy, le grand mont Chauvet, Belle-Croix et le bord septentrional du mont Saint-Père.

Du grand mont Chauvet à Belle-Croix, en suivant les hauteurs de la Solle, on ne voit plus de calcaire d'eau douce; mais le plateau des monts de Fais est recouvert de ce calcaire, notamment vers la Table-du-Grand-Maître.

Belle-Croix est l'espèce d'isthme qui réunit les monts de Fais et le mont Saint-Père. Le calcaire d'eau douce de Belle-Croix repose sur une marne calcaire jaunâtre. Nous croyons pouvoir attribuer aux infiltrations calcaires de ce sol supérieur les cristaux de grès calcaire qu'on trouve si abondamment dans les carrières de ce lieu.

Dans la partie du plateau du mont Saint-Père qui avoisine la Croix-du-grand-Veneur, les grès sont presque superficiels; on trouve seulement quelques fragmens de calcaire d'eau douce épars.

A la descente du plateau de la Bihourdière par la Croix-d'Augas et le Calcaire, du côté de Fontainebleau, il n'y a plus de calcaire. Le grès, dont les bancs semblent se relever vers le sud, règne jusqu'au sommet.

Le mont Pierreux et le mont Fessas, qui sont des caps très-avancés de ce même plateau, et dirigés vers l'est, la butte de Macherin et la butte dite *de Fontainebleau*, qui sont deux autres caps de ce plateau dirigés vers

28 *

l'ouest, sont recouverts de calcaire d'eau douce, criblés de limnées et de planorbes. Au mont Perreux ce calcaire a quatre mètres d'épaisseur, et est exploité comme pierre à chaux.

Tout-à-fait à l'est de Fontainebleau, les buttes isolées du Monceau et du Mont-Andart sont couronnées de calcaire d'eau douce.

Vers le sud de Fontainebleau viennent d'abord quelques buttes et collines peu étendues. Celles qui portent du calcaire d'eau douce sont toujours applaties à leurs sommets, et sans aucun bloc de grès : telles sont le Mail-d'Henri-IV, le mont Merle, le mont Morillon, le mont Enflammé, le cap dit *la Queue-de-la-Vache* et la butte dite de *Bois-Rond*.

Viennent ensuite, en reprenant à l'est, la Malle-Montagne dont le bord méridional seulement est en calcaire, le Haut-Mont, le Ventre-Blanc, le plateau des Trembleurs, puis le grand plateau qui porte à l'est la Garde-de-la-Croix de Saint-Herem, et à l'ouest la Garde-de-la-Croix de Souvray. Dans la première partie nous avons vu le calcaire d'eau douce au petit et au grand Bourbon, au rocher Fourceau, au rocher aux Fées, aux forts de Marlotte, et surtout à la descente Bouron. On reconnoît ici quatre bancs de calcaire d'eau douce formant une épaisseur d'environ cinq mètres, et reposant sur le grès.

Vers la Croix de Souvray, ce terrain, probablement moins épais, est aussi beaucoup moins visible; on ne peut juger de sa présence que par les fragmens que l'on en trouve épars de tous côtés jusqu'a Ury. Mais plus loin au sud-ouest et hors de la forêt, à la Chapelle-Buteaux, il se présente en bancs assez épais pour être exploités, et à la descente de Merlanval il renferme d'abondantes infiltrations de silice.

Nous devons faire remarquer que ces collines longues et étroites qu'on nomme ordinairement *rochers*, tels que les rochers du Cuvier-Châtillon, d'Apremont, de Bouligny, du mont Morillon, etc. sont uniquement composées de grès jusqu'à leur sommet. Les fragmens de leurs bancs déchaussés sont tombés les uns sur les autres, et leur ont donné cet aspect de ruine et d'éboulement qu'elles présentent.

Les plateaux qu'on appelle plus particulièrement *monts*, sont au contraire très-étendus; leurs bords sinueux offrent de nombreux caps; leur sommet est plat et a conservé presque partout un chapeau calcaire sur lequel s'est établi la belle végétation qui les couvre. Les *rochers* ne portent guère que des bouleaux et des genévriers, et plus souvent ils ne portent aucun arbre; les *monts* ou *plateaux* à surface calcaire sont au contraire couverts de beaux chênes, de hêtres, de charmes, etc. (1).

A mesure qu'on s'avance vers le nord-ouest, le terrain

_____

(1) Il n'est pas nécessaire d'aller sur les lieux pour prendre une juste idée de ces différences, l'inspection d'une bonne carte suffit. La partie de la nôtre qui porte la forêt de Fontainebleau est sur une trop petite échelle pour qu'on puisse faire ces observations; mais on peut consulter la carte de la forêt de Fontainebleau, publiée en 1778, sans nom d'auteur, et gravée par Guillaume de la Haye.

d'eau douce semble diminuer d'épaisseur, et les masses
de grès devenir plus puissantes et plus élevées. Il est
cependant encore très-épais, comme nous l'avons dit,
à Étampes, à Saint-Arnould, etc.; mais il devient plus
mince près de Rambouillet, et il semble réduit à une
couche d'un metre d'épaisseur aux environs d'Épernon:
nous ne le connoissons même plus, ni au-delà de cette
ville, ni au-delà d'une ligne qui iroit d'Épernon à
Mantes, en passant par Houdan.

Près de Rambouillet, au midi du parc, et vers le
sommet du coteau d'où l'on descend à la porte dite de
Mocque-Souris, des coupes faites dans ce coteau permettent d'en étudier la composition. On y reconnoît vers
la surface du sol le terrain d'eau douce entièrement calcaire, et ayant environ deux mètres d'épaisseur; il est
composé de bancs minces, tantôt durs, tantôt friables,
renfermant une très-grande quantité de coquilles d'eau
douce. Il pose sur un sable sans coquilles qui représente
la formation du grès; mais entre ce calcaire et le sable
on voit un petit lit de glaise feuilletée, d'un vert foncé
mêlé de jaune, et recouvert de marne friable d'un jaune
isabelle. On trouve dans cette marne une petite couche
régulière et horizontale entièrement composée de coquilles turriculées semblables aux cérites, et que nous
avons désignées sous le nom de *potamides*. Elles y sont
entières, elles ont conservé leur couleur; mais elles sont
tellement friables qu'il est impossible d'en obtenir une
entière.

De Rambouillet à Épernon on ne perd presque pas

de vue le terrain d'eau douce ; il est toujours au-dessus
des grès ou des sables qui les représentent, et de nature
calcaire, jusqu'après le parc de Voisin.

A Épernon il change de nature. Les cinq caps de collines qui entourent Épernon sont en grès depuis leur base
jusqu'à leur sommet. Les plus remarquables de ces caps
par les masses énormes de grès qui les composent, sont
celui de la Madeleine au nord, et celui des Marmousets
à l'est. Ce dernier est l'extrémité de la côte très-escarpée
qui borde au nord le joli petit vallon de Droué ; son
bord méridional est plus bas et arrondi.

Ce coteau septentrional est composé, de sa base presque
jusqu'à son sommet, de bancs énormes d'un grès dur,
homogène, gris, et sans aucune coquille ; ces bancs sont
séparés par du sable, souvent brisés et comme déchaussés.

Le sommet du plateau est formé par le terrain d'eau
douce entièrement siliceux. Il offre un banc horizontal
très-régulier d'environ un mètre d'épaisseur. Ce banc
siliceux, souvent très-dense, présente quatre variétés
principales :

1°. Un silex gris, translucide, ayant la cassure terne,
cireuse et même cornée ;

2°. Un silex fauve, très-translucide, très-facile à casser, ayant la cassure conchoïde et lisse ;

3°. Un silex jaspoïde d'un blanc opaque ou d'un blanc
de cire, à cassure cireuse et écailleuse, et très-difficile
à casser ;

4°. Un silex jaspoïde opaque, un peu celluleux, ayant
enfin tous les caractères d'une meulière compacte.

Quoique ces variétés semblent se trouver partout indistinctement, il paroît cependant que la seconde est
plus commune vers l'extrémité du cap qu'ailleurs.

Toutes renferment en plus ou moins grandes quan-
tités des coquilles d'eau douce ; certaines parties du banc
en sont criblées, et quelquefois on fait vingt mètres et plus
sans pouvoir en découvrir une seule. Ces coquilles sont
des planorbes arrondis, des planorbes cornet, des limnées
œuf, des limnées cornés, des planorbes de Lamarck,
quelques hélices de Morogues et des gyrogonites.

On ne voit bien ces bancs à leur place que lorsqu'on
a tout-à-fait atteint le sommet du plateau. Si on recherche ces pierres sur le bord de l'escarpement, on parvient bien à les trouver ; mais elles sont en fragmens
épars dans la terre végétale et dans le sable rougeâtre qui
est immédiatement sous elles, qui recouvre le grès et
qui pénètre même dans les fentes de ses premiers bancs.

Tels sont les terrains qui nous paroissent appartenir
à la seconde formation d'eau douce. L'époque de formation des terrains suivans n'étant pas aussi clairement
déterminée, nous avons cru devoir les placer séparément
dans ces descriptions spéciales, sauf à indiquer plus bas
la formation à laquelle nous croyons pouvoir les rapporter.

Nous remarquerons d'abord au nord de Paris cette
immense plaine de terrain d'eau douce qui s'étend depuis Claye à l'est jusqu'à Frepillon à l'ouest, et du nord
au sud de Louvres et Mafflier, jusque dans les murs de
Paris.

Paris. Cette plaine, dont la partie la plus basse et la plus connue porte le nom de *plaine Saint-Denis*, montre sur ses bords et dans son milieu les collines et buttes de gypse de Chelle, Mesnil-Montant, Montmartre, Sanois, Montmorency, etc. Ces collines ne lui appartiennent pas et n'altèrent pas son niveau qu'on trouve à peu près le même dans les intervalles qui les séparent et qui portent très-improprement le nom de *vallées*. Elle a donc peu d'inégalités qui lui soient propres ; mais elle est généralement assez élevée, et presque au niveau des dernières assises du calcaire grossier : car on voit au moyen de la carte qu'elle est bordée partout de calcaire marin, excepté au sud-est où elle est limitée par le calcaire siliceux. Or, nous ferons observer qu'il faut toujours monter pour y arriver de quelque point qu'on parte, soit des bords de la Seine, soit des rives de l'Oise ou de la Marne. Si l'une de ces rivières a entamé le plateau calcaire, comme à Charenton, à Herblay, à Méry, etc., on gravit rapidement sur le sommet du plateau, et on se trouve, en descendant très-peu, sur la plaine de terrain d'eau douce. Si la rivière a entamé le terrain d'eau douce lui-même, comme à Saint-Ouen, il faut encore monter pour atteindre le niveau de la plaine.

Il paroît que, dans plusieurs parties de cette plaine le terrain d'eau douce a une épaisseur considérable, et qu'il recouvre immédiatement le calcaire marin qui, dans ce cas, paroît être réduit à très-peu d'épaisseur ; mais nous n'avons pas toujours pu reconnoître ce qu'il y a au-dessous.

Lorsqu'on perce cette plaine de terrain d'eau douce à peu de distance du calcaire marin, on retrouve la formation marine, mais à l'état de grès marin, comme à Pierrelaye, à Ézainville.

Les plaines déjà élevées qui sont, l'une au sud-ouest de la colline de Montmorency, et l'autre au nord-est de cette même colline, ont absolument la même structure. Nous l'avons fait connoître à l'article du *Calcaire marin*, § V, p. 88 et 90.

Au-delà de Moiselles, sur la route de Beaumont-sur-Oise, le calcaire d'eau douce devient bien plus épais : on y a creusé des marnières qui ont plus de deux mètres de profondeur, dans lesquelles on remarque d'abord des lits minces, tantôt tendres et feuilletés, tantôt durs, et composés de rognons déprimés et horizontaux : les supérieurs renferment une quantité immense de *bulimes nains ;* les autres ne font voir presque aucune coquille. On trouve au milieu d'eux un lit interrompu, mais horizontal, de silex grisâtre qui se fond dans la marne. La partie inférieure de cette couche est composée d'assises plus épaisses, plus dures, se désaggrégeant à l'air avec la plus grande facilité, et ne faisant voir aucune coquille.

Le terrain d'eau douce de cette plaine est généralement composé de marne calcaire assez dure, comme à Mesnil-Aubry, à Châtenay, à Beauchamp, etc. ; on y trouve aussi des silex compactes, homogènes et bruns, comme à Fontenay, à la Patte-d'Oye, près Gonesse ; des silex résinites comme à Saint-Ouen ; des silex ménilites enveloppant des limnées blancs, comme à Saint-Ouen et dans le canal de l'Ourcq au-delà de Sevran.

La berge de la rive droite de la Seine, de Saint-Ouen à Saint Denis, présente une coupure de ce terrain qui peut faire connoître les différens lits qui le composent, et donner ainsi une idée générale de la structure de la plaine Saint-Denis.

Pour prendre ce terrain dans sa plus grande épaisseur, il faut l'examiner près de Saint-Denis, à la petite butte sur laquelle est placé le moulin de la Briffe ; on peut alors y reconnoître la succession suivante dans les couches principales et essentielles, en allant de haut en bas :

1°. Vingt à vingt-quatre lits de marne argileuse, calcaire, sableuse, gypseuse, renfermant des concrétions sphéroïdales, calcareo-gypseuses, assez compactes, et composées de lames quelquefois concentriques et de cristaux lenticulaires informes réunis en rose.

2°. Au-dessous de ces marnes se trouvent des lits alternatifs de calcaire d'eau douce compacte, de marnes blanches friables renfermant des coquilles d'eau douce désignées ci-dessous (1), des silex ménilites enveloppant ces mêmes coquilles, des silex blonds transparens renfermant des lames gypseuses et enveloppés souvent de silex nectique.

Ces lits alternent, et les mêmes se représentent plu-

_____

(1) *Bulimus atomus.*
   — *pusillus.*
   Cyclostoma mumia.
   Limneus longiscatus.

sieurs fois. Enfin nous avons trouvé dans les marnes blanches qui renferment les coquilles d'eau douce, des os fossiles qui nous ont paru provenir du *palæotherium minus*.

Une partie du canal de l'Ourcq, près de Sevran, est creusée dans un terrain analogue à celui-ci. Après avoir percé le limon d'attérissement, on arrive au terrain d'eau douce composé absolument des mêmes matières que celles que nous venons de décrire, et surtout de ces silex ménilites d'un gris roussâtre qui enveloppent des limnées très-gros et des planorbes. Nous ne connoissons dans cette plaine aucune véritable meulière d'eau douce.

Si nous passons maintenant sur la rive gauche de la Seine, et tout-à-fait à l'ouest de Paris, nous trouvons à douze lieues de cette ville, depuis Adainville jusqu'à Houdan, le terrain d'eau douce. C'est un calcaire dur fragmentaire qui fait évidemment partie de celui que nous avons vu à Maulette tout près d'Houdan, et dont nous avons décrit la structure et les rapports avec le calcaire marin, au § XII de la troisième formation, page 134.

De Houdan à Mantes nous n'avons point vu d'indice du terrain d'eau douce avant Mantes-la-Ville (1); mais sur le sommet de la colline de calcaire marin qui est à

---

(1) Quoique nous ayons fait deux fois ce chemin, nous ne prétendons pas qu'une recherche plus scrupuleuse ne puisse en faire trouver sur quelques plateaux.

l'est de ce village, on voit une couche de sept à huit décimètres d'épaisseur, qui consiste en un calcaire jaunâtre, compacte, homogène, dur, mais très-facile à casser, et ayant une cassure largement conchoïde. Les ouvriers l'appellent *clicart;* il ne peut pas se tailler, et cette particularité en restreint beaucoup l'usage. Il recouvre immédiatement le calcaire marin, et renferme principalement et en grande abondance le *cyclostoma mumia*, avec quelques coquilles turbinées, ayant un grand nombre de tours de spires, et qui pourroient être ou des potamides ou des *cerithium lapidum*. Elles sont trop engagées dans la pierre, et trop peu caractérisées, pour qu'on puisse en déterminer l'espèce et même le genre avec certitude.

En revenant vers Paris, on peut observer à l'ouest de Versailles, entre Neauphle et Beyne, un gisement assez remarquable du calcaire d'eau douce. La base de la colline qui porte le bois de Sainte-Apolline, Neauphle-le-Château et Villiers, est gypseuse. Les huîtres qu'on trouve abondamment à l'entrée du parc de Pontchartrain, au moulin de Pontel, etc. caractérisent cette formation. En suivant la vallée qui va de Neauphle-le-Vieux à Beyne, on monte, précisément à l'est du hameau de Crissay, sur un petit coteau qui est composé de calcaire d'eau douce très-dur. Ce calcaire renferme une quantité innombrable de coquilles d'eau douce dont les principales sont le *limneus longiscatus*, le *cyclostoma mumia*, et une paludine que nous avons trouvée fossile pour la première fois dans ce lieu, qui a quelque ressemblance avec le *paludina vivipara*, mais qui ressemble encore plus au *paludina unicolor* rapporté de l'Orient par M. Olivier.

Si on monte sur les sommets des coteaux élevés qui bordent ce vallon à l'est et en face de Beyne, on retrouve les silex et meulières de la formation d'eau douce supérieure.

Nous croyons devoir revenir sur les caractères qui peuvent servir à distinguer les deux formations d'eau douce lorsqu'on les trouve isolées, présenter de nouveau le tableau de ces caractères, récapituler les principaux lieux où nous avons pu étudier et décrire ces terrains, et essayer de rapporter ces différens lieux à chacune des formations d'eau douce que nous avons établies. Nous répétons que nous ne présentons ces caractères et la division qui en résulte qu'avec circonspection.

Les terrains d'eau douce inférieurs ou de première formation, paroissent être de la même époque que le gypse des environs de Paris. Ils sont donc, ou dans le gypse même, ou immédiatement sous le gypse ou sur le gypse, ou enfin à la place que devroit occuper le gypse quand celui-ci manque; ils sont placés immédiatement sur le calcaire marin ou sur le grès marin qui paroît faire partie de ce calcaire et en former les assises supérieures.

Ce premier terrain d'eau douce est ordinairement calcaire; il renferme des rognons siliceux, mais il n'est jamais complettement siliceux. Il présente pour coquilles caractéristiques le *cyclostoma mumia*, le *limneus lon-*

giscatus et des paludines ; on n'y trouve ni potamides ni hélices.

Les terrains suivans possédant tous ces caractères, on pourra les rapporter à la première formation d'eau douce.

Au nord de la Seine :

> La plaine Saint-Denis , et par conséquent Saint-Ouen, Beau-champ, Ezainville, Gonesse, le Mesnil-Aubry, etc.
> Moisselles , jusqu'à la descente de Maflier.
> La Ferté-sous-Jouare.
> Nanteuil-le-Haudouin.

Au midi de la Seine :

> Les couches qui recouvrent le calcaire à Grignon et aux environs.
> Maulette et les environs.
> Crissay.
> Mantes-la-Ville.

Le terrain d'eau douce supérieur, ou de seconde formation, est le plus nouveau et le dernier des terrains. Il est donc ordinairement situé sur les plateaux les plus élevés au-dessus des grès sans coquilles, du sable argilo-ferrugineux et des meulières sans coquilles. Le gypse ou les marnes qui le représentent, quelque minces qu'elles soient, sont entre ce terrain d'eau douce et le calcaire marin inférieur. Il n'est donc jamais immédiatement placé sur ce calcaire, quoiqu'il puisse toucher de très-près la seconde formation marine, celle qui est supérieure au gypse, quand les sables sans coquilles, etc. qui la recouvrent ordinairement n'existent pas , ou quand ils sont très-minces. Il est quelquefois entièrement calcaire et fort épais ; mais il est aussi quelquefois entièrement siliceux. Ses coquilles caractéristiques sont les potamides, les hélices, les limnées cornés ; nous n'y avons jamais vu de *cyclostoma mumia.*

Ce terrain étant superficiel, doit paroître bien plus commun que le précédent. Les lieux où il se montre sont :

Sur la rive droite ou septentrionale de la Seine,

Le sommet de la colline de Belleville et de celles qui s'étendent jusqu'à Carnetin.

Dammartin.

Tout le plateau de la forêt de Montmorency.

Tout celui de la colline de Sanois.

Grisy.

Le sommet de la colline qui va de Triel à Meulan.

Entre Seine et Marne :

Le sommet de la colline de Champigny.

Les hauteurs de Quincy près Meaux.

Les sommets des collines qui entourent Melun.

Sur la rive gauche ou méridionale de la Seine :

Tous les plateaux calcaires de la forêt de Fontainebleau.

Tous les environs d'Orléans. Ici le terrain d'eau douce est calcaire, et d'une épaisseur considérable.

Toute la Beauce.

Les hauteurs de Meudon, Clamart, etc.

Palaiseau.

Lonjumeau.

Les sommets des collines qui bordent les vallées de la Bièvre, de l'Yvette, etc.

La plaine de Trappes, etc.

Rambouillet.

Les sommets des collines qui entourent Épernon.

Les sommets des collines qui sont à l'ouest de Thiverval.

Si

Si on se rappelle la description spéciale que nous avons donnée de ces lieux, soit dans cet article, soit dans les articles précédens, on verra qu'ils possèdent tous l'ensemble des caractères que nous venons d'assigner aux terrains d'eau douce de seconde formation.

ONZIÈME FORMATION.

Le limon d'atterrissement.

Le sol d'atterrissement a deux positions différentes aux environs de Paris. Dans la première il se trouve dans les vallées. Tantôt il en remplit le fonds ; il est alors ou de sable, ou de limon proprement dit, ou de tourbe : tantôt il forme dans ces mêmes vallées des plaines étendues assez élevées au dessus du lit actuel des rivières. Ces plaines sont ordinairement composées de cailloux roulés ; elles descendent vers le lit des rivières en forme de caps arrondis qui correspondent presque toujours à un sinus à bords escarpés qui forme la rive opposée de la rivière.

Dans la seconde position, et c'est la plus rare, le limon d'atterrissement se trouve dans des plaines éloignées des vallées actuelles.

Nous ne parlerons point ici du limon d'atterrissement que forment encore actuellement nos rivières, mais seulement de celui qui, par sa position, sa nature, la grosseur de ses parties, etc. ne peut avoir été déposé par nos rivières dans leur état actuel, en supposant même les débordemens les plus grands que l'on connoisse depuis les temps historiques.

Nous allons d'abord décrire le sol d'atterrissement des vallées, en suivant le cours des principales rivières ; nous parlerons ensuite de celui des plaines.

La vallée de la Seine nous offre de nombreux exemples de la disposition du sol d'atterrissement en caps avancés, mais bas, et composés de sable ou de cailloux roulés. En remontant cette rivière depuis·Meulan, le cap de Chanteloup en face de Poissy, celui qui porte la forêt de Saint-Germain, celui de Chatou qui porte le bois du Vésinet, celui de Gennevillier, celui de Boulogne qui porte le bois de ce nom, et celui de Vaugirard qui forme la plaine de Grenelle, sont tous composés de la même manière, c'est-à-dire d'un plateau calcaire élevé, placé à une certaine distance du lit actuel de la Seine et d'une plaine qui tantôt descend insensiblement de ce plateau vers la rivière, tantôt part du pied escarpé du plateau. Cette plaine est toujours composée de limon brunâtre près de la rivière, de sable fin dans son milieu et de gros sable ou même de cailloux roulés vers le pied du plateau. Cette distribution est constante dans tous les lieux que nous venons de nommer. Ainsi le sol sablonneux et caillouteux de la partie la plus septentrionale de la forêt de Saint-Germain, celui du bois du Vésinet, celui du bois de Boulogne, etc. appartiennent presque totalement à la partie la plus ancienne et la plus élevée de la formation d'atterrissement. L'épaisseur de ce sol est très-variable : elle est de 4 mètres dans la plaine des Sablons, près la porte Maillot; elle est de plus de 6 mètres dans la plaine de Grenelle, près de Vaugirard. Ce sol renferme quelquefois de gros blocs de grès et de meulières qui y sont épars, et qui, formés ailleurs, y ont été apportés par des forces dont nous ne connoissons plus d'exemples dans nos cantons; car la Seine, dans ses plus grands débordemens, n'est pas capable de faire changer de place un caillou de la grosseur de la tête, et d'ailleurs elle n'atteint jamais la partie élevée de cet ancien sol d'atterrissement. On y trouve aussi quelques morceaux roulés de granite, et d'autres roches primitives. A l'extrémité de ces caps, la rivière formant un arc, serre de très-près le coteau souvent très-escarpé et toujours en pente rapide qui leur est opposé, comme on peut le voir de Meulan à Triel, de Verneuil à Poissy, de Conflans à Sartrouville, de Saint-Germain à Bougival, de Courbevoye à Sèvres, d'Auteuil à Chaillot, etc. etc.

De Paris à Moret, la Seine étant beaucoup moins sinueuse, présente aussi beaucoup moins de ces plaines d'atterrissement, et la seule remarquable est celle qui va de Melun à Dammarie.

Les atterrissemens qu'offrent l'Oise et la Marne suivent absolument les mêmes règles; mais ceux de la Marne sont généralement composés d'un limon plus fin, et nous n'y avons pas remarqué ces cailloux volumineux que nous venons de citer dans les atterrissemens de la Seine.

Le limon d'atterrissement des petites rivières, toujours très-fin, est plus propre à la végétation; aussi ces atter-

30*

rissemens sont-ils souvent marécageux et quelquefois tourbeux. La vallée de la rivière d'Essone est remplie de tourbe qu'on exploite avec beaucoup d'avantage ; on en trouve pareillement dans celle de la Bièvre.

C'est dans la partie la plus fine de ces atterrissemens qu'on trouve fréquemment des arbres dont le bois, peu altéré et comme tourbeux, est encore susceptible d'être brûlé.

Quand on y trouve des objets travaillés par les hommes, tels que des bateaux, des bois taillés, c'est toujours dans les parties qui servent encore de rives à la rivière, et jamais dans l'ancien atterrissement.

Le sol d'atterrissement des plaines éloignées et même séparées de nos vallées actuelles, ne se distingue que très-difficilement du terrain d'eau douce, et dans quelques cas il se confond entierement avec lui. Il paroît plus ancien que celui des vallées, à en juger par la position et par les fossiles qu'il renferme.

Les environs de Sevran, qui géologiquement font partie de la plaine d'eau douce de Saint-Denis, creusés très-profondément pour le passage du canal de l'Ourcq, nous ont permis d'observer avec soin la structure de ce sol.

A quelque distance de Sevran, le canal est creusé dans une marne argileuse jaunâtre renfermant des lits d'argile d'un gris perlé, qui contient des silex ménilites et des masses de marne calcaire compacte. Ces silex présentent deux particularités remarquables : 1°. ils sont disposés en lignes qui forment des zigzags dont les principales directions sont parallèles ; 2°. ils sont tous remplis de coquilles d'eau douce des genres limnées et planorbes. Ces coquilles ne sont pas assez bien conservées pour qu'on puisse en déterminer l'espèce.

Plus loin, à environ une lieue de Sevran, on arrive à une éminence de la plaine; on l'appelle *Butte des bois de Saint-Denis*. Elle a été coupée pour le passage du canal, et présente la succession de couches suivante : (pl. 3).

1. Terre meuble et végétale, environ . . . . 4 mètres.

2. Couche de sable jaunâtre assez pur, avec des lits de sable argileux dans sa partie supérieure 2

   Dans les lits de sables argileux supérieurs on trouve des limnées et des planorbes très-bien conservés, blancs et à peine fossiles.

3. Limon d'atterrissement très-noir, mêlé de sable jaune en lits ondulés 6

4. Lits alternatifs d'argile verte friable, de marne argileuse jaune et de marne argileuse blanche . . . . . .

Dans la partie que nous décrivons, et dans deux autres parties un peu plus éloignées, mais dont la structure est absolument semblable à celle-ci, les lits d'argile verte et ceux qui l'accompagnent s'enfoncent comme pour former un bassin qui est rempli par le limon noir et sableux. C'est dans la partie inférieure de ce limon qu'ont été trouvés les dents d'éléphans, les têtes de bœufs, d'antilopes et de cerfs d'Irlande que l'un de nous a décrites.

Il ne paroît pas possible d'attribuer cet atterrissement aux eaux qui couloient dans la vallée de la Seine; cette

vallée est beaucoup trop éloignée de ce lieu, et beaucoup trop basse par rapport à lui. Il est probablement
beaucoup plus ancien que ceux des vallées, et semble
plutôt avoir été déposé au fond de lacs, de marais ou
d'autres cavités de même espèce qui existoient alors dans
le terrain plat, mais élevé, qui constitue actuellement
la plaine Saint-Denis. La forme de ces dépôts, la nature
et la finesse des matières qui les composent, leur disposition en couches plus ou moins inclinées ou courbées,
tout concourt à appuyer cette supposition.

Nous terminons ici ce que nous avons à dire du sol
d'atterrissement des environs de Paris ; nous ne prétendons pas en avoir fait l'histoire complette. Ce sol, dont
la connoissance est très-importante à l'avancement de la
géologie, comme l'a fort bien prouvé M. de Luc, demande à être étudié avec un soin particulier, et pourroit
à lui seul occuper pendant long-temps un géologiste qui
voudroit le connoître avec détail et précision.

TROISIÈME CHAPITRE.

NIVELLEMENS ET COUPES. — *Rapports des divers terrains entre eux, et considérations générales.*

LES hauteurs relatives des différentes formations que nous venons de décrire, étoient une connoissance curieuse à acquérir, utile pour établir les lois qui ont pu régir ces formations, si jamais on parvient à les découvrir, et nécessaire pour completter l'histoire géognostique du sol des environs de Paris ; aussi avons-nous entrepris avec autant de suite et d'ardeur que les circonstances dans lesquelles nous nous trouvons ont pu nous le permettre, les observations propres à obtenir cette connoissance.

Le peu de hauteur de nos collines, et par conséquent les différences très-foibles qui peuvent exister dans le niveau des différens points d'une même couche, nous avoient fait croire que le nivellement géométrique étoit le seul moyen que nous puissions employer ; mais dans ce même temps les travaux pratiques de MM. de Humboldt, Ramond, Biot et Daubuisson ont, d'une part, tellement perfectionné les méthodes de nivellement barométrique et l'instrument lui-même, et, de l'autre, tellement simplifié les méthodes de calculer les observations, que, même dans un pays presque plat, nous avons vu qu'il y avoit un avantage immense à adopter ce moyen simple, sûr et expéditif de nivellement. Nous avons donc mesuré, à l'aide du baromètre, la hauteur de plus dĕ cinquante points aux environs de Paris; nous avons répété nos observations deux fois, même trois fois lorsqu'il nous a été possible de le faire.

Nous aurions desiré pouvoir les multiplier davantage, observer un plus grand nombre de points sur une surface plus étendue, et n'inscrire que les résultats des observations qui, répétées au moins deux fois, auroient été parfaitement d'accord entre elles; mais le temps ne nous a pas permis de donner à notre travail cette extension et ce degré de perfection. Nous ne présentons donc que comme un essai encore imparfait, quant aux petites différences de niveau, les coupes que nous donnons ici, ainsi que le tableau des hauteurs qui les précède et qui leur sert de preuve.

On ne doit regarder comme points exactement déterminés et placés, que ceux qui sont mentionnés dans le tableau qui va suivre. Toutes les lignes de jonction de ces points ont été mis, ou par supposition ou d'après d'anciennes observations dans lesquelles on ne peut avoir beaucoup de confiance. Mais on remarquera au moins que la plupart de ces points sont peu importans, tandis que ceux qui devoient donner des connoissances précises sur les hauteurs des diverses formations, tels que Montmartre, Montmorency, Bagneux, le calcaire de Sèvres, etc. ont tous été déduits de deux ou trois observations faites avec beaucoup de soin.

La vue de ces coupes et de la carte géognostique qui y est jointe, conduit nécessairement à des considérations

générales

générales sur la disposition des divers terrains que nous venons de décrire, et à une récapitulation des règles qu'elle paroît avoir constamment suivies ; elle nous amène à rechercher quel aspect ont dû présenter ces divers terrains avant d'avoir été recouverts par ceux qui se sont déposés sur eux, et par conséquent quels sont les divers changemens et révolutions probables que notre sol a dû éprouver avant de prendre la forme que nous lui connoissons.

Nous tâcherons d'être aussi réservés dans ces considérations générales que nous l'avons été dans les conséquences particulières que nous avons déjà eu occasion de tirer, et de nous défier de la propension aux hypothèses à laquelle conduit presque irrésistiblement l'étude de la structure de l'écorce de la terre.

On voit d'abord, tant par les coupes que par nos descriptions, que la surface de la craie qui constitue le fond de cette espèce de golfe ou de bassin, est très-inégale, et que les inégalités qu'elle présente ne ressemblent pas à celle de la surface du sol actuel.

Tandis que celui-ci offre de vastes plateaux tous à peu près au même niveau, des couches horizontales qui les divisent, et des vallons réguliers qui les sillonnent, la craie au contraire ne présente que des masses sans couches, des promontoires ou des îles ; et si on la suit dans les lieux plus éloignés de Paris, où elle se montre à nu et beaucoup plus élevée, on la voit former des escarpemens et des faces abruptes sur le bord des vallées, et de hautes falaises sur les rivages de la mer.

L'argile plastique et le sable qui la recouvrent ont commencé, dans quelques points, à unir ce sol raboteux, en remplissant les cavités les plus profondes et s'étendant en couches minces sur les parties élevées ; mais ce dépôt argileux s'est beaucoup trop ressenti des inégalités de la surface du sol de craie : c'est ce qui rend sa présence toujours incertaine et son extraction souvent dispendieuse, à cause des recherches infructueuses qu'on est obligé de faire. La coupe que nous donnons du sol des environs d'Abondant, près de Dreux, montre cette disposition telle qu'on peut se la figurer d'après les résultats des fouilles nombreuses qu'on a faites dans ce lieu pour en extraire l'argile qui y possède une qualité réfractaire assez rare.

La surface du sol de craie peut avoir été ou sous marine ou découverte par les eaux qui se seroient retirées pour revenir ensuite déposer le terrain de calcaire grossier. La première hypothèse est la plus simple, et par cela même doit être admise de préférence ; mais la seconde a aussi en sa faveur la séparation nette et complette qui se montre dans beaucoup de points, et peut-être partout, entre le dépôt de craie et celui de calcaire grossier.

La craie, avant d'être recouverte par le calcaire, le gypse, etc. qui se sont déposés sur sa surface, paroissoit donc devoir former un sol, une campagne dont les collines et les vallées, et par conséquent l'aspect étoit très-différent de celui de notre sol actuel ; mais voyons si cette ancienne surface a passé à la surface présente sans intermédiaire. C'est sur quoi nos coupes pourront encore nous donner quelques lumières.

On voit, tant par la carte que par ces coupes, que le fond du bassin de craie a été recouvert, en partie rempli, et ses inégalités considérablement adoucies par un dépôt de calcaire marin grossier.

Ce calcaire marin s'étendoit-il en couches horizontales dont la surface supérieure et extérieure formoit une plaine unie, sur tout le bassin de craie, en faisant disparoître entièrement toutes les inégalités de son fond, ou suivoit-il de loin ces inégalités de manière, non pas à les faire disparoître entièrement, mais seulement à les adoucir? Cette dernière supposition nous paroît la plus fondée, sans qu'on puisse cependant en donner d'autres preuves que les observations suivantes.

A mesure qu'on s'éloigne du bassin particulier au milieu duquel sont situés Paris et Montmartre, on voit non seulement les collines calcaires s'élever, mais les lits reconnoissables qui entrent dans cette formation s'élever également, comme on peut le remarquer sur la coupe de la plaine de Montrouge.

Nous savons d'ailleurs par M. Héricart de Thury que les bancs calcaires de dessous Paris vont en s'approfondissant, en s'amincissant, et même en se désagrégeant tout-à-fait à mesure qu'on s'approche de la rivière. On remarque sur la coupe n° 1, que le *banc vert*, à l'extrémité de la rue de l'Odéon, est au niveau de la rivière, tandis que ce même banc, qui suit toujours celui qu'on nomme *roche*, est à quarante mètres d'élé-

vation dans les carrières près de Bagneux. On observe
à peu près la même disposition dans les autres couches.
Le calcaire est peu élevé sur les bords de la plaine de
Grenelle, depuis Vaugirard jusqu'à Issy ; mais il s'élève
considérablement à Meudon. La. même disposition se
remarque de l'Étoile à Saint-Germain, sur la coupe n° 5.

Le calcaire grossier, en se déposant sur les parois du
bassin de craie, l'a donc recouvert d'une couche qui
paroît avoir suivi de loin les principales inégalités du
fond de ce bassin. Cette disposition n'a apporté aucun
changement dans l'ordre de succession des différens lits
qui composent cette formation ; mais elle en a apporté
de très-grands et dans leur hauteur et dans leur épaisseur
relative. Ainsi la carte et nos coupes font voir que le
calcaire grossier, très-haut à Grignon (coupe n° 3), à
Meudon et à Chantilly, va en s'abaissant vers la plaine
de Montrouge, vers celle de Colombe et sur toutes les
collines basses qui entourent la plaine de Saint-Denis.
On ne connoît pas précisément ce calcaire, ni dans cette
plaine, ni dans ses appendices étendues et coloriées en
vert sur la carte, soit parce qu'il y est trop profondément situé, soit parce qu'il a pris une nature minéralogique qui le fait méconnoître ; mais on retrouvera facilement cette formation à la place et presque au niveau
qu'elle doit occuper, si on veut la rechercher avec
quelque attention et au moyen des caractères géologiques qui lui sont propres.

On peut remarquer, non seulement aux environs de
Paris, mais dans un grand nombre d'autres lieux, que

chaque espèce de formation est séparée de celle qui la suit ou de celle qui la précède, par un lit de sable siliceux friable ou agglutiné en grès, et plus ou moins épais. Ainsi, entre la craie et le calcaire à cérites on trouve des bancs de sable très-puissans alternant avec l'argile plastique. Les lits inférieurs de ce calcaire sont souvent aussi sablonneux que calcaires. On reconnoît également à la partie supérieure du calcaire grossier ou à cérites, et par conséquent vers la fin de la formation, soit des dépôts de quartz et de silex corné assez abondans, comme à Neuilly, à Passy, à Sèvres, à Saint-Cloud, etc.; soit des bancs de grès puissans, tantôt coquilliers, comme à Triel, Ezainville, etc., tantôt et même plus souvent sans coquilles dans la plus grande partie de leur épaisseur, comme à Villiers-Adam, à la descente de Maflier, à Louvres, etc.; enfin la masse énorme de sable ou de grès qui surmonte presque partout le gypse, qui est la dernière des trois grandes formations de nos cantons, vient confirmer d'une manière bien évidente cette règle générale.

C'est par le grès marin qui forme ordinairement les derniers lits du calcaire à cérite, que se manifeste la présence de cette formation dans plusieurs points de la plaine Saint-Denis. Les lieux où nous l'avons décrit sont principalement Beauchamp près de Pierrelaye, Ezainville, le fond de la carrière dit de *la Hutte-au-Garde*, à l'ouest de Montmartre, et celui du puits de la rue de la Rochechouart, au sud de cette même colline.

Qu'on examine maintenant sur les coupes nos 1 et 2,

et qu'on compare le niveau de ces grès ou de cette partie
supérieure du calcaire marin avec celui de la plaine
Saint-Denis, et on verra que si cette plaine et ses dé-
pendances paroissent assez basses quand on les parcourt, c'est à cause des buttes de gypse qui y sont
placées et qui les dominent ; mais en examinant sur nos
coupes la véritable position de ces grès, on voit qu'ils
sont très-élevés au-dessus du sol d'atterrissement, tous
à peu près au même niveau, et que ce niveau est à
peu de chose près celui du calcaire marin de Saint-
Maurice près Vincennes, de la plaine de Grenelle
un peu au-dessus de Vaugirard, de la partie la plus
basse de la plaine de Montrouge, de Neuilly, et de
toutes les couches calcaires qui avoisinent la plaine
Saint-Denis.

Les coquilles marines trouvées au fond du puits de
la rue de la Rochechouart paroissent faire une exception à cette règle par leur position beaucoup inférieure
à celle de toutes les autres ; mais il faut observer que
ce lieu est très-près du lit de la Seine, et par conséquent
de la partie la plus basse de la vallée : ce qui s'accorde
avec ce que nous avons dit plus haut sur la manière
dont les couches calcaires paroissent avoir suivi la forme
du bassin de craie. Ainsi on peut dire que si les cons-
tructeurs ne reconnoissent pas de pierre calcaire proprement dite dans la plaine Saint-Denis, la formation
de ce calcaire marin n'existe pas moins dans cette plaine
pour le géologue, et qu'elle n'y est recouverte que par
un dépôt souvent très-mince de terrain d'eau douce.

Ces réflexions, que doit faire naître nécessairement
l'étude de nos coupes, nous porte à croire que le calcaire marin ne formoit pas aux environs de Paris une
plaine unie d'un niveau à peu près égal partout; mais
qu'après avoir été déposé, et avant qu'aucune cause
subséquente ait pu en sillonner la surface, il présentoit
déjà des vallées et des collines; les premières peu profondes, les autres peu élevées, et suivant les unes et
les autres, tout en les adoucissant, les inégalités du sol
de craie. Telle a dû être la surface du second sol des
environs de Paris avant que la troisième formation soit
venue s'y déposer, et avant que les eaux ou d'autres
causes que nous ne pouvons assigner, aient creusé des
vallées qui n'étoient pour ainsi dire qu'ébauchées.

Le terrain qui est venu recouvrir le calcaire marin
ne renferme plus de productions marines; il ne présente
au contraire que des débris d'animaux et de végétaux
semblables à ceux que nous voyons vivre actuellement
dans l'eau douce. La conséquence naturelle de cette
observation, c'est que la mer, après avoir déposé ces
couches de calcaire marin, a quitté ce sol qui a été
recouvert par des masses d'eau douce variables dans
leur étendue et dans leur profondeur. Ces amas d'eau
douce ont déposé sur leur fond, d'abord du calcaire,
tantôt pur, tantôt siliceux, renfermant de nombreux
débris des coquilles qu'elles nourrissoient, ensuite des
bancs puissans de gypse alternant avec des lits d'argile.

L'inspection des coupes semble indiquer que ces dépôts ont été plus épais dans les parties où le calcaire

marin étoit plus profondément situé, et plus minces
sur les plateaux élevés de ce calcaire. Mais, quoique
les couches de gypse d'un même bassin soient à peu
près au même niveau, comme on peut le voir sur les
coupes n°. 1 et 2, de Bagneux à Montmorency, on y
voit aussi: 1°. qu'elles sont un peu plus relevées sur les
bords du bassin dont Bagneux et Clamart faisoient très-
probablement partie, et un peu plus basses, mais beaucoup plus épaisses dans le milieu de ce bassin, c'est-à-
dire dans le lieu où sont situés Montmartre, Sanois, etc.
2°. que ces couches de gypse ne se continuoient pas
horizontalement d'une colline à l'autre, lorsque l'espace qui les séparoit étoit considérable, mais qu'elles
suivoient encore à peu près les inégalités du fond sur
lesquelles elles se déposoient. Ainsi la coupe n° 2 nous
fait voir le gypse de Saint-Brice, à l'extrémité orientale
de la colline de Montmorency, un peu plus bas que
dans le milieu de cette colline ; celui du nord de Montmartre, à Clignancourt, est sensiblement plus bas que
dans le centre de cette montagne, et cette inclinaison
est même tellement forte dans certains points, qu'elle
a forcé les couches de se rompre et de se séparer, comme
on l'observe dans la carrière de Clignancourt.

Il paroît que la formation de calcaire inférieur formoit, au lieu dit *la Hutte-au-Garde*, une sorte de protubérance. (1) Aussi les couches de gypse appliquées ici

---

(1) Cette protubérance du calcaire marin fait probablement partie d'une
colline intérieure de calcaire qui entoure Paris au nord, qui forme le plateau

immédiatement

immédiatement sur le calcaire marin, sont-elles plus hautes que les couches correspondantes dans le corps de la montagne. Nous avons indiqué par une ligne ponctuée la forme que nos nivellemens permettent d'attribuer à cette protubérance.

Le gypse porté à Clamart sur une masse puissante de calcaire marin, est dans une position très-élevée; mais en continuant d'aller au sud, et en descendant dans la vallée de l'Yvette, ce calcaire marin, probablement très-profond, disparoît entièrement, et on voit le gypse, les huîtres et toutes les parties de la formation gypseuse s'abaisser vers cette vallée ou vers le milieu de ce second bassin.

Il paroît donc que la surface de la formation gypseuse proprement dite avoit aussi des collines et des vallées qui lui étoient propres; que ces inégalités avoient quelques rapports avec celles du sol inférieur, mais qu'elles étoient encore plus adoucies que celles du calcaire grossier. Ainsi nous ne pensons pas qu'il régnât de Montmartre à Montmorency, d'une part, et de Montmartre à Bagneux, d'une autre part, une couche de gypse parfaitement horizontale et continue; mais il paroît, autant qu'on peut en juger par les témoins qui restent, que cette couche s'abaissoit et s'amincissoit vers

---

qu'on remarque à la partie supérieure des rues de Clichy, de la Rochechouart, du Faubourg Saint-Denis, du Faubourg du Temple, etc., et qui semble lier le calcaire de Passy avec celui de Saint-Maurice.

les vallées de la Seine et de Montmorency, et présentoit déjà l'ébauche de ces vallées.

Enfin, une nappe de sable siliceux d'une immense
étendue et d'une grande puissance, a recouvert tout le
sol gypseux. Les productions marines évidentes, nombreuses et variées qui se trouvent dessous et dessus
cette masse de sable, nous obligent d'admettre qu'elle
a été déposée par une eau analogue à celle de la mer.
Ce dernier dépôt se formant sur un sol déjà assez uni,
a fini par niveler presque complettement le terrain. C'est
ce que prouvent les nombreux témoins qui restent de
ce sol, et qu'on voit sur nos coupes presque tous au
même niveau. L'épaisseur considérable de ce sol, le
peu d'adhérence de ses parties, et les faces abruptes
qu'il présente sur le bord de presque tous les plateaux
et collines, son absence totale des vallées qui séparent
ces collines, sont des faits qui ne nous permettent pas
de supposer que cette couche de sable ait été déposée
partiellement sur chaque sommet ou plateau, ni que
les vallées qui la sillonnent actuellement existassent au
moment où elle s'est formée. Ces observations faciles
à faire, évidentes, nombreuses, nous forcent donc d'admettre qu'à l'époque où les eaux qui ont amené cette
nappe de sable se sont retirées, le sol des environs de
Paris, maintenant si agréablement varié par ses coteaux,
ses plaines et ses vallons, présentoit une plaine sablonneuse immense, parfaitement unie ou du moins foiblement creusée dans les parties où sont actuellement nos
vallées les plus grandes et les plus profondes.

Telle doit avoir été la surface du troisième sol des environs de Paris, de celui qui a précédé immédiatement le sol actuel.

Ce sol uni a été modifié ensuite par des causes dont nous ne pouvons nous faire aucune idée satisfaisante ; il a été coupé dans presque tous les sens par de nombreuses et belles vallées.

On a proposé, pour expliquer la formation des vallées des pays primitifs et secondaires, deux principales hypothèses qui ne peuvent s'appliquer ni l'une ni l'autre, à la formation de nos vallées.

La première, qui est en grande partie due à M. de Luc, explique d'une manière fort spécieuse la formation, de la plupart des vallées des pays primitifs. Elle consiste à admettre des affaissemens longitudinaux de terrain. Dans cette supposition les faces des coteaux doivent présenter des couches inclinées, et le fond des vallons être de même nature au-dessous de l'atterrissement que le sommet au moins d'un des coteaux voisins. Mais nous devons faire remarquer de nouveau, 1°. que les couches conservent sur le bord des coteaux leur horizontalité et leur régularité, et 2°. qu'aucune de nos vallées ne présente sur son fond un sol semblable à celui des collines qui les bordent. Ainsi la plaine de Grenelle, celle du Point du-Jour, le fond de la Seine à Sèvres, qui devroient être composés au moins de calcaire grossier, si on suppose que les terrains de sables et de gypses supérieurs ont été enlevés ou dissous par les eaux, offre la craie qui fait la base de ces terrains, et elle est

32 *

simplement recouverte de quelques mètres d'atterrissement.

La seconde et ceci est le   la plus généralement admise, parce qu'elle paroît très-naturelle et très-convenable à la théorie des vallées des terrains secondaires. On suppose que des courans puissans, dont nos rivières et nos ruisseaux sont les foibles restes, ont creusé les divers terrains qui constituent notre sol, en entraînant dans la mer les parties qui remplissoient ces immenses et nombreuses vallées. Certains faits paroissent assez bien s'accorder avec cette supposition : telles sont les faces abruptes des coteaux qui bordent les grandes vallées, et qui sont toujours placées vis-à-vis de vastes atterrissemens ; les sillons ou érosions longitudinales que présentent à une hauteur assez grande, et à peu près au même niveau, les faces abruptes de certaines vallées. Sans rappeler les objections générales qu'on a faites contre cette hypothèse, et en nous bornant aux seules objections qui résultent de l'observation de nos terrains, nous demanderons quel énorme volume d'eau ne faut-il pas admettre pour qu'il ait pu entraîner les matières souvent tenaces et même dures qui constituoient les portions de couches qui manquent ; et comment est-il possible qu'une pareille masse ait agi longitudinalement dans un espace étroit, sans enlever les terrains meubles et friables qui bordent ces vallées, et en laissant à ces terrains des pentes très-rapides et même des faces abruptes ? Puis, passant par-dessus cette objection, nous demanderons avec M. de Luc ce que sont devenues toutes

ces matières, ces masses de calcaire presque compacte,
de grès, de meulières qui entrent dans la composition
de nos couches, et cette énorme quantité de sable siliceux et friable, de marnes et d'argile qui lient ces matières ; car il n'est point resté dans nos vallées la dix-
millième partie de ces déblais immenses. Les atterrissemens qui en recouvrent le fond ne sont ni très-abondans
ni de même nature que les plateaux qui les bordent.
Ces atterrissemens sont presque toujours, à l'exception de
ceux des grandes rivières, des vases fermes et argileuses,
et des tourbes. D'ailleurs la pente de ces vallées est si
peu rapide, que la Seine, qui remplit la plus grande
d'entr'elle du volume d'eau le plus puissant, n'a pas
la force de déranger, dans ses plus grands débordemens,
une pierre de la grosseur de la tête. Enfin, et cette objection est la plus forte, on trouve de temps en temps
des élargissemens qui ne paroissent renfermer ni plus
ni de plus gros déblais que le reste de la vallée, et qui
sont même quelquefois occupés par des lacs ou amas
d'eau que les déblais de la partie supérieure de la vallée
auroit dû nécessairement combler. L'inspection de la
carte présentera une quantité considérable de marais,
d'étangs et même de petits lacs dans les vallées les plus
profondes et les plus circonscrites. Il faut donc encore
se borner en géologie à l'observation des faits, puisque
l'hypothèse qui paroît la plus simple et la plus naturelle
est sujette à des objections jusqu'à présent insolubles.

Le plateau sableux est, comme nous l'avons dit, assez
rarement à nu ; il est recouvert presque partout d'un

lit de terrain d'eau douce quelquefois très-mince, mais
quelquefois épais de plusieurs mètres. Ce dernier lit
n'ayant pas beaucoup changé l'aspect du sol, nous
en faisons abstraction ; il nous suffira de faire remarquer qu'on ne le trouve ni sur le sommet de Montmartre
ni sur celui de la butte d'Orgemont. Le sommet de ces
collines beaucoup plus basses que les autres, semble
avoir été emporté, et avec lui le terrain d'eau douce qui
le terminoit ; peut-être aussi ce terrain n'y a-t-il jamais
été déposé, car il est possible qu'il n'ait été formé que
sur des plateaux d'une assez grande étendue pour avoir
pu conserver, après la retraite des eaux marines, des
marres d'eau douce : tels sont ceux de la Beauce, de
Meudon, de Montmorency, de Mesnil-Montant, de
Fontainebleau, etc.

Le défaut de parallélisme entre les surfaces supérieures
des trois principales sortes de terrains qui constituent
les environs de Paris, savoir, la craie, le calcaire marin
grossier et le gypse avec les sables qui le surmontent,
doit donc faire supposer que ces terrains ont été déposés
d'une manière tout-à-fait distincte et à des temps nettement séparés les uns des autres ; car ce défaut de parallélisme est un des caractères essentiels, suivant
M. Werner, de la distinction des formations. La forme
actuelle de la surface de notre sol nous force d'admettre
qu'elle a été modifiée par des causes sur la nature desquelles nous n'avons aucune notion précise, mais qui
doivent avoir eu une grande puissance, puisqu'elles l'ont
entamé jusque dans le milieu des bancs de calcaire,

comme on peut l'observer dans un grand nombre de points de la vallée de la Seine. Il paroît que ces causes ont agi principalement du sud-est au nord-ouest ; ce que nous indique l'alignement assez frappant de toutes les buttes et collines principales dont les sommets sont restés comme autant de témoins et de cette direction de la cause qui les a entamés, et du niveau à peu près le même partout du dernier dépôt.

Cette dernière cause est aussi celle qui a le plus éloigné la forme de la surface du sol actuel des environs de Paris, de celle qu'elle devoit avoir lorsque la craie en formoit le terrain le plus superficiel. Il régnoit alors une immense vallée entre le coteau de craie qui s'étend depuis le dessous de la plaine de Montrouge jusqu'à Meudon et Bougival, et celui qui reparoît au nord à Beaumont-sur-Oise.

C'est dans ce même lieu, et à la place de cette large et profonde vallée, que nous voyons maintenant les buttes, les collines et les plateaux de Montmartre, de Sanois, de Montmorency, etc. qui sont les points les plus élevés de nos cantons. On peut donc dire que si les surfaces des différens sols qui ont été déposés, depuis la craie jusqu'au sable, ont conservé quelque empreinte de celui sur lequel ils se sont comme moulés, il n'y a plus entre la forme de ce premier terrain et celle du sol actuel la moindre ressemblance. Si nous poussons plus loin la recherche curieuse des différences de cet ancien sol et du nôtre, sans toutefois nous écarter de la règle des analogies, et en nous permettant seulement de supposer que la mer a laissé quelque temps la craie à nu, nous devons nous figurer, à la place de nos fertiles campagnes de la Beauce, de la plaine Saint-Denis, de Gonesse, etc., de larges et blanches vallées de craie stériles comme celles de la Champagne, et conservant cette stérilité jusqu'au moment où des marais d'eau douce sont venus déposer les marnes calcaires et siliceuses susceptibles de se désaggréger, de nourrir des végétaux et d'être habités par les paléothériums et les autres quadrupèdes dont nous voyons les débris dans le terrain gypseux qui paroît avoir presque comblé ces marais ou ces lacs.

Nous devons nous arrêter ici. Ces tableaux de ce qu'a dû être notre ancien sol plaisent trop à l'imagination ; ils nous conduiroient malgré nous à violer la loi que nous nous sommes imposée de ne décrire que des faits.

TABLEAUX

TABLEAUX

*Des hauteurs mesurées aux environs de Paris, et qui
ont servi à dresser les diverses coupes et profils de
ce canton.*

OBSERVATIONS PRÉLIMINAIRES.

L'INCERTITUDE où l'on est sur l'élévation précise de
l'observatoire au dessus du niveau de l'Océan et l'inu-
tilité dont cette mesure étoit pour l'objet de notre travail,
nous a décidés à prendre pour base de toutes nos hauteurs le zéro du pont de la Tournelle. C'est le point d'où
est parti M. Girard, ingénieur en chef des ponts et
chaussées pour faire le nivellement détaillé de Paris ; ce
nivellement, qui a été fait avec la plus grande exactitude, nous a donné plusieurs points importans dans
l'intérieur même de Paris, et nous a servi à comparer,
dans ces cas, nos observations barométriques avec des
observations géométriques très-précises. Nous y avons
trouvé, comme on va le voir, une correspondance qui
a dû nous donner de la confiance dans celles que nous
n'avons pu contrôler par ce moyen.

Mais, quoique nous donnions nos hauteurs au-dessus
du zéro du pont de la Tournelle, nous avons voulu ce-

pendant, 1°. pouvoir nous servir de mesures publiées avant nous, et qui donnent les hauteurs au-dessus du niveau de l'Océan; 2°. indiquer les moyens de ramener toutes nos mesures à cette base commune et probablement invariable. Nous avons fait cette réduction d'après les données suivantes :

	Au-dessus de o du Pont de la Tournelle.	Au-dessus de l'Océan dans la Manche.
La cuvette du baromètre de l'observatoire est de 73 mètres au dessus du niveau de l'Océan, d'après M. Ramond, qui a pris une moyenne entre les observations de MM. Capron, Delambre et Biot, observations qui donnent des résultats très-différens, ci	. . . .	73
La cuvette du baromètre de l'observatoire est à 40 mètres au dessus de zéro du pont de la Tournelle, d'après les données suivantes :		
Seuil de la porte nord de l'observatoire au dessus du zéro du pont de la Tournelle, d'après le nivellement de M. Girard 33.2		
Salle des baromètres au-dessus du seuil de la porte nord, d'après les mesures de M. Mathieu . . 5.6		
Cuvette du baromètre au-dessus du plancher . . 0.8		
Total 39.6		
En négligeant les décimètres, ci	40	
En ôtant cette somme de celle qui donne l'élévation de la cuvette du baromètre de l'observatoire au dessus de l'Océan, on a 33 mètres pour l'élévation présumée de zéro du pont de la Tournelle au dessus de l'Océan, ci.	. . . .	33
Nous ramènerons donc au zéro du pont de la Tournelle les résultats publiés avant notre travail, et qui donnent les hauteurs au-dessus de l'Océan, en soustrayant 33 mètres de ces résultats.		

	Au dessus de o du Pont de la Tournelle.	Au dessus de l'Océan dans la Manche.

M. Daubuisson ayant donné la hauteur de quelques points des environs de Paris, prise à l'aide du baromètre, nous avons dû les faire entrer dans notre travail. Il a fallu pour les ramener à notre point de départ, soustraire de ses résultats 4o au lieu de 33, parce que M. Daubuisson a calculé la hauteur de la cuvette du baromètre de l'observatoire, d'après les données suivantes :

Hauteur des moyennes eaux de la Seine au-dessus de l'Océan, d'après Capron. 34

Hauteur de la cuvette des baromètres de l'observatoire au-dessus des moyennes eaux de la Seine, d'après Picard. 46

Hauteur de la cuvette du baromètre de l'observatoire au-dessus de l'Océan 8o

On voit que la différence de ce résultat avec le nôtre, vient de ce que M. Daubuisson a pris les données de Picard, tandis que nous avons cru convenable de prendre celles de M. Girard, plus nouvelles et plus précises, quant au point de départ.

Quand il y a plusieurs hauteurs indiquées pour le même point, celle qui a été employée dans nos coupes est marquée d'une astérisque *.

LIEUX.	AUTORITÉS.	Au dessus du o du Pont de la Tournelle.
		mèt.
Divers Lieux dans Paris pouvant servir de point de départ.		
L'OBSERVATOIRE.		
Seuil de la porte du nord.. . .	Girard , nivellement de Paris.	33.
La cuvette du baromètre.. . .	Mathieu.	40.
Hauteur totale de l'Observatoire 26.85.	Mathieu.	
Le parapet de la plateforme , (en négligeant les décimètres).	*Idem*..	60.
Le fond des caves.. . : . . .	Mathieu , Hericard de Thury.	5.3
Le sol du Panthéon..	Girard , nivellem. de Paris. .	31.
Le pavé en face Notre-Dame.. . .	*Idem*..	9.
Ligne N. Q. N. O. de Paris à la forêt de MONTMORENCY. Coupe n°. 2.		
Le sol d'atterrissement dans Paris, à la Bourse de la rue Vivienne.	Girard , nivellement	10.2
La porte Saint-Martin.	*Idem*	9.2
L'abattoire de la rue de la Rochechouart , bord du puits oriental	Girard , nivellement. . . .	* 38.2
	Nos observ. barom.	37.6
Les limnées dans ce puits. . .	Coupe de M. Belanger. . .	15.4
Barrière de Clichy.	Girard	32.
MONTMARTRE.		
Sommet au sol de la porte du cimetière.	Daubuisson , observ. barom.	110.
	Girard , nivellement. . . .	* 105.
	Nos observ. barom.	103.

LIEUX.	AUTORITÉS.	Au dessue de o du Pont de la Tournelle.
		met.
Plateau de la pyramide.. • • •	Lalande , Connoissance des Temps.	88.
	Nivel. de M. Desmarest fils, en partant du sommet, 12^m ($105 - 12 = 93$) ci. . .	93.
	Nos observ. barom.	91.
Le banc d'huîtres au S. O. . .	Nivell. de M. Desmarest fils, en partant du sommet, 26^m. ($105 - 26 = 79$). .	79.
	Nos observ. barom. du 24 avril 1810	73.
	Idem du 16 mars 1811. . .	* 77.
Epaisseur moyenne des diverses parties principales qui recouvrent la 1ere masse à la carrière aux huîtres, à Montmartre.		
Du sommet au banc d'huître, épaisseur du sable . . . . 28.		
Des huîtres aux coquilles marines variées 3.2		
De ces coquilles aux marnes vertes. 1.7		
Epaisseur des marnes vertes. 4.		
Des marnes vertes au lit de cythérées. 0.3		
Du lit de cythérées au sommet de la 1ere masse . . 14.		
TOTAL 51.2		
Sommet de la 1ere masse de gypse. . Carrière du midi, *dite* de l'Abbaye.	Nos observ. barom.	63.

LIEUX.	AUTORITÉS.	Au dessus de o du Pont de la Tournelle.
		mèt.
Carrière du midi, un peu vers l'Ouest.	Nos observ. barom.	* 62.
Carrière de l'Ouest, *dite* la carrière aux huîtres.	Par soustraction de l'épaisseur totale ci-dessus, (105 — 51 = 54) ci . . .	* 54.
	Nos observat. barom. du 24 août 1810	53.
	Idem du 16 mars 1811. . . .	55.
Carrière du Nord à Clignancourt.	Nos observat. baromètr. . .	47.
Carrière de l'Est	Nos obs. barom. du 24 avril 1810.	60.
Fond de la 1re masse.	*Idem* du 16 mars 1811. . . .	60.
Carrière de l'Ouest attenant à la carrière aux huîtres	Nos observ. baromètr. . . .	36.
Carrière du Nord à Clignancourt.	Nos obs. barom. du 24 avril. .	27.
	Idem du 16 mars.	* 31.
Carrière de l'Est.	Nos obs. barom. du 24 avril. .	34.
	Idem du 16 mars	* 38.
Sommet de la seconde masse à la carrière de l'Ouest.	Nos obser. barom.	36.
Fond de la seconde masse au même lieu.	Mesuré au cordeau	27.
Sommet de la troisième masse à la carrière de la hutte au garde au N. O.	Mesuré au cordeau, en partant du fond (8m.) . . .	38.
Fond de la troisième masse au même lieu.	Nos observ. barom.	30.
Saint-Ouen. Sommet du terrain d'eau douce.	Nos observ. barom.	18.
Bord de la Seine.	*Idem.* (mais au dessous du o).	— 4.

LIEUX.	AUTORITÉS.	Au dessus de o du Pont de la Tournelle.
		mèt.
Plaine Saint-Denis.	Niveau moyen, d'après Girard.	24.
Butte d'Orgemont.		
Sommet de la butte, au moulin.	Nos observ. barom.	101.
Marnes vertes.	*Idem.*	92.?
Sommet du gypse	*Idem.*	52.
Sanois. Sommet de la colline, aux trois moulins.	Cotte.	141.
	Nos observ. barométr.	* 144.
MONTMORENCY.		
Sol de l'église.	Cotte.	* 82.
	Schukburg.	81.
Saint-Leu. Sommet du gypse . . .	Nos observ. barom.	60.
	Idem du 16 mars 1810. . .	* 63.
Moulignon. Sommet du gypse . . .	Nos observ. barom.	65.
Saint-Prix. Le village, qui est au niveau du sommet des marnes du gypse.	Nos obser. bar. . . 1er obs. .	91.
	Idem. . . . . . 2e obs. .	* 92.
	Idem du 26 août 1810. . .	97.
Colline de Montmorency. Sommet du plateau sableux au dessus de Saint-Prix.	Nos observ. barom.	150.
Au dessus de Saint-Leu. . . .	Nos observ. barem.	* 155.
	Idem du 26 août .	151.
Au moulin des Champeaux. . .	Cotte	141.
Sommet du gypse à Saint-Brice, extrémité orientale de la colline.	Nos observ. barom.	56.
Beauchamp près Pierre-Laye, à l'Est de la ligne.		
Grès marin du calcaire. . . .	Nos observat. barom.	42.
Terrain d'eau douce qui le couvre.	*Idem.*	44.

LIEUX.	AUTORITÉS.	Au dessus du 0 du Pont de la Tournelle.
		mèt.
Ligne du Sud. de Paris à Longju-meau. Coupe n°. 1.		
Le calcaire sous Paris.		
Le banc vert au bout de la rue de l'Odéon.	Héricart-de-Thury	2.
Le banc vert dans les caves de l'Observatoire.	Idem.	4.3
Le calcaire dans la plaine de Mont-rouge.		
Ouverture du puits de la carrière du petit Montrouge.	Nos observ. barométr . . .	39.
Le banc vert dans cette carrière.	Rapport des ouvriers. . . .	17.
Carrière de Gentilly. La terre végétale.	Nos observ. barom.	50.
La roche.	Mesurée au cordeau.	38.
L'argile plastique	Mesurée au cordeau	23.
Ouverture du puits de la carrière de Châtillon, n°. 42	Nos observ. barom.	65.
La masse de roche dans cette carrière.	Rapport des ouvriers. . . .	44.
Ouverture du puits de la carrière la plus voisine du chemin de Bagneux.	Obs. bar. de M. Daubuisson.	61.
Le gypse.		
Bagneux. Ouverture du puits de la carrière à plâtre du sieur Joulin.	{ M. Daubuisson.	85.
	Nos obser. barom. du 26 mars 1811.	* 82.
Fond de la masse de gypse dans cette carrière.	Deux rapports des ouvriers à un an d'intervalle.	55.

LIEUX.	AUTORITÉS.	Au dessus du o du Pont de la Tournelle.
		mètres.
Clamart. Ouverture du puits de la carrière à plâtre.. . . .	M. Daubuisson..	99.
	Nos obser. barom. du 10 mars 1810.	* 95.
Fond de la masse de gypse dans cette carrière.. . . .	Mesurée au cordeau	65.
Sceaux. Rez-de-chaussée de la maison de M. Defrance. 1 à 2 mètres au dessus du banc d'huître.	Nos observ. barom. du 24 septembre 1809.	67.
Le banc d'huître.	*Idem* du 26 mars 1811. . .	* 66.
Antony. Ouverture du puits de la carrière à plâtre.	Nos obs. bar. du 22 mars 1810.	52.
	Idem du 26 mars 1811. . . .	* 53.
	Nos observ. bar. du 22 mai..	23.
Fond de la masse qui a 6 mètres.	*Idem* du 26 mars	* 27.
	Rapport des ouvriers (80 pieds).	27.
Longjumeau. Le banc de sable d'eau douce..	Nos observ. barom.	75.
Le banc d'huître.	Nos observ. barom. du 24 septembre 1809.	52.
	Nos observ. barom. du 3 juillet 1810.	* 58.
La Bièvre à Bièvre. . :	D'après Perronet et les données de Deparcieux (116 pieds au dessus de N. D.).	53.
L'Yvette au moulin de Vosgien..	D'après Deparcieux (83 pieds 9 pouc. au dessus de N. D)	43.
Au moulin de Longjumeau .	*Idem* (44 pieds au dessus de N. D.)	3o.

LIEUX.	AUTORITÉS.	Au dessus du o du Pont de la Tournelle.
		mètres.
Ligne du S. E. Q. E. de Paris à l'étang de Trappes. Coupe n°. 3.		
L'angle Est de l'Ecole Militaire au niveau du sol..	Girard, nivellem. de Paris. .	11.
La craie au fond du puits de l'École militaire. (29 mètres au dessous du bord).	D'après M. Hazon, architecte.	— 18.
Vaugirard.		
Ouverture d'un puits à argile. .	Nos observ. barom.	23.
Le calcaire dans ce puits.. . .	Rapport des ouvriers. . . .	21.
L'argile plastique *dite* première ou fausse glaise.	*Idem.*	12à10.
Seconde glaise.	. . . .	o
La Seine à Sèvres. Eaux moyennes .	{ Picard, 8 pieds plus basse qu'à Paris.	— 2.
	J. d. min. n°. 119.. . . .	— 3.
MEUDON.		
L'atterrissement au bas des moulineaux.	Notre nivellem. géom. . . .	4.
La craie au plus haut point...	*Idem.*	23.
L'argile plastique au jour. . .	*Idem.*	33.
Le sommet du calcaire dans la même carrière.	*Idem.*	63.
Le sommet du calcaire au dessus de la Verrerie.	Nos observ. barom.	59.
Le plateau sableux de Meudon, au rez-de-chaussée du Château.	Daubuisson, observ. barom..	161.
SÈVRES.		
Le sommet du calcaire dans le parc de la Manufacture de porcelaine.	Notre nivellem. barométr...	67.

LIEUX.	AUTORITÉS.	Au dessus du 0 du Pont de la Tournelle.
		mèt.
Le sommet du calcaire au haut du vallon de Sèvres.	Notre nivellem. barométr. .	69.
Le sommet du plateau sableux, au lieu dit *Le trou pouilleux*, près Ville-d'Avray.	Daubuisson.	147.
Le sommet du plateau sableux, au butard.	Nos observ. barom. . . .	140.
Le pied de la lanterne dans le parc de Saint-Cloud.	Daubuisson.	80.
VERSAILLES.		
Le rez-de-chaussée du château de Versailles.	D'après les données de Picard.	141.
Le sommet de la montagne de Roquencourt, entre Bailly et Marly.	Notes communiquées par M. Coquebert.	152.
Le sommet de la colline de Sataury	D'après Picard.	152.
L'étang de Trappes	*Idem.*	127.
GRIGNON.		
Sommet du banc friable à coquilles variées.	Nos observ. barom. moyenne de 3 observat.	79.

Ligne du N. O. de Paris à Saint-Germain. Coupe n°. 5.

L'Étoile. Barrière de Neuilly. . . .	Girard, nivellem.	* 31.
	Daubuisson, observ. barom. .	38.
	Nos observ. barom. du 26 avril 1810.	30.
Passy. Sommet du calcaire	Nos obs. barom.	30.

34 *

LIEUX.	AUTORITÉS.	Au dessus du o du Pont de la Tournelle.
		mèt.
Bois de Boulogne. Rond des Victoires	Nos observ. barom.	28.
Porte des Princes.	*Idem.*	14.
Plaine des Sablons près la porte Maillot.	Daubuisson , observ. barom. .	18.
Carrière de calçaire à Neuilly. . . .	*Idem.*	18.
Plateau de la croix de Courbevoye. .	*Idem.*	49.
MONT-VALÉRIEN. Sommet.	Daubuisson, observ. barom. .	141.
	Nos obs. bar. du 26 mai 1810.	* 136.
Marnes vertes.	*Idem.*	78.
Sommet du gypse.	*Idem.*	48.
Plateau de la croix du roi. . .	Daubuisson.	66.
Le moulin sur le plateau au dessus de Ruelle.	Nos observ. barom.	63.
Saint Germain. Sommet du plateau.	Lalande. Connoissance des Temps.	63.
Bougival. Sommet de la craie. . . .	Nos observ. barom.	65.
Lieux plus éloignés qui peuvent être rapportés à cette ligne. Coupe n°. 5.		
Liancourt près Chaumont. Sommet du calcaire.	Nos observat. barom. . . .	98.
Gisors. Argile plastique immédiatement sur la craie au Mont-Ouin	*Idem.*	65.
Sommet du calcaire au Mont-Ouin.	*Idem.*	111.

LIEUX.	AUTORITES.	Au dessus du o du Pont de la Tournelle.
		mèt.
Ligne E. Q. S. E. de Paris au château de Cœuilly, et points qui peuvent y être rapportés. Coupe n°. 4.		
Plateau de Romainville, Belleville, etc.		
Bas du côteau près le bassin de la Villette	Daubuisson, observ. barom.	36.
Bord du bassin de la Villette. .	Girard, nivellem. de Paris.	26.
Sommet de coteau en face du bassin de la Villette. . . .	Daubuisson.	82.
Au pied du télégraphe.	*Idem.*	110.
Plaine Saint-Denis, au carrefour près de Pantin.	Girard, nivellement.	24.
Saint-Maurice, près Vincenne.		
Plateau du bois de Vincenne à la demi-lune.	Nos observ. barométr. . . .	42.
Champigny. Sommet du calcaire siliceux	Nos observ. barom.	50.
Plateau de sable et de la formation d'eau douce sur la route à l'alignement du château de Cœuilly.	Nos observ. barométr. . . .	78.
Butte du griffon près de Villeneuve-Saint-Georges.	Notes communiquées par M. Coquebert.	97.

EXPLICATION

DES COUPES ET DES FIGURES.

Nous donnons cinq coupes de terrains qui partent en divergent de l'église de Notre-Dame, considérée comme le centre de Paris et qui suivent des directions très-différentes. Elles présentent toutes les formations de terrains décrites dans notre essai. Elles se rapportent aux cinq lignes tracées sur notre carte, et qui portent à leur extrémité les mêmes numéros que les coupes.

Les lieux placés sur les coupes, mais qui ne se trouvent pas sur la coupe principale y ont été rapportés par une projection perpendiculaire, et y ont été placés à la véritable distance où ils sont de Paris. Les différens lieux situés les uns au devant des autres sont distingués par des traits plus pâles ou plus foncés, suivant qu'ils sont en arrière ou en avant de la ligne principale.

Il a fallu, afin de pouvoir rendre sensibles la position et la puissance des diverses formations et leurs subdivisions, prendre une échelle de hauteur beaucoup plus grande que celle des longueurs. La première est à la seconde à peu près dans le rapport de 35 à 1. Il en est résulté que nos plateaux semblent avoir des pentes très-roides et presque escarpées, et que nos buttes ressemblent à des pics ou à des aiguilles. C'est un inconvénient, mais on ne pouvoit l'éviter sans tomber dans l'inconvénient beaucoup plus grand, ou de ne pouvoir placer dans les collines les divers terrains qui les composent ou de donner à ces coupes une longueur démesurée et absolument inutile à notre objet.

La ligne de niveau la plus inférieure, celle sur laquelle est placée l'échelle des longueurs indique le niveau présumé de la mer. La seconde ligne, beaucoup plus foible, est celle du niveau du o du pont de la Tournelle. Nous avons rapporté sur cette ligne et dans leur position, par rapport à la ligne de coupe, les noms des lieux traversés par cette ligne, ou de ceux qui y sont rapportés.

Les coupes spéciales de divers lieux, placées à l'extrémité des grandes coupes dans les places vides qu'elles laissoient, n'ont aucun rapport avec ces coupes, ni pour la position ni pour l'échelle, Grignon seul excepté.

Pl. I. Fig. 1.   Cette coupe idéale et générale représente la position de tous les terrains des environs de Paris supposés réunis dans une même colline, avec la manière dont ils sont figurés sur les coupes, et avec les couleurs qui peuvent servir à les distinguer et qui ont été employées à cet usage sur la carte.

Fig. 2.   Coupe, n°. 1, de Longjumeau à Paris.

a. Plateau de Palaiseau.
b. Bois pétrifié en silex.
x. Silex compacte, jaspoïde et coquilles d'eau douce.
m. Marne argilleuse rouge.
g. Blocs de grès.
s. Sable.

Coupe n°. 2, de Paris au plateau de la forêt de Montmorency.

B Les détails placés ici indiquent la disposition générale et le niveau du terrain d'eau douce,

du grès marin , du gres sans coquille et du calcaire à Feauchamp, près de Pierrelaye au sud
de la colline de Montmorency, à Ezainville et
à Moiselle au nord de cette même colline et près
de Mafliers , lorsqu'on descend de ce plateau
dans la vallée de l'Oise près de Beaumont. La
hauteur du grès est celle qui a été observée à
Beauchamp.

Fig. 3.   Coupe de Grignon. On a été obligé de la séparer , parce qu'elle eût allongé la coupe n°. 3,
sans nécessité; mais elle est faite suivant l'échelle
des coupes. L'argile, le sable et la craie y sont
placés par supposition. On ne les voit pas à Grignon précisément.

Fig. 4.   Coupe, n°. 3, de Grignon à Paris.
Le terrain d'eau douce de la Beauce est dans
quelques parties de l'épaisseur indiquée ici.
Les lignes ponctuées qui vont des crayères de
Meudon à la vallée de Saint-Nom , indiquent la
pente de la vallée de Sèvres, montant vers le col
où est situé le château de Versailles et celle de
la vallée de Saint-Nom., descendant de ce col
jusqu'à la Maudre. La pente de cette dernière
est mise par supposition, ainsi que la hauteur
des diverses formations qui y sont indiquées.

Fig. 5.   Coupe de la forêt de Fontainebleau et de ses
environs.
On a réuni dans cette coupe les divers terrains
qui constituent le sol de la forêt de Fontainebleau
et de ses environs. Elle n'a.aucun rapport ni pour

la position ni pour les hauteurs avec la coupe
n°. 4, à laquelle elle est accolée.

A. Calcaire et sable d'eau douce avec de nombreuses coquilles. (Bouron , etc.)

B. Marne argilleuse et sablonneuse.

C. Grès en bancs et en blocs écroulés , et sable sans coquilles.
C'. Cristaux rhomboïdaux de grès calcaires de Belle-Croix.
C''. Rocher détaché d'un banc de grès, et dont la surface de
cassure se rapporte à celle de ce banc (au lieu dit *le
Long Rocher.*)

D. Marne argilleuse et sélénite, représentant la formation
gypseuse (Vaux le Penil, Basses-Loges, Melun au ruis-
seau de Nangis , etc.)

E. Calcaire siliceux sans coquilles , tenant la place du calcaire
marin grossier.

F. Sable et argile plastique (Moret, butte de la pyramide , etc.)

G. Craie (Montreau, Nemours , etc.)

Fig. 6. Coupe , n°. 5 , de Saint-Germain à Paris.
Le plateau de carrières-Saint-Denis est mis
par supposition.

A. Les détails de la carrière de Neuilly indiqués
ici, sont sur une échelle plus grande que le reste
de cette coupe. Ils se rapportent à la description
donnée, pag. 121, note 2.

B. Coupe particulière du terrain des environs de
Chaumont et de Gisors, lieux eloignés de 65 et de
35 kilom. au N.-O. et l'O. de Paris. Elle est sur
l'échelle des coupes.

Fig. 7.   Coupe du calcaire marin dans la plaine de la Marre - Saulx - Marchais, à l'ouest du bois de Beyne, décrit pag. 130.

N°*. 9. Terre végétale et cérites.

    8. Sable calcaire et prodigieuse quantité de cérites.

    7. Calcaire friable, avec des morceaux irréguliers durs, saillans, et quelques coquilles mal conservées.

    6. Calcaire sableux et immensité de coquilles variées.

    5. Calcaire sableux et moins de coquilles.

    4. Calcaire sableux, chlorite granulée et immensité de coquilles.

    3. Terre argilo-sableuse rouge et coquilles différentes des précédentes, turritelles, vénéricardes, etc.

    2. Terre argilo-sableuse rouge, pas une coquille.

    1. Craie.

Fig. 8   Coupe de la descente du plateau calcaire à Maflier, près Beaumont-sur-Oise, décrite p. 84.

N°*. 1. Calcaire d'eau douce en fragmens.

    2. Marne d'eau douce en feuillets horizontaux.

    3. Petit lit de calcaire marin à coquilles brisées.

    4. Sable sans coquilles.

    5. Grès sans coquilles.

    6. Calcaire dur mais sableux, renfermant des cérites.

    7. Calcaire marin tendre, dit *lambourde*, renfermant un petit lit d'huitre. h.

    8. Sable calcaire rougeàtre mêlé de chlorite.

    9. Gros grains de quartz noir et rognons durs de calcaire spathique mêlé de chlorite.

    10. Craie.

Fig. 9.   Position présumée de l'argile plastique sur la craie dans la plaine d'Abondant, à l'est de la forêt de Dreux, pag. 65.

Fig. 10. Tranchée du canal de l'Ourcq, dans la butte des bois de Saint-Denis, forêt de Bondy, au delà de Sevran ; lieu où l'on a trouvé les os d'éléphant, d'antilope, etc.

a. Terre végétale. 3 à 4 mètres dans quelques endroits qui ont été des fonds de marais.

b. Argile sableuse et sable jaune pur, contenant dans sa partie supérieure des limnées et des planorbes à peine fossiles.... environ 2 mètres.

c. Limon d'atterrissement noir et veiné de sable jaune..... environ 6 mètres.

C'est dans la partie inférieure de ce limon qu'on a trouvé les os fossiles d'éléphant et d'antilopes.

d. Argiles verte et jaune, alternant.

e. Marne argileuse blanche, renfermant des ménilites qui contiennent des coquilles d'eau douce fossiles et des gyrogonites.

Fig. 11. Disposition du gypse dans la carrière de Clignancourt, au nord de Montmartre.

A. Marnes du gypse.
B. Bancs du gypse de la première masse.
C. Déblais.
D. Terre végétale et déblais de marne.

Pl. II.   Divers corps organisés fossiles des couches marines des environs de Paris.

Fig. 1,   A, B, C, D, E, F, G empreintes de feuilles et de végétaux des lits supérieurs du calcaire marin grossier (mentionnés, pag. 22 et 126.).

35 *

Fig. 2.   Turbinolite (genre formé d'une division des caryophyllites *Lam.* première grandeur, n°. 1, (indiquee par erreur, *fig.* 1 , pag. 81)de Lalléry, près Chaumont, etc.

Réunion des lames grossie.

B. Face latérale d'une des lames de l'intérieur.

Fig. 3.   Turbinolite, deuxième grandeur, ou n° 2, de Grignon.

Fig. 4.   Turbilonite applatie ou n°. 3 , de Grignon.

Fig. 5.   Fungite de Meudon (pag. 23.)

A. dessus — B. dessous.

Fig. 6.   Empreinte d'un corps articulé semblable à une plante, de Grignon. (pag. 24.)

Fig. 7.   Cythérée bombée, n°. 1. des marnes supérieures du gypse.

A.   Coquille — B. Moule intérieur.

C. D. Cythérée bombée sur la Marne.

S.   Spirorbe sur la même Marne.

Fig. 8.   Cythérée plane, n°. 2.
(Mentionnée, pag. 41 et 155. A ce dernier endroit les numéros appliqués à chaque espèce ont été transposés par erreur d'une espèce à d'autre).

Fig. 9.   Lunulites. LAM. de Chaumont et Grignon
(mentionnés, pag. 95.)

A. Détail des pores.

a. Petit grain de quartz transparent qui se
trouve constamment à la partie supérieure de
ce corps marin. Il paroît que c'est le point d'appui à l'entour duquel la base du polypier a commencé à croître, car on le trouve sur les plus
petits lunulites, qui sont plats et n'ont encore
que 3 à 4 rangées de pores.

Fig. 10.   Amphitoïte parisienne. Corps marin dont les
empreintes se trouvent sur les marnes inférieures
du gypse à la hutte-au-garde au N. O. de Montmartre et sur les pierres calcaires de la plaine de
Montrouge . etc.

A. Tige rameuse.

B. Partie de la tige faisant voir les cils qui la gar-
nissent.

Décrit et figuré par M. Desmarest fils. (Nouveau Bulletin des Sciences, tom. II, pl. 2,
n°. 44).

C'est par erreur qu'il est indiqué *Fig.* 9, à la
pag. 165.

LA CARTE GÉOGNOSTIQUE.

CETTE carte embrasse, dans quelques directions, plus
de terrain que nous n'en avons visité ; mais nous avons

voulu la mener jusqu'au bassin de craie à l'ouest, qui y a été marqué d'après les observations de M. Desmarest, membre de l'Institut, répétées dernièrement par M. son fils.

Notre carte a été dressée pour la partie géographique, sur celles de Cassini, sur la carte des chasses, sur celle de la Grive et de dom-Coutans. Nous avons dû supprimer tout ce qui auroit pu la charger de détails inutiles à notre objet ; nous n'y avons placé que les communes, et parmi les hameaux, nous n'avons mis que ceux qui désignent quelques points importans, comme Grignon, Beauchamp, etc.

Les lignes ponctuées indiquent nos routes, c'est-à-dire les terrains que nous avons connus par nos propres observations. Les espaces intormédiaires ont été déterminés, ou d'après des renseignemens pris sur les lieux auprès des architectes et des exploitans de carrières, ou d'après ceux des savans qui, dans divers temps, ont parcouru ces contrées.

Les parties laissées en blanc et qui ne sont pas le sol d'atterrissement des rivières, sont celles sur lesquelles nous n'avons pas eu de renseignemens précis. Nous n'avons pas jugé convenable d'enluminer le sol d'atterrissement moderne, il est partout le même, et cela auroit surchargé la carte de couleurs et de travail inutiles.

F I N.

ADDITIONS ET CORRECTIONS

A FAIRE

AUX TOMES II, III ET IV DE CET OUVRAGE.

TOME SECOND.

REMARQUES PRÉLIMINAIRES.

Page 7, lignes 28 et 29, *au lieu de* inconnue, *lisez* méconnue.

Ibid. page 9 . ligne 19 . *au lieu de* il en a réellement ; trois les latéraux, *lisez* il en a réellement trois ; les latéraux, etc.

Ibid. p. 10, lig. 9, au lieu de *anoplotheriums*, lisez *chevaux*.

OSTÉOLOGIE DU DAMAN.

Page 4, lig. 2, *au lieu de* elle est, *lisez* est-elle ; *et ajoutez à la fin de la période* le ?

OSTÉOLOGIE DU RHINOCÉROS.

Page 3. On y suppose que l'individu dont on y donne l'ostéologie est le même qui a été vu par Meckel et Pierre Camper.

Celui qu'a vu Meckel a été décrit par Daubenton, tom. XI, in-4°., de l'*Histoire naturelle*. Il étoit différent du nôtre, qui a été vu par Camper, et dont Buffon a parlé dans les Supplémens.

I.

Ossemens fossiles de Rhinocéros.

Page 1. Ajoutez aux morceaux de rhinocéros dont parle Grew, les deux dents trouvées en septembre 1668, avec des os, à *Chartham*, village à trois milles de Cantorbéry, à dix-sept pieds de profondeur. *Trans. phil.*, tome XXII, n° 272, juillet 1701.

Ibid. page 2. Ajoutez à ce qui est dit des os trouvés près de Herzberg, que l'on vient de trouver à une lieue de cet endroit, entre Osterode et Dorst, un autre amas d'ossemens de rhinocéros, d'éléphans et d'hyènes. M. Blumenbach les décrit dans son deuxième *Specimen Archœologiœ telluris*. Voyez les *Annonces littéraires de Gottingue*, 1808, n° 88.

Ibid. page 3. Aux os de Sibérie ajoutez :

Le cabinet du Conseil des Mines possède une tête inférieure de l'humérus, rapportée des bords du Volga par M. Macquart.

Ibid. page 4. Aux os de Canstadt ajoutez :

On conserve encore au cabinet de Stuttgard plusieurs autres dents, des fragmens de mâchoire, une portion de bassin, et des vertèbres.

Les prétendues dents de géant déterrées au faubourg de Vienne nommé *Rossau*, en juin 1723, dans des ruines, et représentées par Bruckmann, *Epist. Itinerar. XII*, étoient de rhinocéros.

Ibid. Aux os de rhinocéros trouvés en France, ajoutez :

M. *Traullé* vient de présenter à l'Institut une portion de mâchoire inférieure, contenant trois dents, trouvée dans les sables des flancs de la vallée de la Somme, près d'Abbeville.

Ibid. page 5. Aux os de rhinocéros trouvés en Lombardie ajoutez les suivans :

M. Faujas m'a communiqué le dessin d'un fragment de mâchoire trouvé au bord du Pô, et déposé au cabinet de M. Isimbardi.

M. Cortesi, de Plaisance, en a trouvé une tête entière sur le monte Pulgnasco, département du Taro ; il l'a décrite dans sa dissertation *Sulle Ossa fossili di grandi Animali*, et l'a représentée pl. III. On peut l'observer à Milan, ainsi que les os d'éléphant, de baleine et de dauphin trouvés dans le même lieu, au cabinet établi récemment près du Conseil des Mines, par S. A. I. le Vice-Roi d'Italie.

Depuis, M. Cortesi a encore découvert une mâchoire inférieure bien complète, que j'ai vue chez lui, à Plaisance, en 1810.

Ces morceaux, sur lesquels je reviendrai dans mon Supplément, paroissent appartenir à une deuxième espèce, différente de celle de Sibérie.

On trouve cependant aussi cette dernière en Lombardie. M. l'abbé Ranzani, professeur d'histoire naturelle à Bologne, a pris la peine de dégager de la pierre le morceau que Monti avoit considéré comme une tête de morse, et a reconnu que c'est l'extrémité antérieure de la mâchoire du rhinocéros fossile de Sibérie.

Ibid. page 5. Aux portions de rhinocéros du val d'Arno ajoutez :

Les os de rhinocéros, moins communs dans le val d'Arno que ceux d'éléphans et d'hippopotames, y sont cependant encore assez nombreux.

Le Muséum impérial de Florence en possède deux portions de mâchoire.

M. Targioni Tozzetti en a dans son cabinet plusieurs mâchoires inférieures, dont quelques-unes, assez complètes, paroissent appartenir à la même espèce que celles de M. Cortesi. M. Targioni a même bien voulu en adresser deux morceaux à notre Muséum.

Il y en a aussi des portions dans le cabinet de l'Académie du val d'Arno, à Figline.

Ostéologie de l'Hippopotame.

Page 5. Ajoutez aux figures antiques de l'hippopotame celles que cite M. Schneider, dans son appendix à la *Synonymie des Poissons d'Artedi*, et aux figures modernes celle de *Ludolph. Æthiop.*, lib. I, cap. II, n° 1, qui est originale, et assez bonne.

Ajoutez également aux descriptions antiques de cet animal celle d'Achille Tatius, lib. IV, et aux modernes celle de Gylius, à la suite de sa description de l'éléphant ; *Hambourg*, 1614. L'une et l'autre sont rapportées par M. Schneider, dans le même ouvrage. La dernière est fort bonne pour le temps.

Enfin il s'en trouve encore une dans la *Description de l'Egypte* d'Abdallatif, traduite par M. Sylvestre de Sacy, p. 145, fort exacte pour un auteur arabe qui n'étoit pas naturaliste de profession. Abdallatif dit positivement que l'hippopotame est nommé par quelques-uns *cochon de rivière*.

Ibid. page 10. J'ai pensé depuis que, dans le passage cité de Marsden, sur l'existence de l'hippopotame à Sumatra (*Histoire de Sumatra*, trad. franç., 1788, page 10), il ne s'agit que du dugong, désigné quelquefois par les Hollandais sous le nom de *vache marine*, que l'hippopotame porte aussi dans quelques voyageurs.

Depuis que j'ai terminé ce Mémoire, j'ai dessiné à Leyde, dans le beau cabinet de M. Brugmans, les os des extrémités antérieures et postérieures d'un hippopotame d'âge moyen; ils ne diffèrent pas beaucoup des dessins pris du fœtus. Je les donnerai dans mon Supplément.

OSSEMENS FOSSILES D'HIPPOPOTAME.

Page 8, ligne 9, ajoutez : une dent pétrifiée, toute semblable à celles d'Aldrovande, et provenant par conséquent aussi de l'hippopotame, est représentée dans le *Museum Beslerianum*, sous le nom de *dens molaris lapideus*.

Ibid. page 15, ajoutez :

Le val d'Arno est en effet de tous les pays du monde celui où l'on a déterré le plus d'ossemens d'hippopotame.

L'*Académie vald'arnaise*, qui prend un soin particulier de recueillir les os fossiles de cette contrée, possédoit déjà, il y a deux ans, lorsque je passai à *Figline*, presque toutes les parties du squelette de cet animal. J'y ai vu, décrit et dessiné des portions considérables de mâchoires supérieures et inférieures, des omoplates, des humérus, un os innominé, des fémurs, des tibias, la plupart des os du carpe et du tarse,

des défenses, dont quelques-unes énormes, des dents mâchelières, etc. Je donnerai les plus beaux de ces morceaux dans
mon Supplément. L'Académie a bien voulu m'en céder
quelques-uns, que j'ai déposés au Muséum d'Histoire naturelle.

Outre les morceaux que j'ai publiés du Muséum impérial
de Florence, j'y ai encore observé quatre dents.

Il y en a une dans le cabinet de l'Académie de Pise.

M. Targioni Tozzetti a quatre portions de defense, deux
mâchelières, et une portion d'humérus.

Le cabinet de l'Institut de Bologne possède la tête inférieure d'un fémur.

Ibid. Ajoutez encore Paris aux lieux où l'on a trouvé
l'hippopotame fossile. Une défense de cet animal a été déterrée dans la plaine de Grenelle, au mois d'avril 1811. Elle
est au Muséum d'Histoire naturelle.

Ibid. page 24. Ajoutez :

La gangue de ces os de petit hippopotame, examinée par
M. Brongniart, s'est trouvée composée de plus des deux tiers
de chaux carbonatée, jointe à du sable et un peu d'argile.

SUR LES ÉLÉPHANS VIVANS ET FOSSILES.

Je pourrois faire à ce chapitre des additions immenses,
si je voulois rapporter tous les os fossiles d'éléphant dont j'ai
eu connoissance depuis sa rédaction. Je me bornerai aux
principaux.

Page 11.

Le nombre de ceux que l'on trouve en Italie est vraiment
prodigieux.

L'*Académie vald'arnaise* établie à Figline en a recueilli, dans les environs de ce village, plusieurs centaines, dont elle a rempli deux chambres. Ils sont si communs dans les collines terreuses qui bordent le val d'Arno supérieur, que les paysans les employoient autrefois pêle-mêle avec des pierres à la construction des petits murs qui ceignent leurs propriétés. Aujourd'hui qu'ils en connoissent la valeur, ils les vendent aux voyageurs ; et j'en ai acquis de très-grands, que j'ai déposés au Muséum.

Il en existoit déjà beaucoup à l'abbaye de Valombrose.

Le cabinet de Florence, celui de Pise, ceux de tous les amateurs de ce pays en contiennent en quantité, dont j'indiquerai plus bas ceux qui ont de l'intérêt pour la détermination de l'animal.

Le cabinet du Collége romain, à Rome, en contient aussi beaucoup des environs de cette ville, nommément de Monte-Verde ; et j'en ai rapporté un fragment de mâchoire du même lieu.

Page 14. Espagne.

Il y a au cabinet de Madrid de l'ivoire et des os d'éléphant trouvés dans les fondations du pont du Manzanarès.

Proust, Lettre à Lametherie, *Journal de Physique*, mars 1806.

M. Duméril en a observé dans le même cabinet, qui viennent des excavations du pont de Tolède.

Page 18. France.

Il y a à Genève, dans le cabinet de M. de Saussure, une défense d'éléphant trouvée près de cette ville.

Page 19. M. Mosneron, ancien député au corps législatif,

m'a donné une tête de fémur qu'il a trouvée au pied des Pyrénées. Je l'ai déposée au Muséum d'Histoire naturelle.

Page 20. M. Pazumot trouva en juillet 1773, dans l'Yonne même, une molaire pétrifiée. *Journ. de Phys.*, III, p. 417.

Ibid. M. Petit-Radel, professeur à la Faculté de Médecine, a dans son cabinet une grande mâchelière trouvée à Ville-Bertin, près Paris, dans un banc de gravier.

Ibid. On a déterré encore plusieurs fragmens d'éléphant dans les fouilles du canal de l'Ourcq, entre autres une tête d'humérus qui indique un éléphant de quinze à seize pieds, et une défense longue de plus de quatre.

Page 22. M. *Traullé*, correspondant de l'Institut, à Abbeville, possède une mâchelière déterrée sur les bords de la Somme, à quinze pieds de profondeur.

Ibid. Buchoz, dans sa première centurie de planches enluminées et non enluminées, etc., décade III, planche X, folio 1, représente une dent d'éléphant pétrifiée, trouvée aux environs de *Diculovard*, entre Pont-à-Mousson et Nancy; et, décade VI, pl. V, fol. 2, une molaire trouvée aux environs de Pont-à-Mousson, ayant plus de dix pouces de longueur.

Page 24. Il y a aussi de ces os dans plusieurs des vallées de la Suisse qui aboutissent au Rhin.

L'histoire du géant déterré auprès de *Lucerne*, en 1577, est presque aussi célèbre que celle du prétendu *Teutobochus*. Ses os se trouvèrent sous un chêne que le vent avoit déraciné auprès du cloître de *Reyden*. Le célèbre *Félix Plater*, professeur de médecine à Bâle, étant venu à Lucerne sept ans après, les examina, et déclara qu'ils ne pouvoient venir que d'un homme d'une énorme taille. Le Conseil de Lucerne les lui ayant même envoyés à Bâle, il fit dessiner un squelette humain de la grandeur qu'il croyoit qu'avoit eue celui dont ces os provenoient, et qu'il portoit à dix-neuf pieds, et le renvoya à Lucerne avec les os. On y conserve encore les os et le dessin dans l'ancien collége des jésuites; et les Lucernois firent même de ce géant le support des armes de leur ville. Cependant M. Blumenbach, qui les a vus récemment, les a reconnus pour des os d'éléphant.

Magasin de Voigt pour la physique et l'histoire naturelle, tome V, pag. 16 et suiv.

Ibid. Tout nouvellement (en 1807) on a trouvé une mâchelière et quelques os à *Gertweiler*, près de *Barr*, à sept lieues de Strasbourg, au pied des montagnes, à trois pieds de profondeur dans le gravier qui forme le fond de la plaine d'Alsace.

Il y en a eu aussi des fragmens déterrés près d'Haguenau. (*Lettres de M. Hammer.*)

Page 26. Le *Moniteur* du 16 avril 1809 rapporte que l'on avoit trouvé, trois semaines auparavant, dans une prairie voisine de Wesel, que le Rhin avoit inondée, une mâchelière pétrifiée, du poids de trois livres quatorze onces; et que, dans le district d'Ober-Betuwe, à l'endroit où la digue de Loenen avoit été rompue, il s'étoit découvert un os de la hanche, de trois pieds et demi de longueur.

Page 27. Hollande.

On conserve au cabinet commencé par le Roi, et placé au palais impérial d'Amsterdam, une autre moitié de bassin, mise à découvert par la dernière irruption de la Meuse dans le Bommeler – Waard. J'en donnerai la figure dans mon Supplément.

Ib. page 37. On lit dans le *Journal de l'Empire*, 26 déc. 1807, un article daté de Francfort, portant qu'on a découvert à Neustaedtel en Hongrie, en creusant la terre à quelque profondeur, plusieurs parties d'un squelette d'un éléphant, bien conservées.

Ib. page 38. Aux os d'Osterode.

On y avoit déjà déterré de ces os en 1724, selon M. Blumenbach, qui cite le fait d'après un Mémoire manuscrit.

Il paroît y en avoir dans tout le pourtour de Hartz.

On en trouva en 1663, près Herzberg, selon Scheffer (*Voyage au Hartz*, dans la Collect. de Grundig.), et en 1748, près de Mauderode, dans le comté de Hohenstein. Tout récemment, en 1803, on en a découvert près Steigerthal, dans le même comté, selon Feder. (*Magasin d'Hanovre*.)

M. Blumenbach, qui me fournit les faits précédens, a décrit lui-même une trouvaille encore plus récente, faite en 1808, au pied du Hartz, à une lieue de l'endroit où furent déterrés les os de rhinocéros décrits par Hollmann. Les os étoient à deux pieds sous terre, dans une couche marneuse. Il y avoit quatre mâchelières d'éléphans; et une mâchoire inférieure presque complète d'hyène. (*Nouv. littér. de Gottingue*, 2 juin 1808.)

Page 31. Saxe.

Au mois de juin 1809, on a trouvé des os d'éléphans près de Zellendorf, petit village à deux lieues de la ville de Sayda, qui est elle-même à trois milles de Wittemberg, dans un enfoncement à côté d'un petit lac , où les habitans creusoient pour avoir de la marne, et où l'on en avoit déjà trouvé il y a plus de trente ans.

Ils étoient dans du gravier recouvert d'une couche mince d'argile ferrugineuse, d'un pied de marne calcaire, de trois pieds de gravier , d'un pied de terre végétale. Deux mâchelières, pesant ensemble dix livres et demie , et quelques fragmens sont dans le cabinet de M. Langguth , professeur à Wittemberg. (*Feuille d'Avis de Wittemberg*, n° 25 de 1809.)

Page 39. La Bohême a beaucoup d'os d'éléphans, selon M. Jean *Mayer*, qui en représente une mâchelière trouvée avec d'autres, et avec des os, près de Podiebrad , en 1782. Il possédoit un morceau d'ivoire de Kostelez our l'Elbe , et un autre très-considérable mis à découvert par ce fleuve en 1771, entre Melnik et Liboch. Il rapporte aussi que le cabinet impérial de Prague a une défense presque entière des environs de Libeschiz. Enfin il assure qu'il connoît plusieurs autres morceaux, et que les historiens de Bohême font mention de beaucoup de découvertes d'os remarquables par leur grandeur , faites le plus souvent lorsque des rivières emportoient quelques parties de leurs rives. (*Mémoires d'une Société privée de Bohême*, tome VI, page 260, pl. III.)

Page 41. On a découvert au mois d'août 1803 , près de Harwich , un grand squelette. La relation lui suppose trente pieds de long ; mais les os s'étant brisés quand on voulut y toucher , il y a apparence que cette mesure n'a pas été prise immédiatement. Une dent, portée à Colchester , pesoit, dit-on , vingt hectogrammes ; une autre, qui fut brisée, quarante-cinq. (FORTIA D'URBAN, *Considérations sur l'Origine et l'Histoire ancienne du Globe*). *Paris*, 1807, page 188.

DES ÉLÉPHANS CONSERVÉS AVEC LEUR CHAIR.

Page 48. Rien n'est plus étonnant en ce genre que le fait rapporté par M. Adams, adjoint de l'Académie de Pétersbourg, dans le *Supplément au Journal du Nord*, n° XXX.

En 1799, un pêcheur tonguse remarque, au milieu des glaçons, un bloc informe qu'il ne put reconnoître. L'année d'après il s'aperçut que cette masse étoit plus dégagée des glaçons ; mais il ne savoit encore ce que ce pouvoit être. Vers la fin de l'été suivant, le flanc tout entier de l'animal et une des défenses étoient distinctement sortis des glaçons. Ce ne fut que la cinquième année que, les glaces ayant fondu plus vite, cette masse énorme vint s'échouer à la côte, sur un banc de sable. Au mois de mars 1804, le pêcheur enleva les défenses, qu'il vendit pour une valeur de 50 roubles ; on fit à cette occasion un dessin de l'animal, dont j'ai en ce moment une copie sous les yeux. Ce ne fut que deux ans après la septième année de la découverte que M. Adams observa cet animal encore au même lieu, mais fort mutilé ; les jakutes du voisinage en avoient dépecé les chairs pour en nourrir leurs chiens ; les bêtes féroces en avoient aussi mangé : cependant le squelette se trouvoit encore entier, à l'exception d'un pied de devant. L'épine du dos, une omoplate, le bassin, et les restes des trois extrémités, étoient encore réunis par les ligamens et par une portion de la peau. L'omoplate manquante se retrouva à quelque distance. La tête étoit couverte d'une peau sèche ; une des oreilles, bien conservée, étoit garnie d'une touffe de crin : on distinguoit encore la prunelle de l'œil ; le cerveau se trouvoit encore dans le crâne, mais desséché ; la lèvre inférieure avoit été rongée, et la supérieure détruite laissoit voir les dents. C'étoit un mâle, avec une longue crinière au cou. Ce qui restoit de la peau étoit si lourd, que dix personnes eurent beaucoup de peine à la transporter.

On retira plus de trente livres pesant de poil et de crins, que les ours blancs avoient enfoncés dans le sol humide en dévorant les chairs.

Nous avons au Muséum d'Histoire naturelle quelques mèches de poils de cet individu, données à cet établissement par M. Targe, censeur du lycée Charlemagne. Ce poil est de trois sortes : des crins épais, roides, noirs, longs d'un pied et plus ; d'autres crins roussâtres plus menus, et une laine grossière rousse, qui garnit la racine des longs poils. Elle prouve, à n'en pas douter, que ces éléphans fossiles étoient des animaux de pays froids, et qu'ils n'habitoient point la zone torride.

Il est bien évident aussi que le cadavre en question a été saisi par la glace au moment même où il est mort.

M. Adams, qui a mis le plus grand soin à recueillir tout le squelette, se propose d'en décrire avec exactitude l'ostéologie ; nous ne pouvons que désirer ardemment qu'il exécute son projet. En attendant j'ai lieu de croire, d'après le dessin que j'ai sous les yeux, que les alvéoles devoient avoir la même longueur proportionnelle que dans les autres éléphans fossiles, dont on a les crânes entiers.

Os d'Éléphans fossiles trouvés en Amérique.

Page 57. M. Jefferson, ex-président des Etats-Unis, a envoyé à l'Institut, avec une superbe collection d'os et de dents de mastodonte, plusieurs dents molaires de véritable éléphant fossile, trouvées aux mêmes lieux. Elles sont déposées au Muséum d'Histoire naturelle. J'en ai vu en outre une fort belle, des bords du Mississipi, achetée à la Nouvelle-Orléans par M. Martel, ancien consul de France à la Louisiane.

Caractères distinctifs du crane de l'Éléphant fossile.

Page 120. J'ai trouvé le caractère de la longueur des alvéoles des défenses, et celui du parallélisme des molaires, confirmés dans la portion considérable de crâne déjà représentée dans la Dissertation du docteur Mesny, médecin de la cour de Toscane, imprimée à Florence, sans date, in-8., 47 pages et une planche. Ce beau morceau, dont je donnerai de nouveaux dessins, est aujourd'hui dans le cabinet qui a appartenu à feu Fontana; et, quoique déterré dans le val d'Arno, il présente les mêmes caractères spécifiques que les crânes de Sibérie.

Caractères tirés de la machoire inférieure.

Page 121. Il paroît que, dans quelques individus, et c'est le cas de celui qu'a décrit Mesny, la partie inférieure des alvéoles s'écartoit un peu, et qu'alors la mâchoire inférieure conservoit sa pointe. Telle est celle que décrit M. Nesti, *Annales du Muséum d'Hist. natur. de Florence*, tom. I, pl. I.

CARACTÈRE TIRÉ DE LA TÊTE INFÉRIEURE DU FÉMUR.

Page 128. Plus de douze fémurs d'éléphans fossiles, que j'ai vus dans divers cabinets de l'Europe, m'ont tous présenté le caractère de l'étroitesse de la fosse entre les condyles.

J'ai eu occasion aussi de dessiner et de décrire les os des pieds, qui me manquoient quand j'ai publié mon Mémoire; je les donnerai dans mon Supplément, quoiqu'ils ne fournissent pas des caractères bien marqués.

CHAPITRE DU GRAND MASTODONTE.

Feu M. A. C. Bonn, jeune homme plein d'espérance, et fils du célèbre professeur d'Amsterdam, a publié une Dissertation étendue sur cet animal, accompagnée d'une très-belle gravure du squelette de M. Peale, d'après un dessin fait à Philadelphie par M. Rembrand-Peale.

Dans la superbe collection d'os de mastodontes de différens âges, donnée par M. Jefferson à l'Institut, et déposée au Muséum d'Histoire naturelle, on doit surtout remarquer une demi-mâchoire inférieure d'un jeune individu, contenant ensemble deux dents, l'une derrière l'autre, chacune à six pointes, dont l'antérieure usée; la postérieure encore toute fraîche. En avant de l'antérieure est un reste de petit alvéole, et en arrière de la postérieure une portion de loge qui devoit contenir un très-grand germe.

Cette mâchoire doit faire modifier un peu l'idée que j'ai donnée, page 23, de la succession des dents dans le grand mastodonte.

J'en donnerai une figure, ainsi que des autres os que l'on voit encore dans cette collection, et dont je n'avois pas pu donner de description suffisamment détaillée.

Chapitre des divers mastodontes.

Page 3. J'ai négligé, en rédigeant ce chapitre, un renseignement fort intéressant. Ildefonse *Kennedy* a décrit en 1785, dans les *Nouveaux Mémoires de l'Académie de Bavière*, tome IV, page 1, trois portions de dents de mastodonte à dents étroites, trouvées, le 6 avril 1762, près de Reichenberg en Basse-Bavière, par des paysans qui tiroient du sable d'une colline pour raccommoder la grande route, à trente pieds au-dessous du sommet. Il y joint un fémur mutilé, et une portion antérieure de mâchoire, déterrés au même lieu, ainsi qu'un fragment de dent de la même espèce, trouvé, en 1773, auprès de Furth, autre lieu de la Basse-Bavière.

Page 10. M. l'abbé Amoretti a publié dans les Mémoires de l'Institut italien, sur la dent de la rochetta, une lettre à M. le sénateur archevêque de Turin, où il fait aussi mention de celles de l'Université de Padoue, et de M. Dario. Il ajoute qu'il en a vu une à Vienne, chez le baron Joseph de Brudern, laquelle venoit des terres de ce gentilhomme, en Hongrie, et que le Muséum impérial de Vienne en possède une demi-mâchoire inférieure, déterrée en Moravie.

Page 11. Il paroît que la dent de petit mastodonte de Montabusard est la même qui avoit déjà été gravée dans les *Mémoires de Guettard*, tome VI, 10° Mém., pl. VII, fig. 4.

La portion de mâchoire inférieure du même lieu, de ma planche III, fig. 12, qui avoit aussi été gravée par Guettard, loc. cit., fig. 5 et 6, me paroît précisément le bout antérieur de la mâchoire de la même espèce. Elle porte la dent antérieure qui avoit quatre pointes, mais où les deux de derrière sont déjà confondues.

Page 18. Les coquilles de Montabusard sont toutes de terre ou d'eau douce, ainsi que s'en est assuré M. Bigot de Morogues, savant naturaliste, d'Orléans.

Il y a dans ce lieu des dents de mastodonte à dents étroites, en même temps que de petit mastodonte; car Guettard représente une mâchelière de la première espèce, venue de Montabusard. (*Mémoires*, tome VI, 10° Mém., pl. VII, fig. 2.

Le mastodonte à dents étroites paroît fort commun en Italie. Outre les morceaux que je cite à son article, j'en ai vu encore un grand nombre dans mon dernier Voyage en ce pays-là.

M. Georges Santi, professeur à Pise, m'en a donné des dents, trouvées dans le Siennois, et que j'ai déposées au Muséum d'Histoire naturelle. M. Santi en a placé lui-même deux au cabinet de son Académie. J'en ai aussi rapporté de Rome.

M. Baldovinetti, prévôt du chapitre de Livourne, en possède deux mâchelières à douze paires de pointe, de 0,248 de longueur, trouvées dans le val d'Arno inférieur : ce sont les plus belles que j'aie encore vues.

TOME III.

Je ne puis entrer ici dans le détail de tous les os de nos platrières, que j'ai reçus même depuis la rédaction du septième Mémoire de ce volume, et que je reçois encore journellement. Ils feront partie de mon Supplément. Qu'il me suffise de dire ici que, jusqu'à ce jour, ils complètent mes résultats sans les contrarier.

Je dirai seulement un mot sur l'état où les os se trouvent dans nos carrières à plâtre.

Ils y sont entiers, ou cassés, selon le plus ou moins de résistance qu'ils ont opposée à la pression des couches qui ont pesé sur eux. Ainsi les os du carpe et du tarse, dont l'intérieur est solide, se trouvent généralement entiers, à moins qu'ils n'aient été mutilés avant l'incrustation.

Les fémurs, les tibias, et autres os longs et creux, surtout ceux des grandes espèces, n'ont guère d'entier que leurs extrémités, qui sont solides; mais le milieu de leur corps, qui est creux, a généralement été écrasé.

Les têtes sont aussi généralement écrasées et comprimées, ou bien il ne s'en trouve que la moitié.

Pour les squelettes il y a une autre règle. Ceux des très-petits animaux sont presque toujours entiers, c'est-à-dire, qu'ils ont les côtes et souvent les membres des deux côtés.

Ceux des animaux de grandeur moyenne n'ont que les côtes d'un seul côté.

Les très-grands sont presque toujours désunis.

La raison de cela paroît venir du temps qu'il falloit pour déposer une épaisseur suffisante de plâtre.

Il s'en déposoit assez pour incruster un petit animal, avant que ses tendons fussent pourris et ses os détachés.

Quand l'animal étoit un peu grand, et couché sur le côté, les côtes superieures avoient le temps de se détacher pendant que les inférieures s'incrustoient, etc.

Les os ne sont presque jamais usés, ni roulés; ce qui prouve qu'ils n'ont pas été apportés de loin.

Quelquefois ils étoient fracturés; d'autres fois évidemment rongés, mâchés avant l'incrustation; ce qui prouve que des animaux carnassiers se nourrissoient des chairs de nos herbivores, soit en les attaquant vivans, soit en dévorant leurs cadavres.

Ces os ne sont point pétrifiés, mais simplement fossiles; et, après tant de siècles, ils ont encore conservé une partie de leur substance animale.

M. Vauquelin a donné une ébauche de leur analyse; il y a trouvé :

Phosphate de chaux. . . . . 0,65.

Sulfate de chaux. . . . . 0,18.

Carbonate de chaux. . . . . 0,07.

et a remarqué qu'ils contiennent encore de la gélatine, puisqu'ils noircissent par l'action du feu.

Au Mémoire sur les carnassiers fossiles de nos environs, j'ajouterai que j'ai reçu depuis peu une mâchoire supérieure d'une espèce du genre *canis*, beaucoup plus grande que celle dont je fais mention dans ce Mémoire; et, au Mémoire sur les reptiles fossiles, j'ajouterai que l'on vient de m'apporter un fémur du genre du crocodile.

TOME IV.

CHAPITRE DES RUMINANS FOSSILES.

Art. de l'ELAN D'IRLANDE.

On conserve de belles têtes de cet animal dans les cabinets des Universités de Turin et de Pavie, et dans celui du Collége romain. Il se pourroit qu'on en eût trouvé quelques-unes en Lombardie.

Art. des BŒUFS FOSSILES.

Page 57, ligne 6, au lieu de *Kew*, lisez *Kerr*.

Page 28. Je me suis encore assuré de l'identité d'espèce de l'arni et du buffle dans le cabinet de M. Camper, où il y a un crâne d'arni, dont l'envergure des cornes est de dix pieds. M. Camper possède aussi des têtes de buffle sans cornes, où les caractères, pris du crâne, sont restés les mêmes que dans le buffle ordinaire. Ainsi ces caractères sont de beaucoup préférables à ceux des cornes.

Ibid. pl. 61. J'ai aussi eu le plaisir de voir et de dessiner dans ce magnifique cabinet une tête osseuse du bœuf musqué de Canada. La comparaison que j'en ai faite avec les dessins des crânes fossiles de Sibérie, publiés par M. Pallas, et surtout avec ceux que vient de donner M. Oseretskovsky, dans les *Mémoires de Saint-Pétersbourg*, de 1809 et 1810, m'a inspiré de grands doutes sur leur identité.

CHAPITRE DES BRÈCHES OSSEUSES.

Page 32. J'ai examiné les grands groupes de ces brèches, apportés de Cérigo par *Spallanzani*, et conservés au cabinet de l'Université de Pavie. Le temps ne m'a pas permis d'en déterminer tous les os; mais j'ai pu m'assurer qu'aucun d'eux ne présente des caractères distinctement humains.

CHAPITRE DES OS FOSSILES D'OURS.

Il existe des os fossiles d'ours dans le val d'Arno. J'en ai vu et dessiné des os et des dents, très-bien caractérisés, dans les cabinets de MM. Targioni et Tartini, à Florence.

CHAPITRE DES OSSEMENS FOSSILES D'HYÈNE.

Page 1, ligne pénultième; *au lieu de* tome, pl. V II, *lisez* tome V, pl. II.

La plus belle collection d'os des cavernes de Franconie qui existe, est celle de M. le conseiller aulique Ebel, à Bremen.

J'y ai dessiné une tête fossile et une demi-mâchoire inférieure d'hyène de Gaylenreuth, auxquelles il manque peu de chose. J'ai aussi dessiné, chez M. Blumenbach, une mâchoire inférieure d'hyène, trouvée en 1808, près d'Osterode, et très-bien conservée.

Ayant aussi eu le bonheur de me procurer le squelette d'une *hyène tachetée* (*canis crocuta*), j'y ai comparé les dessins ci-dessus, et j'ai trouvé :

Que l'hyène fossile ressemble à l'hyène tachetée, par les caractères pris des dents, et surtout par l'absence du tubercule extérieur à la dernière molaire, mais qu'elle en diffère encore plus que de l'hyène rayée, par la forme du crâne.

Ainsi l'hyène fossile, comme l'ours des cavernes, est d'une espèce inconnue.

Je donnerai les détails dans mon Supplément.

Chapitre sur les Carnassiers des cavernes.

Art. du Tigre ou Lion fossile.
naturelle de Moscou

Il a paru à Erlang, en 1810, en allemand, une espèce d'almanach, intitulé les *Environs de Muggendorf*, par *G. A. Goldfuss*, où l'on donne des figures des têtes de l'ours, du lion ou tigre, de l'hyène, et du loup des cavernes.

La tête du lion, assez bien conservée, est représentée trop obliquement pour que la figure se prête à une comparaison exacte. Il m'a paru cependant qu'elle ressemble beaucoup à celle du lion actuel, à quelques détails près, qui se rapprochent davantage du jaguar.

J'ai dessiné exactement, dans le cabinet de M. *Ebel*, à Brème, une demi-mâchoire de ce même félis des cavernes; aussi longue que celle d'aucun des lions de notre cabinet, elle est proportionnellement beaucoup plus haute dans sa partie dentaire, et son apophyse coronoïde se dirige davantage en arrière. Elle est bien conforme sur le premier point, ainsi que pour la courbure de son bord inférieur, à celle que j'ai donnée dans mon Mémoire, et à celle du jaguar; mais elle diffère de cette dernière par son apophyse coronoïde. J'en conclus que le *félis* fossile des cavernes, comme l'*ours* et comme l'*hyène*, est d'une espèce perdue.

M. Blumenbach possède un deuxième os du métatarse du côté gauche du félis des cavernes, tiré de celle de Scharzfels, et teint en noirâtre, de près d'un quart plus long que ne l'est son analogue dans nos plus grands squelettes de lions et de tigres.

Chapitre du Lamantin et du Dugong.

L'affinité du lamantin avec le dugong vient d'être confirmée par une observation intéressante.

Les très-jeunes lamantins ont une petite dent dans chacun de leurs os intermaxillaires. Cette dent, qui s'observe dans une tête de fœtus de lamantin, conservée au cabinet d'anatomie comparée du Muséum, disparoît sans doute de bonne heure.

Il me paroît enfin que l'on doit regarder comme une espèce, et même comme un genre nouveau d'animal, de l'ordre des pachydermes, celui qu'a décrit mon savant ami M. Fischer, dans le 11ᵉ volume des *Mémoires de la Société d'Histoire naturelle de Moscou*, sous le nom d'*Elasmotherium*.

Il doit être, à beaucoup d'égards, voisin du rhinocéros; et cependant la coupe générale de sa mâchoire est autrement configurée. J'en traiterai plus en détail dans mon Supplément.

FIN DES ADDITIONS ET CORRECTIONS.

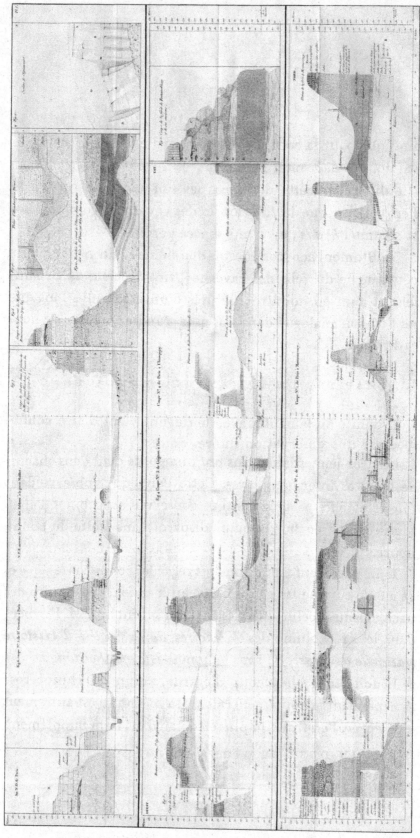

Fig. 8. Pl. II.

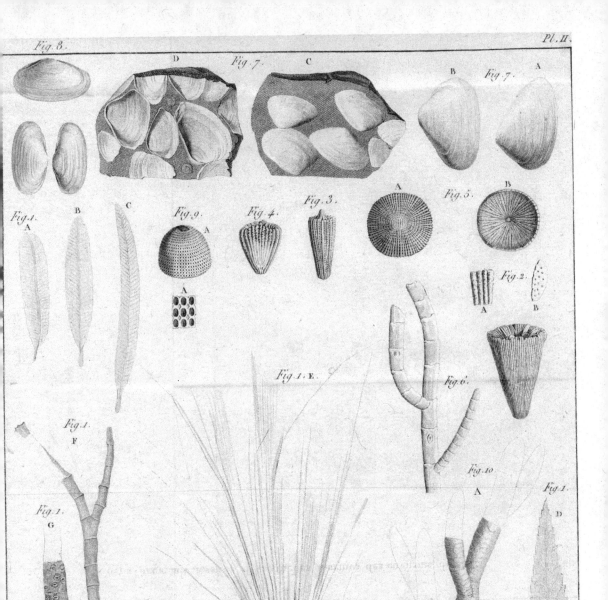

Corps organisés fossiles des couches marines des environs de Paris.

Lecerf Sculp.

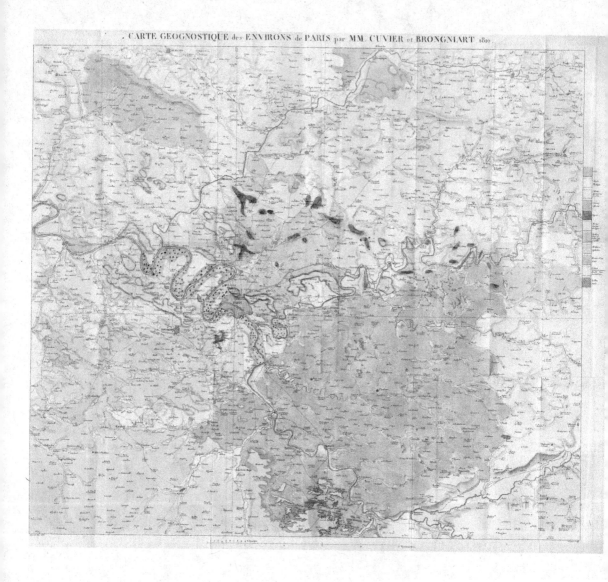

CARTE GEOGNOSTIQUE des ENVIRONS de PARIS par MM. CUVIER et BRONGNIART 1810

The material originally positioned here is too large for reproduction in this reissue. A PDF can be downloaded from the web address given on page iv of this book, by clicking on 'Resources Available'.

Printed in the United States
by Baker & Taylor

Printed in the United States
By Bookmasters